Unternehmensqualität

Überblick über die Erfolgsfaktoren eines Unternehmens

Herausgegeben von Prof. Karl Kottmann
Fachhochschule für Technik Esslingen

Verfasser: Dipl.-Wirt.-Ing. (FH) Marc Griggel
J. Eberspächer, Esslingen

Dipl.-Wirt.-Ing. (FH) Volker Grimmeißen
Nemetschek Programmsystem, GmbH, München

Dipl.-Wirt.-Ing. (FH) Udo Hänsel
Beck GmbH & Co. KG, Leinfelden-Echterdingen

Dipl.-Wirt.-Ing. (FH) Martin Hummel
Con Moto Unternehmensberatung GmbH, München

Dipl.-Wirt.-Ing. (FH) Stefan Käß
Fachhochschule für Technik Esslingen

B. G. Teubner Stuttgart 1993

Die Deutsche Bibliothek – CIP-Einheitsaufnahme

Unternehmensqualität: Überblick über die Erfolgsfaktoren eines Unternehmens / hrsg. von Karl Kottmann. Verf.: Marc Griggel ... – Stuttgart : Teubner, 1993
ISBN 978-3-322-99485-1
NE: Kottmann, Karl [Hrsg.]; Griggel, Marc

ISBN 978-3-322-99485-1 ISBN 978-3-322-99484-4 (eBook)
DOI 10.1007/978-3-322-99484-4

Softcover reprint of the hardcover 1st edition 1993

Vorwort

Mit den neunziger Jahren steht die Wirtschaft an der Schwelle einer neuen Ära. Diese ist von Faktoren wie der Vollendung des EG-Binnenmarktes, deutscher Vereinigung und der Öffnung in Osteuropa geprägt.
Neben der zu erwartenden stärkeren Verflechtung der Volkswirtschaften ist in vielen Branchen eine Abschwächung der Konjunktur zu beobachten, die eine weltweit stagnierende Absatzsituation mit sich bringt. Durch unterschiedliche fiskalpolitische Maßnahmen versuchen einzelne Nationen, diesen Tendenzen zu begegnen. Diese Entwicklungen führen zu enormen Zinsdifferenzen auf globaler Ebene und verursachen so ein Realignment der internationalen Wechselkursparitäten.
Hinzu kommt, daß der schärfer werdende internationale Wettbewerb und das Streben nach Arbeitszeitverkürzungen von Seiten der Gewerkschaft eine umfassende Rationalisierungswelle in den Unternehmen ausgelöst hat. Doch auch ständig steigende Lohnnebenkosten, verursacht durch den hohen Kapitalbedarf auf staatlicher Seite, stellen den Industriestandort Deutschland zunehmend in Frage.
Diese politischen und wirtschaftlichen Veränderungen in Europa und in der Welt mit veränderten Rahmenbedingungen im Gefolge stellen nicht nur große Industriekonzerne vor große Herausforderungen. Auch mittelständische Unternehmen sind gefordert und müssen reagieren.
Nur ein kreatives, weltoffenes Management wird die benötigten Güter und Dienstleistungen auf einem technologisch wettbewerbsfähigen Stand zu optimalen Preisen rechtzeitig in der erforderlichen Qualität zur Verfügung stellen können. Das Erreichen dieser Ziele und die Anpassung an die sich ständig wandelnde Weltwirtschaft ist für das Management unserer Tage eine Herausforderung ohnegleichen.
Aus diesem Grund soll dieses Buch mittelständischen Unternehmen im verarbeitenden Gewerbe als Hilfestellung dienen, Ansatzpunkte für die kontinuierliche Verbesserung der innerbetrieblichen Prozesse zu finden, mit dem Ziel, in Zukunft in noch stärkerem Maße den Marktanforderungen gerecht zu werden und somit den langfristigen Erfolg der Unternehmung zu sichern.
Um dieses Ziel zu erreichen, genügt es allerdings nicht, sich auf bestimmte Unternehmensbereiche zu konzentrieren, vielmehr erfordert es eine umfassende Betrachtung der gesamten Unternehmung. Aus diesem Grund verfolgt dieses Buch den Grundgedanken der systematischen Verbesserung der Unternehmens-

qualität, die als Ergebnis der Qualität aller im Unternehmen ablaufenden Prozesse zu sehen ist.
Am Gelingen dieses Buches waren eine Vielzahl von Personen beteiligt. In diesem Zusammenhang möchten wir insbesondere den Professoren des Fachbereiches Wirtschaftsingenieurwesen der Fachhochschule für Technik Esslingen für die fachliche Unterstützung des Autorenteams danken.

Esslingen, im August 1993

Herausgeber:

Prof. Karl Kottmann

Verfasser:

Marc Griggel
Volker Grimmeißen
Udo Hänsel
Martin Hummel
Stefan Käß

Inhaltsverzeichnis

A. Unternehmensqualität

Zu Anfang dieses Buches soll in Kapitel A aufgezeigt werden, wie sich in einem sich verändernden Umfeld auch die Anforderungen an die Unternehmen, ihre Führung und alle Mitarbeiter ändern. Es soll über das gesamte Unternehmen hinweg dargestellt werden, welches die Erfolgsfaktoren sind, bzw. in den nächsten Jahren sein werden, die den langfristigen Erfolg eines Unternehmens maßgebend beeinflussen.

1. Auswirkungen des veränderten politischen und wirtschaftlichen Umfeldes auf die Qualitätsanforderungen im Unternehmen

Qualität wurde und wird immer mehr zum Wettbewerbsfaktor Nummer 1 und ist somit der Erfolgsfaktor, welcher in den letzten Jahren immer mehr in den Vordergrund gerückt ist und auch in den kommenden Jahren immer weiter an Bedeutung gewinnen wird, wenn ein Unternehmen am Markt erfolgreich bestehen will.
Aus diesem Grund ist Qualität wieder "in" und fast täglich berichten die Medien über das neue Qualitätsbewußtsein in den Unternehmen.
Welches sind aber nun die Gründe für diese Wiederbelebung der Qualitätsdebatte ?

1. Veränderung des juristischen Umfeldes, durch die Einführung einer verschuldensunabhängigen Haftung für Schäden in Folge fehlerhafter Produkte. Gesetzlich verankerte Produkthaftung.
2. Immer mehr Unternehmen versuchen Just-in-Time-Konzepte zumindest in einigen Ansätzen zu realisieren. Bei der Realisierung von Just-in-Time-Konzepten ist, jedoch eine hohe Lieferqualität (Lieferqualität als Summe aus Produktqualität, Termintreue und Zuverlässigkeit) unbedingt erforderlich.
3. Die Offensive der japanischen und südostasiatischen Industrie, der es gelungen ist das Verhältnis zwischen verbesserter Qualität bei gleichzeitig steigenden Kosten zu lösen.
4. Ausweitung des Qualitätsbegriffs von der nur auf die Produkte und Tätigkeiten bezogenen Betrachtung bis hin zu einer Betrachtung des gesamten Unternehmens und aller Funktionen sowie deren Zusammenspiel innerhalb des Unternehmens.

Bevor weiter auf die Qualität eingegangen werden kann, muß definiert werden was unter dem Begriff Qualität zu verstehen ist und was er beinhaltet.

1.1 Der Qualitätsbegriff

Qualität als wichtigster Erfolgsfaktor, über dessen Umfang und vor allem über dessen Inhalt sehr unterschiedliche Vorstellungen existieren und über den nur sehr wenige konkrete Aussagen gemacht werden. Von Imai Masaaki stammt der Satz:

> 'Es gibt so viele Definitionen für Qualität, wie Leute die sie definieren, und es besteht keine Einigkeit darüber, was Qualität ist oder sein sollte. '[1]

Es scheint kaum hilfreich die Vielzahl der Qualitätsdefinitionen um eine zusätzliche zu erweitern, es ist jedoch sehr wohl hilfreich, sich mit dem Begriff Qualität zu beschäftigen und sich Gedanken über die Merkmale von Qualität zu machen.

Abb. A-1: Qualität nach Lao-tse

Qualität ist 'Güte'

Beim Wohnen zeigt sie sich	am Platze
Beim Denken	in der Tiefe
Beim Schenken	in der Liebe
Beim Reden	in der Wahrheit
Beim Walten	in der Ordnung
Beim Wirken	in der Fähigkeit
Beim Bewegen	in der rechten Zeit

Quelle: Nach Lao-tse, chines. Philosoph, 4. Jhrd. v. Chr., frei übersetzt aus dem "Tao-te-King", Kapitel VIII.

Diese Beschreibung des Qualitätsbegriffs nach Lao-tse veranschaulicht recht deutlich, daß Qualität eine Vielzahl von Erscheinungsformen hat, und die Art der Erscheinungsform von der zu bewertenden Größe abhängt. Interessant an dieser Betrachtung der Qualität nach Lao-tse ist, daß er in seiner Aufzählung schon die Qualität von Prozessen bzw. Handlungen bewertet. Während Qualität

---

1 M. Imai: Kaizen. Aus dem amerikanischen übersetzt von Franz Nitsch, 3. Auflage, München, 1992, S. 30

in der Industrie lange Zeit nur auf Maße oder Eigenschaften von Produkten bezogen wurde, geht der heutige Qualitätsbegriff schon weit über die reinen Produkteigenschaften hinaus und bezieht die Tätigkeiten und ihre Zweckeignung mit ein. Aber auch dieser Qualitätsbegriff, der nach DIN 55350 Qualität als die ′...Gesamtheit von Eigenschaften und Merkmalen eines Produktes oder einer Tätigkeit, die sich auf deren Eignung zum Erfüllen gegebener Erfordernisse beziehen' definiert ist, reicht nicht aus. Denn die Qualität einer ganzen Unternehmung kann sich nicht nur auf die Produkte und Tätigkeiten beziehen. D.h. die Qualitätsbewertung einer Unternehmung erfordert eine ganzheitliche Betrachtung der Unternehmung.
Darauf wird z.B. auch von Hans-Olaf Henkel, dem Vorstand der Geschäftsführung der IBM Deutschland GmbH, in einem Geleitwort hingewiesen: "Qualität, verstanden als umfassendes betriebliches Konzept, gewinnt heute eine herausragende Bedeutung. Umfassend heißt dabei, daß die technische, die kaufmännische und die menschliche Dimension des Unternehmens angesprochen ist..."[2]
Ergänzend zu diesem Satz von Hans-Olaf Henkel möchten wir anfügen "...und der Begriff ′umfassend′ vor allem das Zusammenspiel dieser drei Dimensionen mit einbezieht." Qualität als umfassendes betriebliches Konzept, zu dem es in den letzten Jahrzehnten herangewachsen ist, bedeutet jedoch auch, daß der Qualitätsbegriff nicht nur gedanklich, sondern auch verbal erweitert werden muß. Der ganzheitliche Anspruch den die Qualität heute in komplexen Unternehmen fordert, sollte auch begrifflich verankert werden. Deshalb wird in den folgenden Ausführungen von der Unternehmensqualität gesprochen.
Wobei Unternehmensqualität die Produktqualität, als Ergebnis des Entwicklungs- und Fertigungsprozesses miteinbezieht und auch die Qualität aller anderen betrieblichen Prozesse und Tätigkeiten, für die in den folgenden Kapiteln noch weitere Beispiele aufgeführt werden.

---

2 F. Haist, H. Fromm: Qualität im Unternehmen, München,1989, Geleitwort von Hans-Olaf Henkel

1.2 Unternehmensqualität als Herausforderung

> Unternehmensqualität als der Überbegriff für die Güte aller Ergebnisse und Prozesse, sowie deren Zusammenspiel innerhalb eines Unternehmens.

Im Vorstehenden wurde über die Bedeutung der Unternehmensqualität und den Anspruch, den die Unternehmensqualität allgemein erhebt, gesprochen.
Der nun folgende Teil wird sich mit Merkmalen der Unternehmensqualität beschäftigen. Denn schon 1984 bildete David Garvin acht Qualitätsdimensionen und führte ein paar davon an. Diese acht Dimensionen sind Leistung (bei einem Auto die Beschleunigung, bei einem Fernseher die Helligkeit), Ausstattung (elektrische Fensterheber, Fernbedienung), Zuverlässigkeit (Ausfallhäufigkeit), Abwesenheit von Mängeln, Lebensdauer, Wartungsempfindlichkeit, Ästhetik und Qualitätsimage. Die hier aufgeführten Qualitätsdimensionen verdeutlichen ebenso wie die Definition der Qualität nach Lao-tse, wieviele Möglichkeiten zum Beurteilen der Qualität bestehen.
Wichtige Voraussetzung für den Vergleich verschiedener Qualitätsniveaus von Unternehmen ist also, daß die Qualitätsmerkmale (oben als Qualitätsdimensionen bezeichnet) zur Bewertung der Qualität die Selben sind. Es gilt nun diese Qualitätsmerkmale für die Unternehmensqualität zu definieren.
Zunächst möchten wir Unternehmensqualität in ihre zwei Erscheinungsformen unterscheiden. Zum einen ist dies die interne Unternehmensqualität, sie bezieht sich auf die Qualitätsmerkmale welche unternehmensintern auftreten, wie z.B. Qualität der Ablauforganisation, Zusammenspiel der Abteilungen oder auch Planungsqualität. Diese Merkmale sind für außenstehende Beobachter nicht unmittelbar zu erkennen und die Forderung diese Merkmale zu verbessern, muß vom Unternehmen selbst ausgehen. Die Unternehmensqualität im Innenverhältnis kann auch als Systemeffizienz bezeichnet werden.
Zum anderen gibt es die externe Unternehmensqualität, sie tritt im Außenverhältnis des Unternehmens auf und wird z.B. durch die Kunden oder außenstehende Betrachter bewertet. Hierfür gibt es bestimmte Kenngrößen. Solche Kenngrößen könnten z.B. der Kundenkontakt oder das Erscheinungsbild des Unternehmens sein. Diese Qualitätsmerkmale werden aber nicht nur durch den Kunden also für den Absatzmarkt festgelegt, sondern auch ebenso für den Personalmarkt, den Beschaffungsmarkt und den Kapitalmarkt, d.h. z.B. wie

attraktiv ist ein Unternehmen, um dort zu arbeiten oder zu investieren. Die Unternehmensqualität im Aussenverhältnis kann also als Image bezeichnet werden.

In der folgenden Grafik wird deutlich, daß die Produktionsfaktoren der Grundstein sind, auf den die Merkmale der Unternehmensqualität im Innen- und im Außenverhältnis aufbauen und auf den somit letztlich der gesamte Erfolg der Unternehmung aufbaut.

Abb. A-2: Merkmale der Unternehmensqualität im Innen- und im Aussenverhältnis

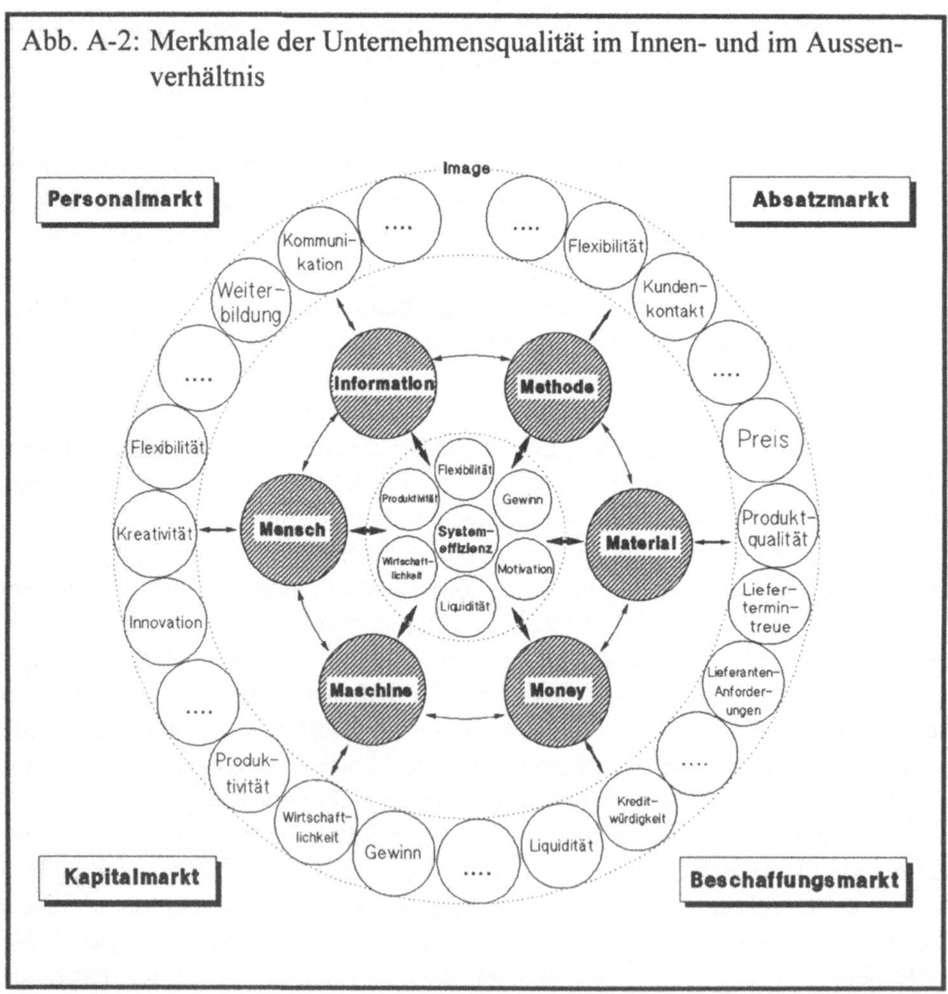

In der Abbildung A-2 sind einige der Merkmale, welche die Unternehmensqualität im Innen- und im Aussenverhältnis darstellen, aufgezeigt. Interessant an

dieser Betrachtung ist, daß alle Einflüsse, die auf die interne sowie auf die externe Unternehmensqualität wirken, letztlich immer mindestens auf einen meist jedoch auf mehrere der Produktionsfaktoren Mensch, Maschine, Material, Money, Methode oder Information zurückzuführen sind. Auf diesen Ansatz, die Produktionsfaktoren als die wesentlichsten Einflußgrößen im Unternehmen soll in Kapitel A-4 noch näher eingegangen werden.
Auch auf den Begriff der Unternehmensqualität und auf die Vielzahl seiner Merkmale wird in Kapitel A-4 noch näher eingegangen. Es ist jedoch wichtig an dieser Stelle herauszuheben, daß es für Unternehmen existentiell ist, die Beurteilungskriterien für die Unternehmensqualität im Innenverhältnis und im Außenverhältnis zu kennen, um diese beeinflussen und somit verbessern zu können.
Es ist für ein Unternehmen nicht einfach, in Erfahrung zu bringen, für wie gut oder schlecht es von seinem Umfeld gehalten wird, insbesondere dann, wenn dieses Umfeld auf Absatzmarkt, Personalmarkt, Kapitalmarkt und Beschaffungsmarkt bezogen wird. Dieser Umstand macht jedoch die Antwort auf diese Frage nicht weniger wichtig.
Denn von der gezielten Ausrichtung des Unternehmens auf die erkannten Anforderungen hängt langfristig der Erfolg einer Unternehmung ab. Letztendlich ist es nicht die kurzfristige Gewinnmaximierung welche das Unternehmen voranbringt, sondern die langfristige Erfolgssicherung. 'Wenn ... japanische Manager Maßnahmen zur Verbesserung der Unternehmenskultur einleiten, sind sie sich dabei meist bewußt, daß sie den kurzfristigen Gewinn riskieren zugunsten des langfristigen Ziels, eine wettbewerbsfähigere Organisation zu schaffen.'[3]

1.3 Qualität der Unternehmenspolitik

Unternehmenspolitik muß nachvollziehbar sein.

Das Erkennen der Anforderungen, welche von den verschiedenen Märkten an ein Unternehmen gestellt werden, ist die eine Aufgabe. Das Ausrichten des Unternehmens auf diese Marktanforderungen ist eine andere, in der Regel noch sehr viel schwierigere Aufgabe.

---

3 M. Imai: Kaizen, a.a.O., S. 263

Der Erfolg, der bei dieser Ausrichtung erzielt wird und die Anzahl der nachträglichen und kurzfristigen Korrekturen sind z.B. Qualitätsmerkmale der Unternehmenspolitik. Anders formuliert heißt dies je früher auf Anforderungen reagiert wird und je geringer die nachfolgenden Korrekturen an der Unternehmenspolitik sind, umso besser ist die Qualität der Unternehmensführung.
Denn im Rahmen einer kontinuierlichen Unternehmenspolitik dürfen die Steuerbewegungen, die das Unternehmen durchführt nicht zu heftig oder sprungartig ablaufen. Sondern durch das rechtzeitige Erkennen der Marktanforderungen (Markt an dieser Stelle als erweiterter Marktbegriff: Absatzmarkt, Beschaffungsmarkt, Personalmarkt und Kapitalmarkt) muß eine kontinuierliche Ausrichtung des Unternehmens auf diese Anforderungen hin erfolgen. Unabhängig von der Unternehmensgröße erfordert die Unternehmenspolitik eine durch alle Beteiligten nachvollziehbare Kontinuität und Transparenz. Denn nur wenn die Mitarbeiter die Unternehmenspolitik nachvollziehen und erkennen können, können sie auch in deren Interesse handeln.

2. Unternehmensziele

"Ohne Zielklarheit keine Konzentration der Kräfte, ohne Konzentration der Kräfte kein Erfolg !"[4]

Zur Verbesserung der Transparenz in der Unternehmenspolitik gehört die Definition von Zielen. Es stellten sich also die Fragen:

"Was wollen wir erreichen ?"

"Wo wollen wir hin ?"

Ziele und Erfolg sind direkt miteinander verknüpft, "... denn die vergangene Dekade der Einführung computerintegrierter Fertigung (CIM) hat eine wichtige Erfahrung gebracht: Das Fehlen eines soliden Fundaments in Form einer umfangreichen, strukturierten Analyse der Unternehmensziele und -abläufe war eine Ursache für den mangelhaften Grad der Zielerreichung."[5]
Der Erfolg setzt also zum einen die Kenntnis von Zielen voraus, aber ebenso die Kenntnis der Abläufe. Auf die Abläufe soll an einer anderen Stelle dieses Kapitels eingegangen werden. Zunächst soll auf die Unternehmensziele eingegangen werden. Aber hierbei tun sich viele Unternehmen schwer, weil sich die Geschäftsleitung selbst nicht immer so ganz im Klaren darüber ist, wo es eigentlich hin gehen soll. Wenn jedoch diese Aussage zu machen schon der Geschäftsleitung Schwierigkeiten bereitet, wie soll es dann den Mitarbeitern gelingen, Ziele zu finden, um ihre Kräfte gemeinsam in Richtung dieser Ziele zu konzentrieren ?
Wie also sollen jemals alle Mitarbeiter in einem Unternehmen an einem Strang in eine Richtung ziehen, wenn ihnen keiner dabei hilft den gemeinsamen Strang und eine gemeinsame Richtung zu finden.

---

4 O. Schellbach, Mein Erfolgssystem, 19. Auflage, Baden-Baden, 1963, S. 196

5 C.F. Wotzka: Mensch, Maschine und Material sind die Schlüßelressourcen, VDI-Nachrichten,Ausgabe 31, Düsseldorf, 1992, S. 12

2.1 Voraussetzung für das Finden von wirkungsvollen Zielen

> "Haben wir keine klare Vorstellung von dem, was wir erreichen wollen, dann verzetteln wir uns, gehen von einer Tätigkeit zur Anderen und tun nichts lange genug, um wirklich gute Resultate zu erzielen. ... nur wenn das Ziel klar ist, kann das Wichtige vom weniger Wichtigen getrennt werden."[6]

Voraussetzung für einen hohen Wirkungsgrad im Unternehmen ist aber nicht allein, daß alle auf das selbe Ziel hinarbeiten, sondern Voraussetzung ist auch, daß dieses Ziel an einem Punkt ansetzt, an dem eine große Wirkung erzielt werden kann. Es stellt sich nun die berechtigte Frage, wie solche Punkte oder besser Stellen oder Prozesse in einem Unternehmen gefunden werden können.
Hierzu gibt es verschiedene Möglichkeiten. Eine Möglichkeit besteht darin, sich mit den im Unternehmen bestehenden Meßgrößen zu beschäftigen. Wobei Meßgrößen nicht unbedingt wertmäßig darstellbare Größen sein müssen, sondern mehr die qualitative Bewertung der verschiedenen Prozesse sind. Meßgrößen beschreiben also immer das Ergebnis eines Prozesses und die verschiedenen Meßgrößen können sich auch untereinander gegenseitig beeinflussen. Nun müssen aus dieser Vielzahl der vorhandenen Meßgrößen die unternehmensrelevanten Meßgrößen gefunden werden (z.B. können diese sein Wirtschaftlichkeit, Rentabilität, aber auch Kundenzufriedenheit oder Motivation etc.).
Nachdem die für das Unternehmen, bzw. die für die Unternehmensqualität relevanten Meßgrößen bestimmt wurden, muß überlegt werden, wie jede einzelne dieser Meßgröße die Anderen beeinflußt, welche Abhängigkeiten also zwischen den Prozessen und Meßgrößen bestehen. Dies bedarf in der Regel umfangreicher Überlegungen, denn sicher ist, daß die Meßgrößen und Prozesse innerhalb eines Unternehmens ein komplexes Netzwerkmodell der gegenseitigen Beeinflussungen und Einflußnahmen darstellen.
Um diese komplexen Zusammenhänge darstellen zu können, bietet sich eine Matrix an, in der die Einflüsse der einzelnen Meßgrößen auf die Anderen mit

6 M. Hasselhorn: Wirkungsvoller lernen und arbeiten, Quelle & Meyer, Heidelberg, 1973, S. 59

einem Wert zwischen 0 und 3 bewertet werden. Wobei die Abstufung innerhalb dieser Skala wie folgt gewichtet wird:

0	keine oder äußerst geringe Intensität
1	geringe Intensität
2	starke Intensität
3	sehr starke Intensität

Ziel der Einflußtabelle ist die Bewertung der Meßgrößen nach dem Grad in dem sie von anderen Meßgrößen beeinflußt werden und dem Grad ihrer Einflußnahme auf andere Meßgrößen.
Die Abbildung A-3 zeigt ein Beispiel für eine Einflußtabelle mit ausgewählten Meßgrößen und ihren gegenseitigen Einflußnahmen in Bezug auf die Unternehmensqualität.
An dieser Stelle soll nochmals kurz auf den Ausgangspunkt für dieses Verfahren eingegangen werden. Das Ziel ist, die Prozesse innerhalb des Unternehmens zu finden, an denen am wirkungsvollsten angesetzt werden kann, um den langfristigen Erfolg der Unternehmung zu sichern. D.h. umgesetzt auf das Ergebnis der Einflußtabelle bedeutet dies, man muß an den Prozessen ansetzen, welche die Unternehmensqualität sehr stark beeinflussen.
Hierzu bietet sich eine grafische Auswertung der Einflußtabelle an. In der Darstellung A-4 wurde die Einflußtabelle aus Abbildung A-3 in einer solchen Grafik dargestellt, wobei sich diese Grafik in die vier folgenden Bereiche unterteilen läßt:

Reaktive Meßgrößen sind Meßgrößen die sehr stark beeinflußt werden und nur sehr wenig Einfluß auf ihre Umgebung nehmen. Mit anderen Worten, Prozesse die sich mit der Verbesserung dieser Meßgrößen beschäftigen tragen nur sehr wenig zur Zielerreichung bei. Deshalb sollten diese Prozesse kritisch auf ihre Notwendigkeit und Zielsetzung hin zu überprüft werden.

Kritische Meßgrößen werden sehr stark von anderen Meßgrößen beeinflußt und nehmen ihrerseits wiederum sehr stark Einfluß auf andere Meßgrößen. Kritisch sind sie deshalb, weil einerseits durch den einzelnen beeinflussenden Prozeß nur sehr wenig erreicht werden kann, dazu werden sie von zu vielen beeinflußt, und andererseits jedoch diese Meßgröße wiederum sehr viel Einfluß auf ihre Umgebung nimmt. Aus den hier beschriebenen Eigenschaften der 'kritischen' Meßgrößen leitet sich ab, daß diese Meßgrößen schwer beeinflußbare Knotenpunkte sind.

Aktive Meßgrößen sind in diesem Modell die interessantesten Meßgrößen. Sie werden nur in sehr geringem Maße von den anderen Meßgrößen beeinflußt, d.h. sie sind mit dem auf sie wirkenden Prozeß gut zu beeinflussen und nehmen ihrerseits wieder sehr viel Einfluß auf andere Meßgrößen. Es handelt sich hier also um gut beeinflußbare, wirkungsvolle Ansatzpunkte.

Träge Meßgrößen werden zwar kaum von anderen Meßgrößen beeinflußt, nehmen jedoch ihrerseits wiederum auch kaum Einfluß auf andere Meßgrößen und lohnen deshalb kaum einer intensiveren Betrachtung.

Aus der hier aufgeführten Einteilung in die vier Arten (reaktiv, kritisch, aktiv und träge) ergibt sich, daß um wirkungsvolle Ansatzpunkte für die Festlegung der Ziele finden zu können, bekannt sein muß, welches aktive Meßgrößen sind und welches die Prozesse sind, die auf diese aktiven Meßgrößen Einfluß nehmen. Denn die Verbesserung diese Prozesse ist es letztlich die dann eine Verbesserung der Unternehmensqualität bewirkt. Um die aktiven Meßgrößen für das gewählte Beispiel herauszuheben soll die Einflußtabelle (Abbildung A-3) auch grafisch dargestellt werden (Abbildung A-4).
In dieser Darstellung werden die einzelnen Meßgrößen den einzelnen Bereichen (aktiv, kritisch, träge und reaktiv) zugeordnet und es ist nun sehr deutlich zu erkennen, welches die aktiven Meßgrößen sind, durch welche die Unternehmensqualität maßgeblich beeinflußt wird.
Der nächste Schritt muß darin bestehen, die Prozesse zu benennen, welche diese aktiven Meßgrößen beeinflussen. Denn diese Prozesse müssen die Ansatzpunkte zur Verbesserung der Unternehmensqualität und somit zur langfristigen Erfolgssicherung des Unternehmens sein.

Abb. A-3: Tabelle der Einflußgrößen

	Unternehmensqualität	Image	Preis	Umsatz	Absatzmenge	Gewinn	Wirtschaftlichkeit	Produktivität	Rentabilität	Mitarbeiterflexibilität	Mitarbeiterqualität	Liquidität	Weiterbildung	Erfahrung	Fluktuation	Motivation	Kosten	Produktqualität	Entwicklungsqualität	Maschinenqualität	Instandhaltung	Liefertermintreue	Bestände	Bestellosgröße	Fertigungslosgröße	Servicegrad	Lagerfläche	Zulieferqualität	Führungsstil	Lieferantentermintreue	Wiederbeschaffungszeit	Innovationsintensität	Absatzschwankungen	Maschinenverfügbarkeit	Fertigungstiefe	Kapitalbindung	Durchlaufzeit	Lieferzeit	Bevorratungsebene	Anzahl Mitarbeiter	Nacharbeit	Auslastung	Summe Einfluß
	1	2	3	4	5	6	7	8	9	10	11	12	13	14	15	16	17	18	19	20	21	22	23	24	25	26	27	28	29	30	31	32	33	34	35	36	37	38	39	40	41	42	
1		0	0	0	0	0	0	0	0	0	0	0	0	0	0	0	0	0	0	0	0	0	0	0	0	0	0	0	0	0	0	0	0	0	0	0	0	0	0	0	0	0	0
2	3		2	2	2	1	1	0	1	0	3	0	0	0	3	3	0	0	0	0	0	0	0	0	0	0	0	0	0	0	0	0	2	0	0	0	0	0	0	1	0	0	24
3	1	2		3	3	3	2	0	3	0	0	1	0	0	0	0	0	0	0	0	0	0	0	0	0	0	0	0	0	0	0	0	0	0	0	0	0	0	0	0	0	0	18
4	2	1	0		0	0	3	0	3	0	0	0	0	0	0	1	0	0	0	0	0	0	0	0	0	0	0	0	0	0	0	0	0	0	0	0	0	0	0	0	0	0	10
5	0	1	1	3		2	1	0	1	0	0	1	0	0	0	2	2	0	0	0	0	1	1	3	3	0	2	0	0	0	0	1	2	2	0	2	2	2	0	2	0	2	39
6	2	1	0	0	0		3	0	3	0	0	0	1	0	0	1	0	0	0	0	0	0	0	0	0	0	0	0	0	0	0	1	0	0	0	0	0	0	0	0	0	0	12
7	3	1	0	0	0	0		0	2	0	0	0	0	0	0	0	0	0	0	0	0	0	0	0	0	0	0	0	0	0	0	0	0	0	0	0	0	0	0	0	0	0	6
8	2	1	2	0	0	2	1		1	0	0	0	0	0	0	2	3	0	0	0	0	0	0	0	0	0	0	0	1	0	0	0	0	0	0	2	2	2	0	2	0	0	23
9	2	1	0	0	0	0	0	0		0	0	0	0	0	0	0	0	0	0	0	0	0	0	0	0	0	0	0	0	0	0	0	0	0	0	0	0	0	0	0	0	0	3
10	1	2	1	0	2	1	0	3	1		3	0	2	2	2	3	2	2	2	1	2	1	0	1	1	0	0	0	2	0	0	0	0	0	0	0	0	0	0	0	0	2	39
11	3	2	0	0	2	1	1	3	1	3		0	1	0	2	1	2	3	3	3	3	3	2	2	2	0	0	0	3	0	0	0	0	0	0	0	0	0	0	0	3	1	50
12	1	2	0	0	0	0	0	0	0	0	0		0	0	0	0	1	0	0	0	0	0	0	0	0	0	0	0	0	0	0	0	0	0	0	0	0	0	0	0	0	0	4
13	0	0	0	0	0	1	1	2	0	2	3	0		2	3	2	2	3	3	3	2	2	1	2	2	0	0	0	3	0	0	0	0	1	0	0	0	0	0	0	1	1	42
14	0	0	0	0	0	0	0	3	1	2	3	0	1		0	1	2	3	3	3	3	2	1	2	2	0	0	0	3	0	0	0	0	1	0	0	0	0	0	1	1	1	39
15	0	3	0	2	2	1	0	3	1	3	3	0	0	3		3	3	3	3	3	2	2	0	0	0	0	0	0	3	0	0	0	0	0	0	0	0	0	0	3	2	2	50
16	1	1	0	0	1	0	0	2	0	2	3	0	2	2	3		3	3	3	3	1	1	0	0	0	0	0	0	3	0	0	0	0	0	0	0	0	0	0	1	1	1	37
17	0	0	3	0	1	3	3	0	3	0	0	0	0	0	0	0		0	0	0	0	0	0	0	0	0	0	0	0	0	0	0	0	0	0	0	0	0	0	1	0	0	14
18	3	3	3	2	3	3	1	2	2	0	0	1	0	0	0	2	2		0	0	0	3	0	0	0	3	0	0	2	0	0	0	0	1	0	2	2	2	0	3	3	0	48
19	1	2	2	1	3	1	1	1	1	0	0	0	0	0	0	2	3	3		0	0	2	0	0	0	0	0	0	2	0	0	2	0	0	2	0	3	1	3	3	2	0	41
20	1	2	0	0	1	0	1	3	1	0	0	0	0	0	0	1	2	3	0		2	3	0	0	0	0	0	0	1	0	0	0	0	3	0	0	1	1	0	0	1	2	29
21	0	0	0	0	0	0	0	1	0	0	0	0	0	0	0	0	1	1	0	3		2	0	0	0	0	0	0	0	0	0	0	0	3	0	0	1	1	0	0	0	0	13
22	3	3	1	1	2	1	1	0	0	0	0	2	0	0	0	1	0	0	0	0	0		3	0	2	0	1	0	0	0	0	0	0	0	0	0	0	0	0	0	0	0	21
23	0	0	1	0	0	0	1	0	1	0	0	3	0	0	0	0	2	0	0	0	0	2		3	2	0	3	0	0	0	0	2	0	0	0	3	1	1	0	0	0	0	25
24	0	0	0	0	0	0	1	0	1	0	0	1	0	0	0	0	3	0	0	0	0	0	3		0	0	2	0	0	0	0	0	0	0	0	0	0	0	0	0	0	0	11
25	0	0	0	0	0	0	0	0	0	0	0	0	0	0	0	0	0	0	0	0	0	0	2	3		0	1	0	0	0	0	0	0	0	0	0	3	2	0	0	0	3	14
26	2	3	0	0	0	0	0	0	1	0	0	3	0	0	0	0	2	0	0	0	0	0	3	0	1		2	0	0	0	0	0	0	0	0	3	0	0	0	0	0	0	20
27	0	0	0	0	0	0	1	0	1	0	0	0	0	0	0	0	3	0	0	0	0	0	1	0	0	0		0	0	0	0	0	0	0	0	0	0	0	0	0	0	0	6
28	0	0	0	0	1	0	0	0	0	0	0	0	0	0	0	0	0	3	0	0	0	3	2	2	2	0	2		0	2	0	0	0	0	0	0	0	0	0	0	0	0	17
29	3	3	0	0	0	0	0	2	0	3	3	0	3	2	3	3	1	2	2	2	1	1	0	0	0	0	0	0		0	0	0	0	0	0	0	0	0	0	0	0	0	34
30	0	0	0	0	0	0	0	0	0	0	0	0	0	0	0	0	0	0	0	0	0	3	2	2	1	0	2	2	0		1	0	0	0	0	2	2	2	0	0	0	0	19
31	0	0	0	0	0	0	0	0	0	0	0	0	0	0	0	0	0	0	0	0	0	0	3	3	2	3	1	0	0	0		0	0	0	0	0	3	3	0	0	0	0	18
32	0	0	0	0	2	0	0	0	0	0	0	0	0	0	0	0	0	0	0	0	0	0	2	0	0	0	0	0	1	0	0		0	0	1	0	0	0	0	0	0	0	6
33	0	0	0	0	3	0	0	0	0	0	0	2	0	0	0	2	0	0	0	0	0	0	3	2	2	0	3	0	1	0	0	2		0	0	2	0	0	0	0	0	2	24
34	0	0	0	0	1	0	0	0	1	0	0	0	0	0	0	1	1	1	0	2	1	3	2	0	0	0	2	0	0	0	0	0	0		0	0	3	2	0	0	0	0	20
35	0	0	0	0	0	0	0	0	0	0	0	2	1	0	0	0	1	0	0	0	0	0	3	2	0	0	1	0	0	0	0	0	0	0		2	2	1	2	3	1	2	23
36	0	0	0	0	0	1	1	0	2	0	0	3	0	0	0	0	3	0	0	0	0	0	1	0	0	1	0	0	0	0	0	0	0	0	0		0	0	0	0	0	0	12
37	0	1	0	0	3	0	0	0	2	0	0	2	0	0	0	0	0	0	0	0	0	3	3	2	2	0	1	0	0	0	0	0	0	0	1	3		3	0	0	0	2	28
38	0	2	1	1	1	1	1	0	0	0	0	2	0	0	0	0	1	0	0	0	0	3	2	2	1	0	1	0	0	0	0	0	0	0	0	2	0		0	0	0	0	21
39	0	0	0	0	0	0	0	0	2	0	0	3	0	0	0	0	2	0	0	0	0	2	3	1	2	0	2	0	0	0	0	0	0	0	0	3	2	0		0	0	0	22
40	0	1	0	0	0	0	0	0	1	0	0	0	1	2	0	1	2	0	0	1	1	1	0	0	0	0	0	0	3	0	0	0	0	0	0	0	1	1	0		0	1	17
41	0	3	1	1	2	3	3	3	2	0	0	3	0	0	0	0	3	0	0	0	0	3	2	0	0	0	2	0	0	0	0	0	0	1	0	3	3	3	0	2		1	44
42	0	0	0	0	0	0	0	3	0	0	0	0	0	0	0	0	2	0	0	2	2	2	3	0	0	0	0	0	0	0	0	0	0	2	3	0	3	3	0	0	0		25
	34	41	18	16	35	25	28	31	39	15	21	29	12	13	16	32	54	30	19	26	20	48	48	32	27	7	28	2	28	2	1	8	4	14	7	29	34	30	5	22	15	23	968
	reaktiv	reaktiv	träge	träge	kritisch	träge	reaktiv	reaktiv	reaktiv	aktiv	aktiv	reaktiv	aktiv	aktiv	aktiv	kritisch	reaktiv	kritisch	aktiv	aktiv	träge	reaktiv	reaktiv	reaktiv	träge	träge	reaktiv	träge	kritisch	träge	träge	träge	träge	träge	träge	reaktiv	kritisch	reaktiv	träge	träge	aktiv	träge	

Abb. A-4: Einflußdiagramm

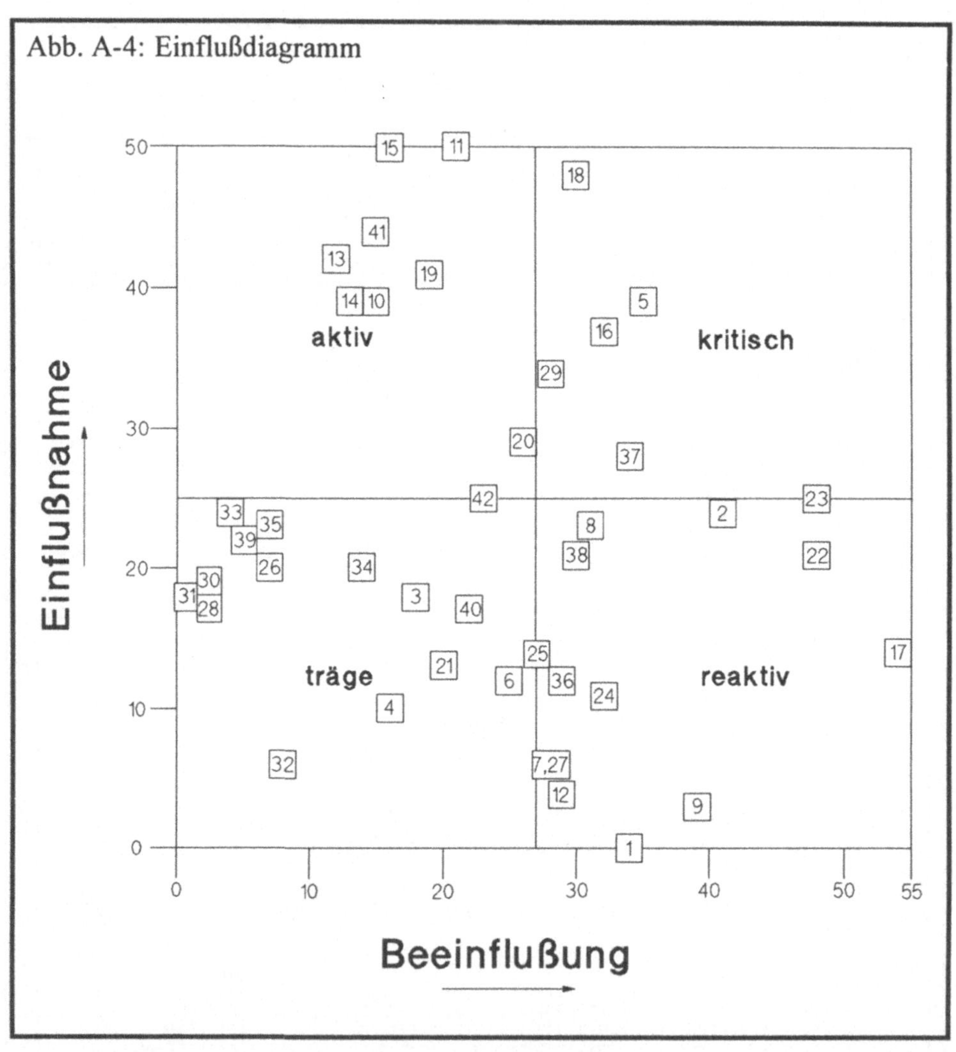

Die Darstellung der betrieblichen Abhängigkeiten zwischen den einzelnen Meßgrößen und den im Unternehmen bestehenden Prozessen wird in den nachfolgenden Teilen (Kapitel C, D, E und G) durchgeführt.
Dadurch, daß der Ausgangspunkt für die Vorgabe der Ziele eine Meßgröße ist, kann auch die Zielerreichung über die Veränderung dieser Meßgröße erkannt werden. D.h. es wurden nicht nur wirkungsvolle Ansatzpunkte im Unternehmen aufgezeigt, sondern es ist dadurch auch möglich die Zielvorgaben zu quantifizieren. In manchen Fällen wird die Meßgröße als eine Kennzahl dargestellt werden können und in anderen Fällen wird sie sich mehr aus allgemeinen Ein-

schätzungen ergeben. Es ist jedoch sehr wichtig an dieser Stelle darauf hinzuweisen, daß mit Hilfe dieses Verfahrens überhaupt erst eine Möglichkeit zum Quantifizieren von Zielen geschaffen wird, auch im Hinblick auf die Erfolgskontrolle der eingeleiteten Maßnahmen.
Ein zweiter Ansatzpunkt der sich aus dem Einflußdiagramm ergibt, sind die sogenannten 'reaktiven Meßgrößen'. Denn Prozesse welche direkt und ausschließlich auf diese Meßgrößen wirken und versuchen diese zu verändern, also zu beeinflussen, bewegen in der Regel sehr wenig, weil reaktive Meßgrößen durch eine Vielzahl anderer Meßgrößen beeinflußt werden, wie sich aus dem Einflußdiagramm ergibt. Die hier angesprochenen Prozesse sind also sehr kritisch auf ihre Erfordernis und ihre Zielsetzung hin zu prüfen.

2.2 Umsetzung durch den Aufbau einer Zielhierarchie

Ziele müssen für alle Mitarbeiter greifbar und in ihrem Wirkungsbereich umsetzbar sein.

Das Finden und Definieren der Ziele ist die eine Sache, die Weitergabe dieser Ziele an alle Mitarbeiter eines Unternehmens eine andere. Denn es gilt nun die Unternehmensziele, welche ermittelt und definiert wurden über alle Hierarchieebenen hinweg bis hin zu jedem einzelnen Mitarbeitern weiterzugeben und bei dieser Weitergabe immer feinere Ziele zu vereinbaren. Die Abbildung A-5 zeigt, wie aus den einzelnen Problemfeldern die Ziele in Form einer Pyramide dargestellt und bis hin zu Maßnahmenvorschlägen verfeinert werden müssen.

FALLBEISPIEL:

Aufbau einer Zielhierarchie bei KOMATSU einem japanischen Hersteller für Industriefahrzeuge und Baumaschinen. Hier hat sich die Unternehmensleitung ein ganz besonderes Verfahren einfallen lassen, um eine über alle Hierarchieebenen hinweg durchgängige Zielhierarchie aufzubauen.
Hierfür erhält jeder Mitarbeiter im Unternehmen zu Beginn jedes Jahres ein kleines Notizbuch, klein genug damit er es immer bei sich tragen kann. Auf der ersten Seite dieses Buches stehen die von der Unternehmensleitung ausgearbeiteten Ziele. Die z.B. lauten könnten, Einführung einer neuen Produktreihe, Erhebung über die Kundenanforderungen oder Verbesserung der Unternehmensqualität.
Die zweite Seite des kleinen Notizbuches ist für die Ziele des Werksdirektors freigehalten. Sie werden pro Werk auf einem selbstklebenden Blatt verteilt, das auf diese Seite geklebt

wird. Der Werksdirektor hat die Ziele der Unternehmensleitung weitergetragen und in werksspezifische Subziele "übersetzt".
Auf der dritten Seite des Büchleins werden die Abteilungsziele niedergeschrieben. Jede Abteilung setzt hier die Ziele der Werksleitung auf den eigenen Bereich um.
Auf die vierte Seite schreibt der Arbeiter die Ziele seines Meisters. Sie werden in Unterredungen zwischen Meister und Arbeiter vereinbart.

Mit Hilfe dieses Verfahrens werden die Unternehmensleitungsziele über alle Hierarchieebenen hinweg weitergegeben und werden dabei systematisch in immer spezifischere und konkretere Maßnahmen umgewandelt und verfeinert. Bei der Durchführung der Zielfindung und dem Aufbau einer Zielhierarchie müssen die jeweiligen Mitarbeiter der betroffenen Hierarchieebene, für welche

Abb. A-5: Aufbau einer Zielhierarchie

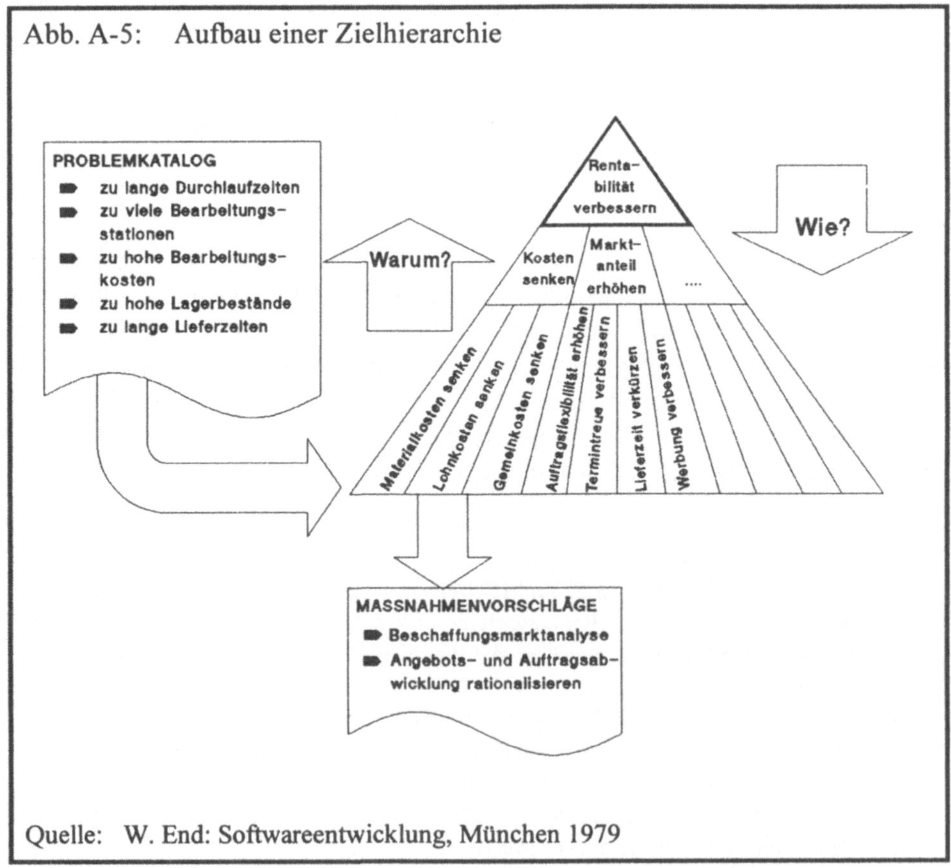

Quelle: W. End: Softwareentwicklung, München 1979

die Ziele definiert werden, beteiligt sein. Mit anderen Worten, Ziele die gemeinsam erreicht werden sollen, müssen auch gemeinsam definiert werden. Ziele dürfen nicht durch die Führungskräfte aufdiktiert werden, sondern müssen gemeinsam erarbeitet und vereinbart werden. Aus diesem Grund werden sie auch Zielvereinbarungen genannt (vgl. Kapitel F Personal). Aber die Vereinbarung von Zielen und die Erwartung der Führungskräfte an die Erfüllung dieser Ziele setzt auch voraus, daß mit den Zielen auch die Kompetenz für die Entscheidungen, welche für die Zielerreichung wesentlich sind, an die Mitarbeiter übergeben wird. Wer vereinbarte Ziele erreichen können soll, muß auch den dazu erforderlichen Handlungsfreiraum und die dazu erforderliche Handlungskompetenz eingeräumt bekommen.

3. Strategische Unternehmensplanung

Wer die Zukunft nicht beherrscht, wird durch die Zukunft beherrscht.

Bei der strategischen Unternehmensplanung geht es vor allem um die oben angesprochene Ausrichtung der lang- und mittelfristigen Unternehmensentwicklung. Hierbei werden Richtung, Ausmaß und Struktur der Unternehmensentwicklung bestimmt. Hier wird letztlich über die Erreichung der Ziele und somit über den langfristigen Erfolg oder Mißerfolg eines Unternehmens entschieden.

"Reichte noch vor einigen Jahren eine gute Produktidee verbunden mit einer rationellen Fertigung aus, um ein Unternehmen erfolgreich am Markt positionieren zu können, bedarf es in der heutigen Umweltsituation vor allem eines innovativen, proaktiv denkenden und handelnden Managements, um auf die Dauer erfolgreich zu sein."[7]

Strategische Unternehmensplanung ist also die systematische Gestaltung der Unternehmenszukunft im Hinblick auf die Unternehmensqualität und die im Unternehmen vorherrschende Unternehmenskultur. Diese gilt es innovativ und proaktiv zu planen.

Was aber, wenn keine strategische Planung durchgeführt wird, wenn das Unternehmen ohne konkrete Ziele und dadurch bedingt ohne eine Strategie, die Aussicht auf Erfolg verspricht, durch das Wirtschaftsleben taumelt. Die Antwort ist einfach, es bleibt beim Taumeln, denn auch der reine Erhalt des Unternehmens ist schon ein Ziel, welches wiederum eine Strategie erfordert und somit der Planung bedarf. Auf einen einfachen Nenner gebracht bedeutet dies: ′ohne zielgerichtete Planung --> keine kontrollierte Zukunft′, wenn diese dann überhaupt möglich ist.

7 P. Horvát: Qualitätscontrolling, Stuttgart, 1990, S. 19

3.1 Durchführen der strategischen Unternehmensplanung

Voraussetzung für eine Strategie ist immer ein Ziel, welches mit dieser Strategie erreicht werden soll.

Voraussetzung für die strategische Planung ist jedoch auch das Erkennen der Ziele, die es zu erreichen gilt und lohnt. Also müssen vor der Strategie die Ziele genau bekannt und formuliert sein.
Die strategische Planung nach Porter hat als Ziel das Schaffen von Wettbewerbsvorteilen. Im Folgenden soll aufgezeigt werden, worin diese Wettbewerbsvorteile bestehen und es sollen zugleich Wege angesprochen werden, wie diese Wettbewerbsvorteile erlangt werden können.

3.1.1 Umfassende Kostenführerschaft

Diese Strategie besteht darin, innerhalb einer Branche einen umfassenden Kostenvorsprung zu erreichen. Eine günstige Kostenposition erbringt einem Unternehmen selbst dann noch überdurchschnittliche Kostenerträge, wenn in seiner Branche die Wettbewerbskräfte stark sind und die Produkte auf einem Verdrängungsmarkt abgesetzt werden. Die Kostenführerschaft verleiht einen Unternehmen Schutz gegen die Rivalität der Konkurrenten, weil ihm seine niedrigen Kosten auch dann noch Erträge ermöglichen, wenn seine Konkurrenten ihre Gewinne durch Rivalität untereinander wegkonkurriert haben.
Die entscheidende Frage die sich hier stellt ist, wie diese umfassende Kostenführerschaft erreicht werden kann bzw. wie sie mit der ständig weiter steigenden Komplexität in den Unternehmen erreicht werden kann ?
Es geht sogar schon soweit, daß der immer höhere Aufwand zur Beherrschung der komplexen Arbeitsstrukturen, die anfänglich durch Spezialisierung erreichten Produktivitätssteigerungen aufhebt. Für die Unternehmen geht es also einerseits darum, die Komplexität der Produktionsstrukturen, der Produkte und der Unternehmensorganisation zu verringern. Andererseits müssen Ansätze gefunden werden, wie komplexe Strukturen - sowohl auf der Organisations- wie auch auf der Produkt- und Produktionsseite optimal beherrscht werden können. Dies ist insbesondere wichtig, da auch in der Zukunft trotz aller Bemühungen weiterhin komplexe Produkte mit hoher Variantenzahl, wahrscheinlich sogar mit steigender Tendenz, herzustellen sind.

Zusätzliche Ansatzpunkte zum Erreichen der umfassenden Kostenführerschaft sind z.B. die in Kapitel C aufgezeigte Internationalisierung von Beschaffung und die in Kapitel E angesprochene Internationalisierung der Fertigung aber auch die in Kapitel B aufgezeigte prozessorientierte Kostenbetrachtung ist ein Ansatz zum Erreichen der Kostenführerschaft.

3.1.2 Differenzierung

Der zweite Strategietyp besteht darin, die Produkte zu differenzieren und damit etwas zu schaffen, das in der ganzen Branche als einzigartig angesehen wird. Ansätze zur Differenzierung können viele Formen annehmen: Design oder Marktname, Technologie oder Kundendienst.
Deutlich zu erkennen war diese Strategie in der Maschinenbaubranche, als die ersten Unternehmen damit begonnen haben ein Corporate Design für das hergestellte Produkt aufzubauen, bei dem durch gezielt differenzierte Farbgebung versucht wurde das eigene Produkt aus dem vorhandenen Überangebot hervor zu heben.

3.1.3 Konzentration der Schwerpunkte

Der dritte Strategietyp nach Porter beschäftigt sich mit der Konzentration auf Marktnischen, also auf eine bestimmte Abnehmergruppe, ein bestimmtes Teil des Produktprogramms, oder auf einen geographisch abgegrenzten Markt. Bei der Konzentrationsstrategie geht es darum, ein bestimmtes Ziel bevorzugt zu bedienen, und jedes Instrument wird im Hinblick darauf entwickelt. Diese Strategie beruht auf der Prämisse, daß das Unternehmen sein eng begrenztes strategisches Ziel wirkungsvoller oder effizienter erreichen kann als Konkurrenten, die sich im breiten Wettbewerb befinden.

3.1.4 Qualitätsführerschaft als Strategie

Ein neuer Strategietyp, der erst in den vergangenen Jahren entstanden ist, ist die Qualitätsführerschaft, also die Erreichung einer Vormachtstellung durch die beste Qualität. Die Qualitätsführerschaft verspricht auch Marktvorteile die bei gleichen Produkten eine höheren Preis zulassen. So galt z.B. Mercedes-Benz lange Jahre als der Qualitätsführer am Kraftfahrzeugmarkt, hat jedoch in den letzten Jahren diese Qualitätsführerschaft eingebüßt und lief dann weltweit an vierter Stelle der einstigen Qualitätsführerschaft hinterher.

Wer nicht besser wird, hat aufgehört gut zu sein.

Die Tragik dieser Worte zeigt sich an dem oben aufgeführten Beispiel besonders deutlich.
Wo aber sind die Ansatzpunkte zum Erreichen und vor allem zum Halten der Qualitätsführerschaft ?
Ein wesentlicher Ansatzpunkt zum Erreichen der Qualitätsführerschaft ist sicherlich eine Betrachtung des Qualitätsbegriffs wie er in diesem Buch dargestellt wird und wie er in den folgenden Teilen noch verfeinert dargestellt wird.
Es soll jedoch an dieser Stelle schon darauf hingewiesen werden, daß Qualitätsführerschaft nur erreicht und vor allem langfristig gehalten werden kann, wenn es gelingt, die Abhängigkeit zwischen steigender Qualität und dadurch bedingt steigenden Kosten zu lösen (vgl. hierzu Kapitel 4.6).

3.2 Einflußgrößen auf die strategische Unternehmensplanung

Eine der bedeutendsten Einflußgrößen auf die strategische Unternehmensplanung ist der Mensch. Genauer, die Mitarbeiter in einem Unternehmen, d.h. eine Unternehmensstrategie sollte nicht nur von der obersten Leitung getragen werden, sondern sie muß in eine Form gebracht werden, die jedermann im Unternehmen verstehen, interpretieren und ausführen kann.[8]
An dieser Stelle soll der Ansatz von Rudolf Mann kurz dargestellt werden, der in seinem Buch ′Das ganzheitliche Unternehmen′ von vier Ebenen im menschlichen Bewußtsein spricht. In seiner Darstellung ist die 1. Ebene die geistige Verarbeitung und Identifikation mit den Problemen. Nur wenn diese Voraussetzung in der Geisteshaltung der Menschen erfüllt ist, sind sie in der Lage, selbständig einen Plan bzw. eine Vorgehensweise zu erstellen, mit der sie sich dann identifizieren können. Rudolf Mann spricht in diesem Fall von der 2. Ebene. Die 3. Ebene entspricht der Bewegung, also dem Tun und Wirken bei der Umsetzung des Planes. Als letzte, 4. Ebene gibt es bei Rudolf Mann die Materie, also das aus der Umsetzung des Planes resultierende Ergebnis.
Warum dieser Ansatz ? Anhand der vier oben beschriebenen Ebenen läßt sich sehr eindrucksvoll darstellen, warum Mitarbeiter oftmals etwas tun ohne darüber nachzudenken und ohne die Abläufe in ihrem Arbeitsumfeld verbessern zu

---

8 vgl. M. Imai: Kaizen, a.a.O., S. 258

wollen oder zu können. Die Schwierigkeit besteht darin, daß sich die Anweisungen vieler Führungskräfte nur auf die Bewegungsebene ihrer Mitarbeiter beziehen. D.h. die Mitarbeiter handeln nach dem Plan eines anderen ohne diesen richtig verstanden zu haben und ohne sich mit der Zielsetzung zu identifizieren.

Als Konsequenz aus dem Obenstehenden kann zusammenfassend gesagt werden, nur wenn jeder Mitarbeiter das Ziel kennt und die zur Erreichung erforderliche Strategie verstanden hat, kann er sich richtig dafür einsetzen und in seinem Wirkungsbereich geeignete Maßnahmen daraus ableiten.

4. Verbesserung der Unternehmensqualität als Strategie zur langfristigen Erfolgssicherung

Langfristige Erfolgssicherung **durch** Verbesserung der Unternehmensqualität.

Prof. Dr. Bernd Stauss von der Universität Eichstätt bezeichnet z.B. die Service-Qualität als strategischen Erfolgsfaktor[9]. Wir möchten jedoch noch einen Schritt weiter gehen und das Verständnis des Lesers soll dahin gehend geprägt werden, daß eine das gesamte Unternehmen umfassende Qualität der strategische Erfolgsfaktor der nächsten Jahre ist.
Das definierte Ziel des Unternehmens ist die langfristige Erfolgssicherung und das Ergebnis dieses Kapitels ist, daß der langfristige Erfolg nur durch die ständige Verbesserung der Unternehmensqualität gesichert werden kann. Also muß die Strategie zur Erreichung des Ziels 'langfristige Erfolgssicherung' lauten: Verbesserung der Unternehmensqualität, d.h. erreichen einer marktweiten Qualitätsführerschaft.
Dies ist jedoch auf Dauer nur möglich, wenn es gelingt den Zusammenhang zwischen verbesserter Qualität und dadurch bedingt steigende Kosten zu entkoppeln. Wenn also die Qualität verbessert werden kann, ohne daß die Kosten dadurch steigen. Es muß sogar möglich sein, durch die Verbesserung der Unternehmensqualität die Kosten vielerorts massiv zu senken, wie in den verschiedenen Kapiteln noch aufgezeigt wird. Durch die Verbesserung der Unternehmensqualität bei gleichzeitig sinkenden Kosten könnte nicht nur der Vorteil der Qualitätsführerschaft genutzt werden, sondern es stellt sich quasi automatisch auch der Vorteil der Kostenführerschaft mit ein. Das Ergebnis wäre, bessere Qualität bei geringeren Kosten und diese Kombination stellt einen nahezu unschlagbaren Wettbewerbsvorteil dar.

---

9 B. Stauss: Erfolg durch Service-Qualität, gfmt Tagungsbericht der Service & Qualitäts-Tagung 7. - 8. Oktober 1991 in Bad Homburg, S. 8

4.1 Umfassende Qualitätsbetrachtung

Bevor nun weiter auf die Entkoppelung von Qualität und Kosten eingegangen wird, sollen die bisherigen Ausführungen zum Begriff 'Qualität' noch umfassender betrachtet werden.
In dem folgenden Schaubild sollen die möglichen Betrachtungsformen, die ganz unterschiedliche Anforderungen an den Begriff 'Qualität' stellen und in einem Unternehmen auftreten, dargestellt werden.

Abb. A-6: Der umfassende Qualitätsbegriff

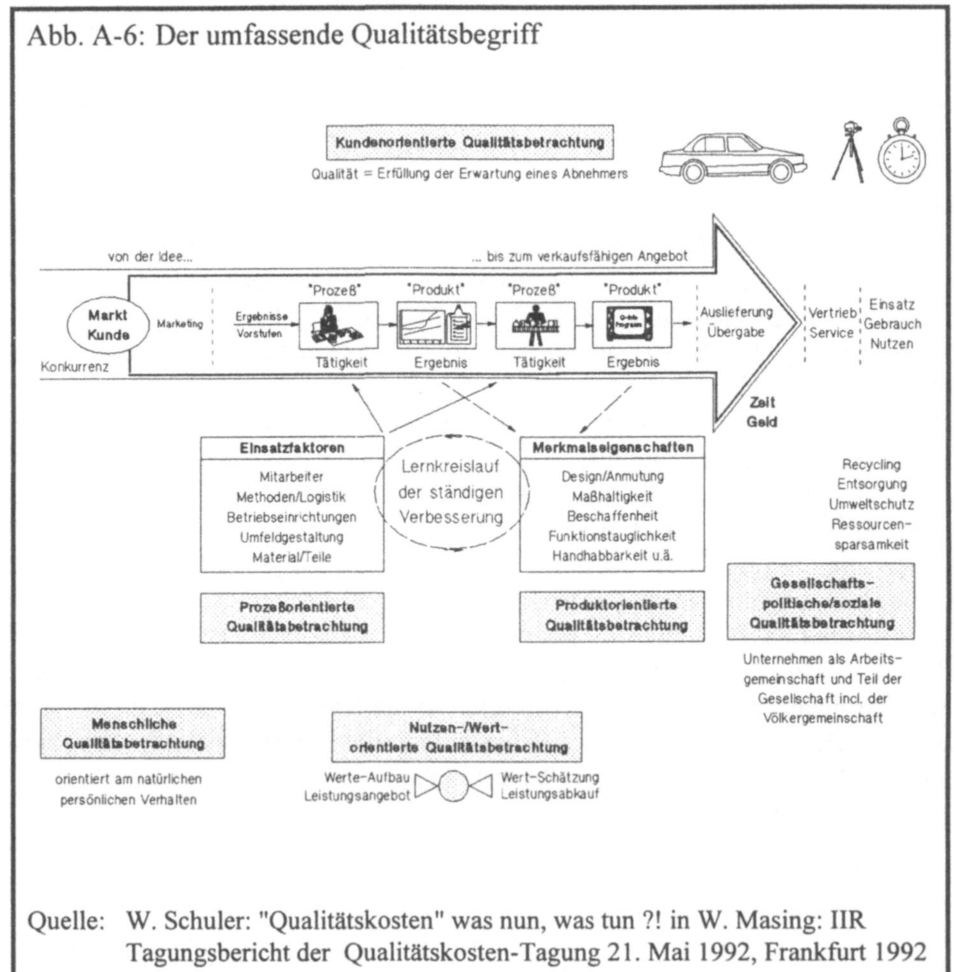

Quelle: W. Schuler: "Qualitätskosten" was nun, was tun ?! in W. Masing: IIR Tagungsbericht der Qualitätskosten-Tagung 21. Mai 1992, Frankfurt 1992

4.2 Produktionsfaktoren als Fundament des Erfolges

In der Abbildung A-2 wurde schon angedeutet, wie sich die Abhängigkeiten der Unternehmensqualität in einem Unternehmen darstellen. Es wurde in Kapitel A-1.2 auch bereits angesprochen, daß die Produktionsfaktoren Mensch, Maschine, Material, Methode, Money und Information das Fundament darstellen, auf dem der gesamte Unternehmenserfolg aufbaut. In den folgenden Unterkapiteln wird nun kurz auf die einzelnen Produktionsfaktoren eingegangen.

Qualitätsmerkmal Mensch

"Die meisten Systemprobleme betreffen den menschlichen Faktor. Wenn die Probleme nicht weit genug verfolgt werden, um diesen Faktor zu finden, werden die Lösungen nicht angemessen sein. Bei CANON hat man herausgefunden, daß Probleme effektiver gelöst werden können, wenn den beteiligten Personen mehr Gelegenheit zur Entwicklung und zum Wachstum gegeben wird."[10]

Der Mensch als eine der wesentlichsten Einflußgrößen auf fast alle Qualitätsmerkmale in den Unternehmen. Alles in Unternehmen, jeder Prozeß, jeder Ablauf, jede Idee wird vom Produktionsfaktor Mensch beeinflußt. Jede Maßnahme, jedes Ziel und jede Strategie, die diesen Umstand außer Acht läßt, wird von vornherein zum Scheitern verurteilt sein.

Qualitätsmerkmal Maschine

Beim Produktionsfaktor Maschine geht es vor allem um die Flexibilität und die Prozeßfähigkeit der Maschinen. Denn die Prozeßfähigkeit und Flexibilität von Maschinen bestimmen die kurzfristigen, produktionsseitigen Möglichkeiten und ebenso die Kosten der Fertigung. Art und Weise der Instandhaltung und Wartung von Maschinen und Anlagen in einem Unternehmen bestimmen in großem Maße die Ausfallhäufigkeit und Verfügbarkeit von Maschinen und dieses sind sehr wesentliche Einflußgrößen auf die Termintreue, Durchlaufzeit und Produktivität. Und letztlich sind es dann diese Merkmale über die sich dem Kunden die Unternehmensqualität zeigt.

---

10 P. Teufel: Die Realisierung der 'Lean Production' am Beispiel der CANON GIESSEN GmbH in: H. Wildemann, Lean Management, gfmt Tagungsbericht der Lean Management Tagung 17.-18. März 1992 in München, S. 118

Qualitätsmerkmal Material

Auch das verwendete Material, vor allem aber der Materialfluß haben einen großen Einfluß auf die Unternehmensqualität (vgl. Kapitel D). An dieser Stelle seien nur einige Merkmale wie Liefertermintreue der Lieferanten, Lieferqualität, Bestandsvolumen und Bestandshandling genannt. Alle diese Größen haben Einfluß auf Meßgrößen, durch welche die Unternehmensqualität bewertet wird.

Qualitätsmerkmal Methode

Der Produktionsfaktor Methode ist in allen Prozessen, Abläufen und Tätigkeiten eines Unternehmens wiederzufinden. Aus diesem Grund bedarf es nicht vieler Worte um die Bedeutung des Produktionsfaktors Methode für die Unternehmensqualität herauszuheben. Alle Ergebnisse, die von den Abläufen und der Organisation eines Unternehmens abhängen, werden durch den Produktionsfaktor Methode geprägt. Im Innenverhältnis, wie auch im Aussenverhältnis des Unternehmens.

Qualitätsmerkmal Money

Der Produktionsfaktor Money, der für die Kapitalseite des Unternehmens steht und von den Größen wie Liquidität, Verschuldungsgrad und Rentabilität abhängt, ist vor allem für die Gläubiger eines Unternehmens ein wesentliches Merkmal der Unternehmensqualität. Sie spielt eine Rolle bei der Kapitalaufnahme am freien Kapitalmarkt, ist aber auch eine wichtige Größe für die Liefertreue der Lieferanten.

Qualitätsmerkmal Information

Als weiterer Produktionsfaktor, der lange Zeit fast kaum Beachtung gefunden hat, sind es die Informationen und sind es die Informationsflüsse innerhalb eines Unternehmens, die auf sehr viele Meßgrößen der Unternehmensqualität im Innen- sowie auch im Aussenverhältnis stark Einfluß nehmen. Insbesondere dadurch, daß die Information die zum Treffen einer Entscheidung zur Verfügung steht, diese maßgeblich beeinflussen kann, d.h. die Qualität der Informationen beeinflußt in einem starken Maße auch die Qualität der Entscheidungen.

4.3 Merkmale der internen Unternehmensqualität

An dieser Stelle soll die in Kapitel A-1.2 vorgenommene Unterteilung der Unternehmensqualität in interne und externe Unternehmensqualität noch etwas verfeinert werden. Zunächst soll auf die Merkmale der internen Unternehmensqualität eingegangen werden. Im wesentlichen sind dies die in Abbildung A-2 dargestellten Größen (Flexibilität, Gewinn, Motivation, Liquidität, Wirtschaft

Abb. A-7: Unternehmensqualität im Innenverhältnis

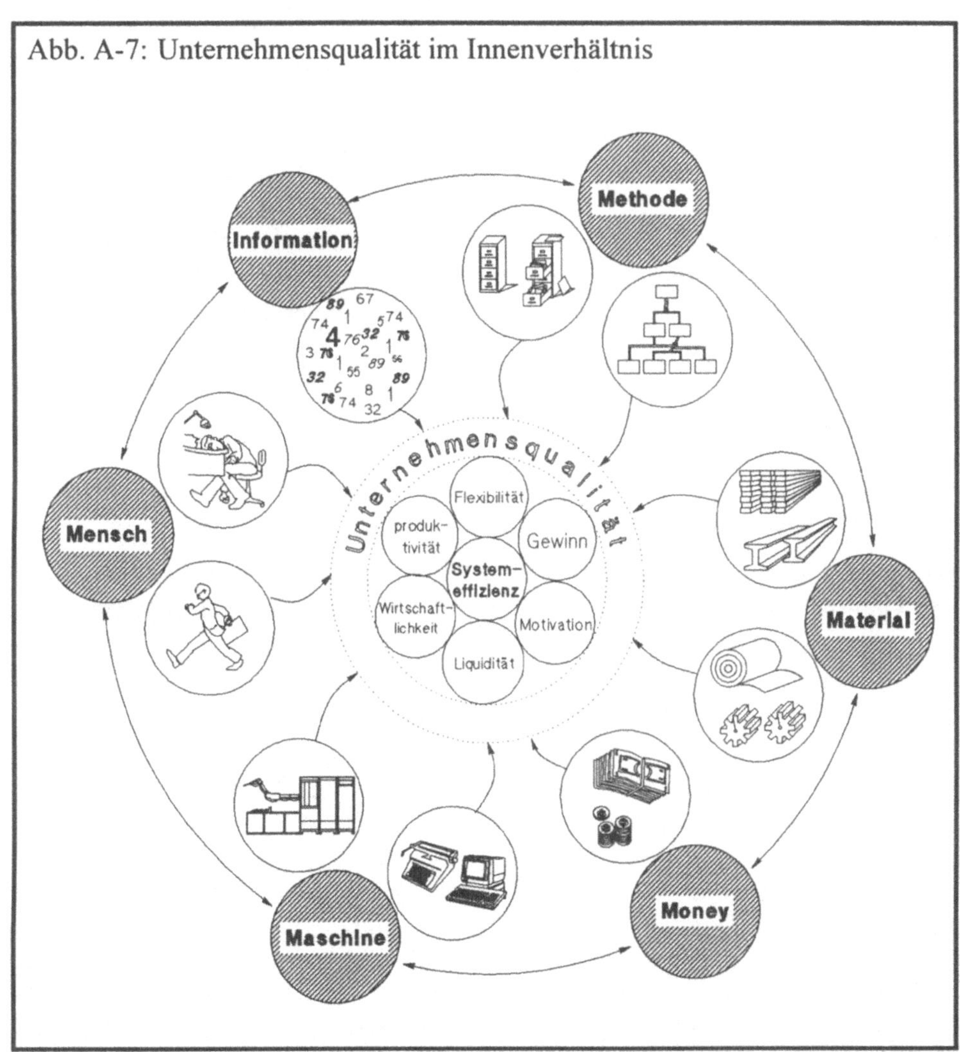

lichkeit und Produktivität). Warum jedoch sind es genau diese Größen, die als Meßgrößen der Unternehmensqualität im Innenverhältnis gewählt wurden ?
Alle diese Größen sind Qualitätsmerkmale im Innenverhältnis, zum einen weil sie alle nach innen wirken und zum anderen weil nicht alle von außen erkannt

werden können. So z.B. die Qualität der Arbeitsprozesse und der Verwaltungsprozesse. Ein Außenstehender sieht nicht den Ablauf der Dokumente oder der Fertigung. Die Mitarbeiter sind jedoch tagtäglich mit diesem Ablauf konfrontiert und die Güte dieser Abläufe wird für sie oft recht deutlich spürbar, wenn z.B. ein Verbesserungsvorschlag 4 Monate braucht, bis von der zuständigen Stelle eine Rückmeldung kommt. D.h. die Güte der Ablauforganisation spielt eine große Rolle, aber auch die Durchführung von Besprechungen in ihrer Art und Weise ist ein entscheidender Faktor. Diese Beispiele sollen den Einfluß von Methoden (Methode als Produktionsfaktor) auf die interne Unternehmensqualität verdeutlichen.

Aber auch der Mensch vor allem im Umgang miteinander, also der zwischenmenschliche Kontakt und der Umgangston in einem Unternehmen spielt eine große Rolle für die Unternehmensqualität im Innenverhältnis. In diesem Fall könnte auch von Unternehmenskultur gesprochen werden.

Zusammenfassen lassen sich alle Meßgrößen der internen Unternehmensqualität unter dem Begriff 'Systemeffizienz', wie dies in der Abbildung A-7 dargestellt ist.

4.4 Merkmale der externen Unternehmensqualität

Bei der externen Unternehmensqualität ist es vor allem die Systemumgebung des Unternehmens, welche die hierfür relevanten Meßgrößen bestimmt und dadurch eine Beurteilung des Unternehmens durchführt. Diese Systemumgebung besteht im wesentlichen aus dem Absatzmarkt, dem Beschaffungsmarkt, dem Personalmarkt und dem Kapitalmarkt.

Wie in der Abbildung A-8 dargestellt, sind es je nach Betrachtungswinkel, d.h. je nach dem von welchem Markt aus das Unternehmen betrachtet wird, verschiedene Meßgrößen nach welchen das Unternehmen und seine Qualität beurteilt wird.

Durch die vorstehende Abbildung wird sehr deutlich, wie stark die langfristige Erfolgssicherung eines Unternehmens an die Unternehmensqualität gekoppelt ist. Denn wenn ein Unternehmen keine Mitarbeiter mehr bekommt, weil der Personalmarkt dieses Unternehmen nicht für interessant hält oder etwas ähnliches auf dem Kapitalmarkt eintritt, dann ist auch die langfristige Existenzsicherung eines Unternehmens in großer Gefahr.

D.h. ein Unternehmen muß sich auf die Forderungen und Erwartungen aller Märkte in seinem Umfeld einstellen. Auf den einen mehr auf den anderen weniger, aber nur auf den Absatzmarkt zu schauen, wird in den nächsten Jahren

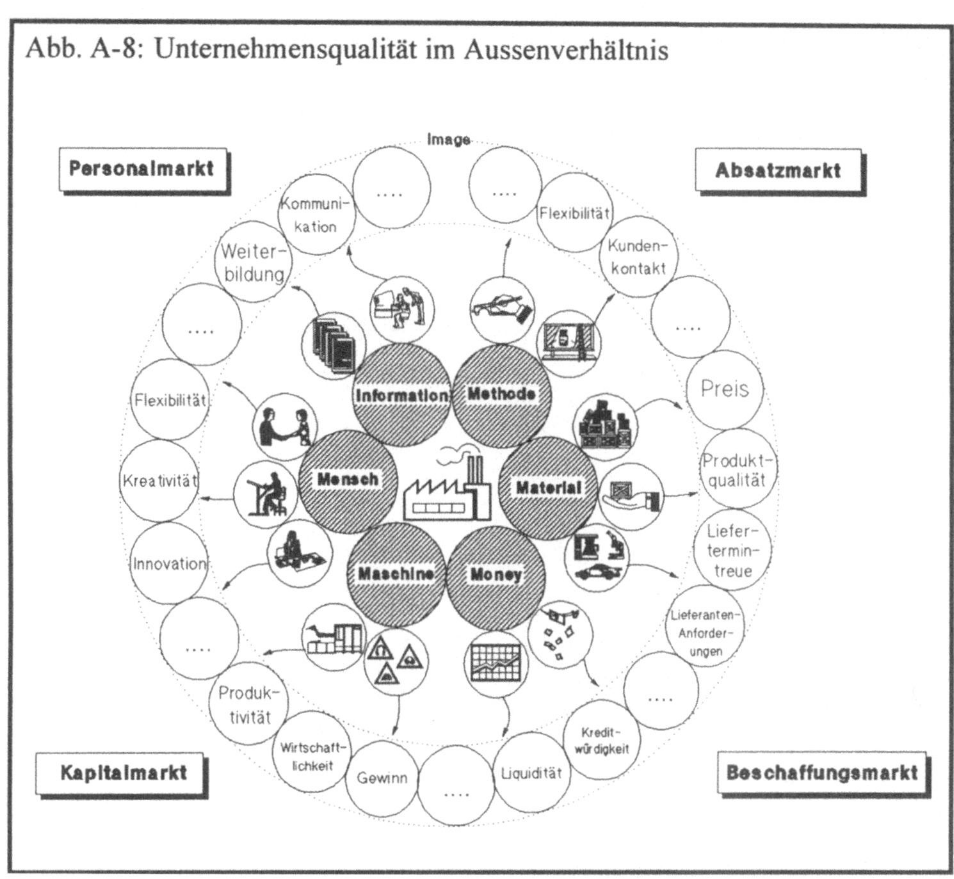

Abb. A-8: Unternehmensqualität im Aussenverhältnis

nicht mehr genügen. Insbesondere deshalb, weil die Internationalisierung durch die Öffnung Europas ab 1.1.1993 auf allen Märkten stark voran getrieben wurde.

4.5 TQM einmal anders

Für die weiteren Betrachtungen, auch in den folgenden Kapiteln im Bezug auf die verschiedenen Unternehmensbereiche, sollen die Qualitätsmerkmale und Meßgrößen der Unternehmensqualität in die drei Hauptmerkmale

Time ***Q***uality ***M***oney

aufgeteilt werden. Alle Qualitätsbegriffe wie Unternehmensqualität, Vertriebsqualität, Produktqualität, Entwicklungsqualität etc. werden immer durch die Summe dieser drei Größen bestimmt.

Abb. A-9: TIME-QUALITY-MONEY-Abhängigkeiten

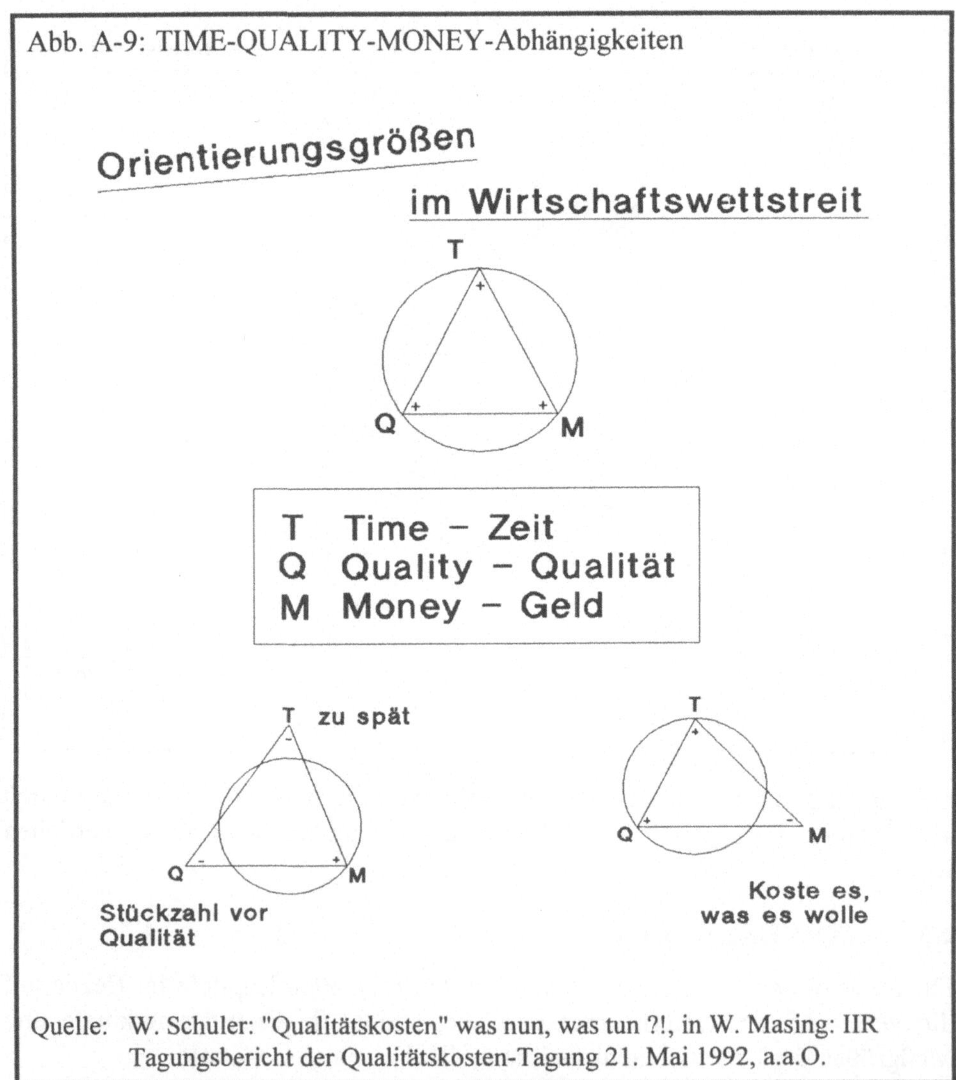

Quelle: W. Schuler: "Qualitätskosten" was nun, was tun ?!, in W. Masing: IIR Tagungsbericht der Qualitätskosten-Tagung 21. Mai 1992, a.a.O.

4.6 Qualitätssicherungsnormen ISO 9000-9004

Die ISO 9000 ff (bzw. EN 29000 ff) wird in zunehmendem Maße Bestandteil von Vertragsforderungen im europäischen Warenverkehr. Nach außen dient sie dem Vertrauensverhältnis in die Qualitätsfähigkeit eines Unternehmens, intern

sorgt sie für eine höhere Wirtschaftlichkeit bei der Erzeugung der geforderten Qualität. Wobei Qualität hierbei bisher noch schwerpunktmäßig auf die Produktqualität bezogen wurde.
Aber durch eine Zertifizierung ergeben sich auch noch ganz andere Effekte. An dieser Stelle soll nochmals der Ansatz von Rudolf Mann aufgegriffen werden, der in Kapitel 3.3 ausführlich behandelt wurde, um aufzuzeigen, wie die Norm intern auf die Mitarbeiter wirkt. Denn die Dokumentation der Ablauforganisation und der Tätigkeiten innerhalb des Aufbaus eines Qualitätssicherungshandbuches ist ein Schritt, der aus der reinen Arbeitsanweisung, welche bei Mann der Bewegungs-Ebene also dem Tun entspricht, durch die Eingliederung des Mitarbeiters und seiner Tätigkeit in ein Gesamtsystem einen Teil eines Ganzen macht. D.h. aus der Arbeitsanweisung also dem Tun wird in der Summe aller Arbeitsanweisungen ein Plan. Der Mitarbeiter erkennt dadurch seine Position, bzw. die Position seiner Tätigkeit innerhalb eines Gesamtsystems.
Mit anderen Worten durch die Dokumentation der Abläufe kann jeder Mitarbeiter seine Tätigkeit besser in sein betriebliches Umfeld einordnen. Dadurch bewegt er sich in seinem Tun und Handeln nicht mehr nur auf der Bewegungs-Ebene, sondern er wird in seinem Verständnis auf die darüber liegende angehoben.
D.h. durch die Information aller Mitarbeiter über ihren Beitrag zu den einzelnen Abläufen können die Mitarbeiter diesen Beitrag optimieren und verbessern. Voraussetzung hierfür ist jedoch, daß der Mitarbeiter nicht nur den Plan kennt, sondern sich mit diesem beschäftigt, also die Zielsetzung, die durch einen bestimmten Ablauf erreicht werden soll, insgesamt kennt und versteht. Nur so kann der Einzelne und die Gruppe einen Beitrag zur Verbesserung erbringen.
In der Folge bedeutet dies, die Mitarbeiter eines Unternehmens müssen den Sinn und Zweck ihrer Tätigkeit im Gesamtsystem erkennen und verstehen. Sie müssen ihren Wirkungsbereich in das Gesamtsystem einordnen können. Also das System verstehen, geistig nachvollziehen können. Dann und nur dann ist die Voraussetzung für Kreativität und Verbesserung in Form von Prozessoptimierung durch die Mitarbeiter geschaffen.
Zurück zum Ausgangspunkt, dem ISO-Normsystem 9000. Es soll zunächst eine Übersicht über die Normelemente gegeben werden und anschließend sollen in einem Gesamtüberblick die Inhalte der einzelnen Normelemente kurz aufgezeigt werden. Diese werden dann in den nachfolgenden Teilen noch verfeinert angesprochen.

Abb. A-10: Übersicht über das ISO-Normsystem

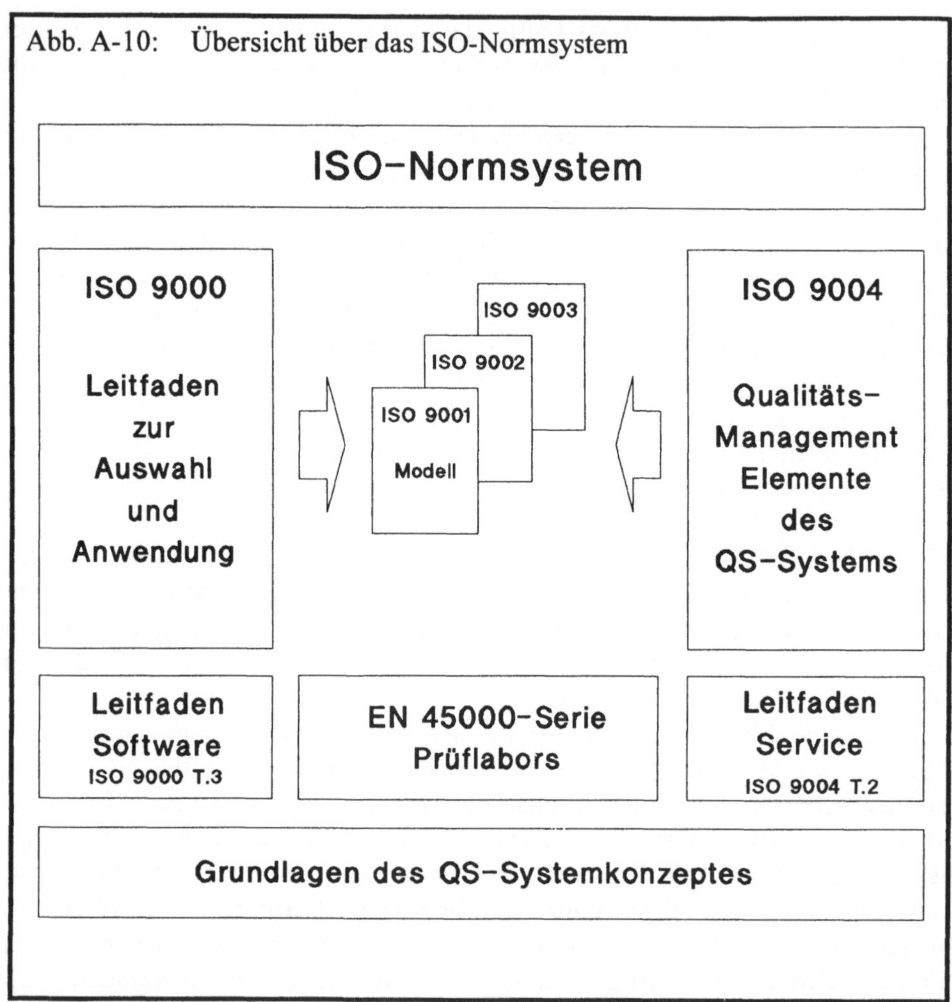

Die folgende Abbildung zeigt beispielhaft die möglichen Normelemente eines Qualitätssicherungs-Handbuches und zeigt gleichzeitig auch, welche dieser Normelemente in den verschiedenen ISO Normen gefordert werden.

Abb. A-11: Übersicht über die Normelemente eines Qualitätssicherungs-Handbuches

	Inhalt	ISO 9001	ISO 9002	ISO 9003
1	Verantwortung der obersten Leitung	●	◐	○
2	Qualitätssicherungssystem	●	●	◐
3	Vertragsüberprüfung	●	●	-
4	Designlenkung	●	-	-
5	Lenkung der Dokumente	●	●	◐
6	Beschaffung	●	●	-
7	Vom Auftraggeber beigestellte Produkte	●	●	-
8	Identifikation und Rückverfolgbarkeit von Produkten	●	●	◐
9	Prozeßlenkung	●	●	-
10	Prüfungen	●	●	◐
11	Prüfmittel	●	●	◐
12	Prüfstatus	●	●	◐
13	Lenkung fehlerhafter Produkte	●	●	◐
14	Korrekturmaßnahmen	●	●	-
15	Handhabung, Lagerung, Verpackung und Versand	●	●	◐
16	Qualitätsaufzeichnungen	●	●	◐
17	Interne Qualitätsaudits	●	◐	-
18	Schulung	●	◐	-
19	Kundendienst	●	-	-
20	Statistische Methoden	●	●	◐
21	Wirtschaftlichkeit (qualitätsbezogene Kosten)	-	-	-
22	Marktberichterstattung und Produktbeobachtung			
23	Produktsicherheit und Produkthaftung	-	-	-
24	Instandhaltung	-	-	-
25	Sicherheit und Umweltschutz			

● Volle Forderung
◐ Weniger streng als ISO 9001
○ Weniger streng als ISO 9002
- Element kommt nicht vor

Auf den folgenden Seiten sollen die Fragen die sich aus dem Inhalt der einzelnen Normelemente für ein Unternehmen ergeben aufgeführt werden. Und bei diesen Fragen wird es recht deutlich, welche Schwachstellen in vielen Unternehmen noch existieren.

1 Verantwortung der obersten Leitung

Die Verantwortung der obersten Leitung besteht darin, die Qualitätsgrundsätze zu definieren und die Qualitätspolitik festzulegen. Es liegt ebenfalls in der Verantwortung der obersten Leitung die Organisationsstruktur und die Organisation des Qualitätswesens zu bestimmen. Die oberste Leitung hat auch einen Qualitätssicherungsbeauftragten zu benennen und das Qualitätssicherungssystem zu bewerten.

2 Qualitätssicherungssystem

Hier sind die Grundlagen und Anforderungen, sowie Gesetze, Normen und Kunden zu dokumentieren. Als weiteres sind hier Aufbau und Gliederung der QS-Dokumentation sowie deren Verwaltung zu definieren. Dieses Normelement umfaßt auch die Inkraftsetzung des Handbuches sowie die Verwaltung der Verteilerliste und des Änderungsindex, also die Organisation des Änderungsdienstes.

3 Vertragsüberprüfung

Innerhalb dieses Normelementes sind die Anforderungen an die Produkte und Dienstleistungen sowie die damit zusammenhängenden weiteren Leistungen schriftlich festzulegen. Außerdem sind die anzuwendenden Fertigungs- und Prüfmethoden zur Erfüllung der vertraglichen Forderungen schriftlich festzulegen. Es muß auch aufgezeigt werden, wie die Vertragsüberprüfung dokumentiert wird. Ein Änderungsverfahren muß nachträgliche Änderungen regeln.

4 Designlenkung

Hier sind Fragen zu klären, wie z.B. ist der grundsätzliche Designablauf festgelegt ? Enthalten die Design- und Entwicklungspläne die organisatorischen und technischen Schnittstellen zwischen den verschiedenen Gruppen des Unternehmens ? Bereiche wie Fertigung, Montage, Kundendienst, AVOR und Qualitätswesen sind periodisch über den Fortschritt zu informieren, bzw. zu Besprechungen einzuladen.

5 Lenkung der Dokumente

In diesem Normelement ist festzulegen, ob ein Verfahren festgelegt ist, welches die Überwachung aller Dokumente des Qualitätssicherungssystems regelt (dazu gehören alle Dokumente und Unterlagen die das Qualitätssicherungssystem beschreiben und die bei den Auftragsabwicklungen verwendet werden).

6 Beschaffung

Zu klären sind hier die Fragen: Besteht ein System zur Beurteilung von Lieferanten ? Fließen die Ergebnisse der Eingangsprüfung in geeigneter Form in die Lieferantenbewertung ein ? Wird vor der Bestellung bzw. Auftragserteilung aufgrund der Beschaffungsunterlagen überprüft, ob der Lieferant befähigt ist, anforderungskonforme Produkte zu liefern und die vorgeschriebenen Qualitätsanforderungen zu erfüllen (Qualitätsfähigkeit) ? Sind die Verantwortlichkeiten bezüglich Festlegung der Anforderungen für die zu beschaffenden Produkte geregelt und festgelegt ? Werden Beschaffungsunterlagen vor ihrer Herausgabe geprüft und freigegeben ? Ist sichergestellt, daß bei Änderungen des Produkts die Beschaffungsunterlagen geändert werden ?

7 Vom Auftraggeber beigestellte Produkte

Hier gilt es ein Verfahren festzulegen, welches die Verifizierung, die Lagerung und die Instandhaltung der vom Auftraggeber gelieferten Produkte regelt.

8 Identifikation und Rückverfolgbarkeit

Im Normelement 8 ist ein Verfahren festzulegen, wonach Produkte und Ausführungsunterlagen während der ganzen Produktentstehung identifiziert und zugeordnet werden können. Produkte und Ausführungsunterlagen sind zu kennzeichnen. Sind Verwechslungen von Produkten und Ausführungsunterlagen infolge unklarer oder fehlender Kennzeichnung ausgeschlossen ? Werden diejenigen Produkte bezeichnet, für welche eine Rückverfolgbarkeit möglich sein muß ? Ist der Grad der Rückverfolgbarkeit definiert ? Ist die Rückverfolgbarkeit praktikabel ?

9 Prozesslenkung in Fertigung und Montage

Dieses Normelement muß Antwort auf die Fragen geben: Enthalten die Ausführungsunterlagen alle notwendigen Angaben zur Produktion und Montage der Produkte ? Sind die Prozesse- und Produktmerkmale festgelegt ? Werden Prozesse und Einrichtungen über ein Genehmigungsverfahren freigegeben ? Sind die auszuführenden Prüfungen geplant ? Enthalten die schriftlichen Prüfspezifikationen alle notwendigen Angaben zur Durchführung der Prüfungen (Prüfmerkmale, Prüfmethoden, Prüfmittel, Prüfbedingungen, Prüfumfang, Annahmekriterien, Toleranzgrenzen) ? Ist sichergestellt, daß den an der Herstellung beteiligten Stellen nur gültige und freigegebene Ausführungsunterlagen zur Verfügung stehen ? Beinhalten diese Angaben auch Hinweise auf vorhandene, typische Muster ? Ist sichergestellt, daß bei Änderungen des Produktes, des Herstellungsverfahrens oder des Prüfverfahren die Ausführungsunterlagen geändert werden? Werden Prüfergebnisse dokumentiert ? Werden Aus- und Weiterbildungsmaßnahmen des Personals, welches für spezielle Verfahren eingesetzt wird, durchgeführt ?

10 Prüfungen

Eingangsprüfungen Besteht ein System, welches sicherstellt, daß nur akzeptierte Zulieferungen verwendet oder verarbeitet werden ? Wird eine systematische Eingangsprüfung durchgeführt (oder entsprechende Verifizierung zur Sicherstellung, daß die festgelegten Forderungen erfüllt werden) ? Ist ein Ablauf festgelegt, wie Produkte ohne Eingangsprüfung für dringende Fertigung gehandhabt, identifiziert und dokumentiert werden ? Wird der für die Lieferantenbewertung verantwortlichen Stelle das Ergebnis der Eingangsprüfungen in geeigneter Form mitgeteilt ?

Zwischenprüfungen Sind die Prüfungen während der Produktion und Montage geplant (Prüfplanung, Ausführungsunterlagen, Qualitätspläne) ? Werden die Prüfungen gemäß Planung durchgeführt ? Werden die Prüfergebnisse dieser Prüfungen dokumentiert ? Werden nichtkonforme Produkte identifiziert und solange zurückgehalten, bis die notwendigen Abklärungen getroffen sind ?

Endprüfungen Sind die Endprüfungen geplant ? Werden die Prüfungen gemäß Plan durchgeführt ? Werden die Ergebnisse der Endprüfungen systematisch ausgewertet und für die Qualitätslenkung verwendet ? Ist sichergestellt, daß mit der Endprüfung alle Anforderungen an daß Produkt gemäß letztem Änderungsstand überprüft werden ?

11 Prüfmittel

Werden alle Prüf- und Meßmittel systematisch und periodisch überprüft ? Auch diejenigen Prüf- und Meßmittel, die ausgeliehen oder zur Verfügung gestellt worden sind ? Ist die Genauigkeit der Prüf- und Meßmittel bekannt und dokumentiert ? Wird die Eignung der Prüf- und Meßmittel, die Annehmbarkeit eines Produktes nachzuweisen, vor einem Einsatz überprüft ? Ist die Vorgehensweise zur Überprüfung, Identifizierung und Dokumentation von Prüfsoftware festgelegt ? Erfolgt die Überprüfung von Prüf- und Meßmitteln anhand entsprechender Prüfspezifikationen ? Ist durch die Art der Kennzeichnung der Kalibrierstatus eindeutig feststellbar ?

12 Prüfstatus

Ist die Art der Identifikation des Prüfstatus festgelegt ? Kann der Prüfstatus aus der Art der Kennzeichnung eindeutig festgestellt werden ? Ist aus der Kennzeichnung ersichtlich, ob das Material bzw. Produkt für die Weiterverarbeitung, Montage oder Versand freigegeben ist ? Ist die für die Freigabe zuständige Stelle aus den Aufzeichnungen erkennbar ? Ist sichergestellt, daß bei direkter Kennzeichnung auf dem Material bzw. Produkt, dessen Qualität dadurch nicht beeinträchtigt wird ? Ist die indirekte Kennzeichnung zweckmäßig ? Ist die Übertragung von Kennzeichnungen festgelegt ?

13 Lenkung fehlerhafter Produkte

Ist ein Ablauf festgelegt, wie fehlerhafte Produkte zu kennzeichnen und zu lagern sind und wie weiter vorzugehen ist ? Werden fehlerhafte Produkte als solche gekennzeichnet ? Ist die Art der Lagerung nicht konformer Produkte zweckmäßig ? Ist sichergestellt, daß fehlerhafte Produkte ausgesondert werden, um falsche Verwendung zu verhindern (z.B. Sperrlager, definierte Bereiche etc.) ? Besteht ein Fehlermeldesystem welches sicherstellt, daß die zuständigen Stellen über Art und Umfang der fehlerhaften Produkte informiert werden ? Werden festgestellte Abweichungen analysiert ? Wird der Auftraggeber über Sonderfreigaben in Kenntnis gesetzt, sofern vertraglich geregelt ? Wird Ausschuß als solcher gekennzeichnet ?

14 Korrekturmaßnahmen

Ist ein Ablauf festgelegt, wie Korrekturmaßnahmen beantragt, genehmigt, durchgeführt und hinsichtlich ihrer Wirksamkeit überprüft werden ? Werden festgestellte Mängel systematisch analysiert ? Werden aufgrund der Analyse Korrekturmaßnahmen festgelegt und dokumentiert ? Wird die Durchführung von Korrekturmaßnahmen überwacht ? Wird die Wirksamkeit von Korrekturmaßnahmen überprüft und dokumentiert ? Werden systematische Trendanalysen durchgeführt ?

15 Handhabung, Lagerung, Verpackung

Erfolgt der Umgang mit Produkten zweckmäßig, so daß Beschädigungen oder Beeinträchtigungen ausgeschlossen sind ? Sind bei internen Transporten die Produkte derart gekennzeichnet, daß diese eindeutig identifiziert werden können und der Absender und Empfänger eindeutig festgelegt sind ? Sind die Lagerbereiche derart, daß Beeinträchtigungen der Produkte ausgeschlossen sind ? Sind Material und Produkte so gekennzeichnet, daß diese eindeutig identifiziert werden können und Verwechslungen ausgeschlossen sind ? Erfolgt die Lagerung von Material zweckmäßig, so daß dieses vor qualitätsmindernden Umwelteinflüssen geschützt ist ? Erfolgt die Verpackung zweckmäßig, so daß die Qualität der Produkte während der Lagerung und beim vorgesehenen Transport nicht beeinträchtigt wird ? Werden Verpackungskontrollen durchgeführt ? Sind die versandbereiten Produkte so gekennzeichnet, daß sie eindeutig identifiziert werden können ? Sind empfindliche Transportgüter als solche erkennbar ?

16 Qualitätsaufzeichnungen

Sind die erforderlichen Qualitätsaufzeichnungen festgelegt ? Sind die entsprechenden Qualitätsaufzeichnungen den Produkten zuordenbar ? Ist die Rückverfolgbarkeit der durchgeführten Prüfungen anhand der Dokumentation möglich ? Sind die Aufbewahrungszeiten für die verschiedenen

Dokumente festgelegt ? Werden die Aufzeichnungen in geeigneten Einrichtungen aufbewahrt ? Wird die Dokumentation nach der Erstellung und vor der Ablieferung an den Kunden auf ihre Richtigkeit überprüft ?

17 Interne Qualitäts-Audits

Wird das gesamte Qualitätssicherungssystem, periodisch und systematisch durch das Unternehmen selbst überprüft ? Erfolgen die internen Qualitätsaudits anhand eines Auditplanes (Zeitplanes) ? Sind die mit der Durchführung des internen Audits Beauftragten entsprechend qualifiziert, das Qualitätssicherungssystem zu beurteilen ? Sind die Fragelisten entsprechend umfassend genug, um die Wirksamkeit des Qualitätssicherungssystems zu beurteilen ? Werden die Ergebnisse interner Audits dokumentiert und den überprüften Stellen zur Kenntnis gebracht ? Wird die oberste Leitung über die Ergebnisse der internen Qualitätsaudits in Kenntnis gesetzt ? Werden aufgrund der Ergebnisse Korrekturmaßnahmen angeordnet ?

18 Schulung

Ist ein Verfahren zur Ermittlung des Schulungsbedarfs festgelegt ? Umfaßt diese Ermittlung alle Mitarbeiter mit qualitätsbeeinflußenden Tätigkeiten ? Werden Schulungsmaßnahmen systematisch geplant, durchgeführt und dokumentiert ? Sind die zur Ausübung spezieller Tätigkeiten notwendigen Ausbildungsurkunden, Qualifikationen, Zertifikate etc. vorhanden ?

19 Kundendienst

Werden die Anforderungen an den Kundendienst im Rahmen der Definition der Produktanforderungen respektive der Vertragsüberprüfung festgelegt ? Sind die produkt- oder auftragsspezifischen Aufgaben an den Kundendienst schriftlich festgelegt ? Werden die Tätigkeiten des Kundendienstes nach erfolgter Endprüfung/Abnahme dokumentiert ? Wird aufgrund dieser Dokumentation überprüft, ob die gestellten Anforderungen erfüllbar sind ? Ist der Kundendienst bei der Endabnahme anwesend ?

20 Statistische Methoden

Sind die zur Anwendung gelangenden statistischen Methoden schriftlich festgelegt und bei den entsprechenden Arbeitsplätzen verfügbar ? Sind die statistischen Methoden zur Verifizierung der Eignung der Prozesse und der Produktmerkmale geeignet ? Werden die statistischen Methoden bei den Prüfungen den zu prüfenden Merkmalen angepaßt ? Ist das Personal, welches statistische Methoden anwendet, entsprechend qualifiziert ?

4.7 Was wird ISO 9000-9004 noch bringen ?

Viele Automobilhersteller fordern bei ihren Kundenaudits bereits heute schon mehr als nur die Elemente, welche in ISO 9001, 9002 oder 9003 gefordert werden, von ihren Zulieferern, um eine volle Punktzahl in einem Lieferantenaudit zu erhalten. Und so ist es sehr wahrscheinlich, daß diese Forderungen in den nächsten Jahren, speziell bei der Überarbeitung der Normen im Jahre 1996 ergänzend aufgenommen werden und dann im Rahmen der Zertifizierung nachzuweisen sind. Aus diesem Gründen bereiten sich viele Unternehmen, welche zur Zeit ein Qualitätssicherungssystem aufbauen auch auf diese, bisher noch über die Normen hinausgehenden Elementen vor.
In den folgenden Absätzen sind die wesentlichen Fragen die sich im Rahmen dieser zusätzlichen Elemente stellen kurz beschrieben.

21 Wirtschaftlichkeit - Qualitätskosten

Gibt es ein System zur Erfassung und Verfolgung qualitätsbezogener Kosten ? Gibt es einen Nachweis zu den Aufwendungen für Maßnahmen, welche auf das Verbessern der Qualität zielen ? Gibt es einen Nachweis zu den Aufwendungen für Qualitätsprüfungen und Qualitätsnachweise ? Gibt es einen Nachweis zu den Kosten, die durch unzureichende Qualität vor der Auslieferung verursacht worden sind ? Gibt es einen Nachweis zu den Kosten, die durch unzureichende Qualität nach der Auslieferung verursacht worden sind ?

22 Markt- und Produktbeobachtung

Gibt es ein Verfahren zur Produktbeobachtung während der Nutzung ? Dies könnten sein: regelmäßige Marktbeobachtung, Auswertung der Feldausfälle/ Gewährleistung, Fragebogenaktionen bei Abnehmern, Kundeninformationssystem/Alarmsystem ? Bestehen Verfahren zur Analyse von Produktausfällen während der Nutzung sowie zum Einleiten und Überwachen von Korrekturmaßnahmen ?

23 Produktionssicherheit u. Produkthaftung

Sind die Grundsätze der Produkthaftung im Hause bekannt ? Gibt es ein System zur Festlegung und Kennzeichnung von dokumentationspflichtigen Teilen und den betroffenen Merkmalen ? Gibt es Verfahren, die dem Erkennen von Produktrisiken dienen ? Gibt es - falls gefordert - Verfahren zur Eingrenzung fehlerhafter Einheiten ?

24 Instandhaltung

Werden die Betriebsmittel während der Benutzungspausen zweckmäßig gelagert und geschützt ? Wird Instandhaltung aller Fertigungseinrichtungen nach einem Wartungsplan durchgeführt ?

25 Umwelt, Sicherheit

Ist der Umgang mit umweltbelastenden Stoffen geregelt und allen Mitarbeitern bekannt, so daß Belastungen der Umwelt ausgeschlossen werden können ?

Aber auch nach einer Erweiterung der Normen, um die vorstehenden Elemente, bleiben noch viele Bereiche der Unternehmen nicht abgedeckt. Besonders die administrativen Tätigkeiten in der Verwaltung, EDV oder im Controlling sind in der derzeitigen Form der ISO 9000-9004 noch in keinster Weise beinhaltet. Dies wird aber langfristig zu erwarten sein, so daß der Aufbau eines normierten Qualitätssicherungssystems nach ISO 9000-9004 immer mehr den Weg zu einem Total-Quality-Management beschreiben wird.

4.8 Auf dem Weg zu TQM - zusammenfassende Ausblicke

> "Für Qualität ist das Management verantwortlich, und schlechte Qualität ist ein Zeichen von schlechtem Management."[11]

Das Hauptziel des Total-Quality-Management besteht darin, den Qualitätsgedanken im Unternehmen soweit zu verbreiten, daß alles im Unternehmen unter dem Gesichtspunkt der Qualität betrachtet wird und jeder im Sinne von Total-Quality handelt und in der Folge dadurch der Prüfaufwand und ebenso der bisher infolge fehlerhafter Produkte entstandene Aufwand extrem gesenkt werden kann. D.h. letztlich ist das Ziel von TQM die schon mehrfach angesprochene Entkoppelung von verbesserter Qualität und dadurch bedingt steigenden Kosten.

Die nachfolgende Grafik soll die Entwicklung von der ergebnisorientierten Qualitätsbetrachtung bis hin zu einer einflußorientierten Qualitätsbetrachtung und den dabei entstehenden Kostenverlauf der Qualitätskosten darstellen. Besonders deutlich zeigt sich, daß in der ersten Phase, der reinen Ergebniskontrolle, die Summe der Kosten noch steigt, weil um mehr Fehler heraus zu sortieren mehr geprüft werden muß und dadurch der Prüfaufwand zunächst steigt. Erst ab der 2. Phase, der Prozeßkontrolle, wird begonnen vorbeugend zu handeln und dadurch der Entstehung von Fehlern vorzubeugen. Aus diesem Grund beginnen ab dieser Phase die Qualitätskosten insgesamt zu sinken.

Um jedoch eine massive Senkung der Qualitätskosten zu erreichen und dadurch zum Qualitäts- und Kostenführer auf dem Markt zu werden, bedarf es eines umfassenden Qualitätsmanagements, welches alle Faktoren und Einflußgrößen, die auf die Qualität wirken, mit in die Qualitätsbetrachtung einbezieht und im Sinne des Total-Quality-Managements managed. Erst wenn dies gelingt, ist es möglich einen besseren Qualitätsstandard mit geringeren Kosten zu erreichen.

Der langfristige Erfolg eines Unternehmens in den kommenden Jahren wird also von der Ausrichtung der Unternehmenszielsetzung und der Unternehmensstrategie auf den ganzheitlichen Qualitätsgedanken über alle Hierarchieebenen und Mitarbeiter eines Unternehmens hinweg abhängen.

---

11 M. Imai: Kaizen. a.a.O., S. 243

Abb. A-12: Total-Quality-Management

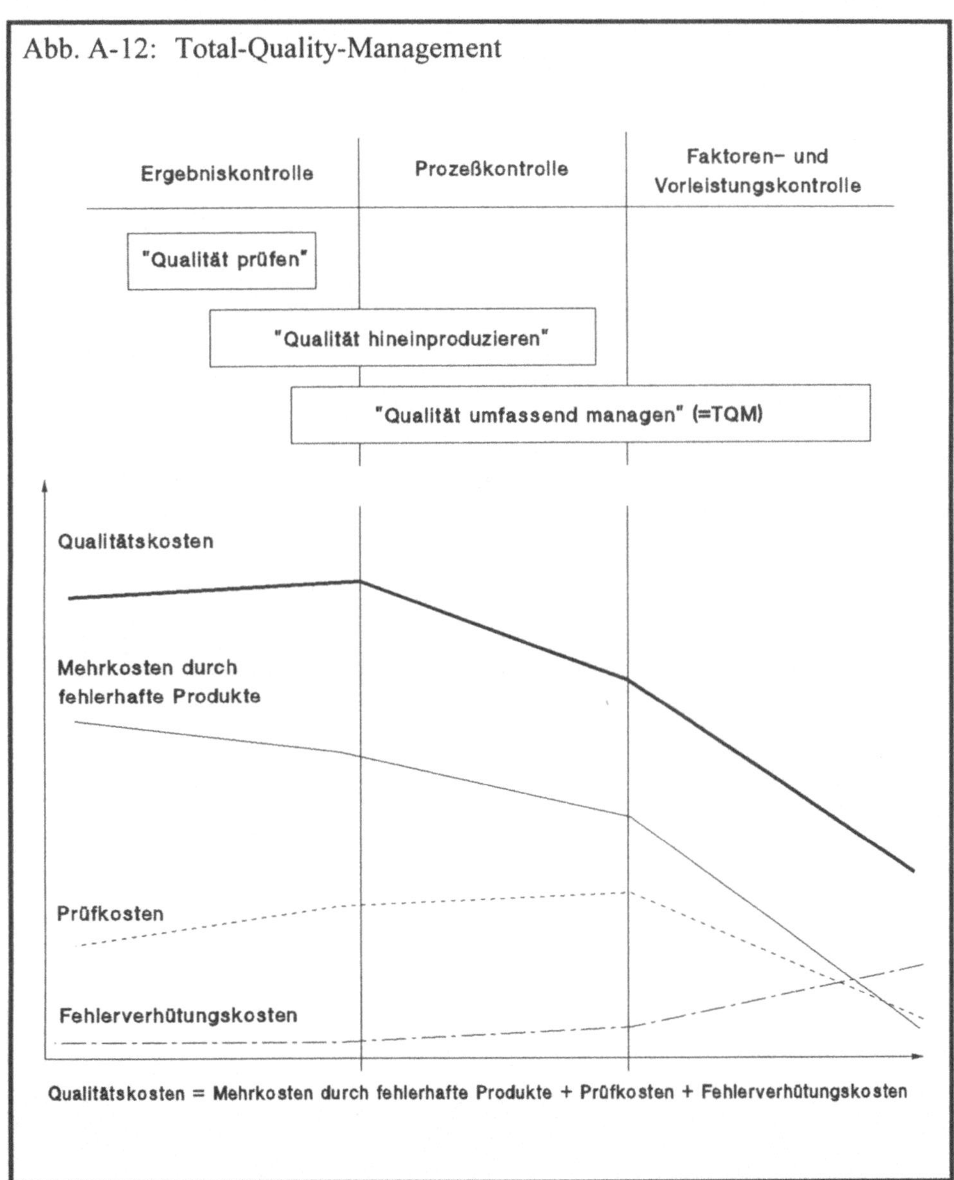

Es ist für die Unternehmen der Zukunft wichtig, ihren Mitarbeitern eine qualitätsorientierte Denk- und Handlungsweise zu vermitteln, durch welche sie in der Lage sind, ihre eigene Arbeit ebenso wie ihr Arbeitsumfeld auf seine Qualität hin in Frage zu stellen und dadurch zu verbessern.

> Die Qualität eines Unternehmens ist Aufgabe des Managements, aber bestimmt wird sie von allen Mitarbeitern.
>
> Am sichersten wird sie erreicht, wenn mit Qualität ein Werte- und Bewußtseinswandel im Unternehmen in Gang gesetzt wird, der alle Beteiligten, Führungskräfte wie Mitarbeiter, einbezieht und fordert.

B. Unternehmensqualität - Rechnungswesen

Ausgehend vom Teil A, welcher die Unternehmensqualität als zukünftigen Erfolgsfaktor einer Unternehmung beschreibt, soll in diesem Teil des Buches abhängig von den Änderungen des politisch-wirtschaftlichen Umfeldes, die Einflußnahme des Rechnungswesens auf die Unternehmensqualität gezeigt werden. Zu Beginn wird am Beispiel der CIM-orientierten Fertigung die Notwendigkeit einer Änderung im Rechnungswesen aufgezeigt, um dann ausgehend von dieser Prämisse die Prozeßkostenrechnung als Lösungsansatz zu präsentieren und sie abschließend in ihrer Einflußnahme auf die Unternehmensqualität zu bewerten.

Das Rechnungswesen ist ein entscheidender Einflußfaktor auf den Wettbewerbserfolg einer Unternehmung.

1. Auswirkungen des veränderten politischen und wirtschaftlichen Umfeldes auf das Rechnungswesen

Das Rechnungswesen muß reagieren.

Die in der Einleitung dargestellten Veränderungen des politischen und wirtschaftlichen Umfeldes wirken erst in zweiter Linie auf das Rechnungswesen. Zu Beginn soll aus diesem Grund ein kurzer Überblick über die direkten Auswirkungen des veränderten politischen und wirtschaftlichen Umfeldes auf die Unternehmung und deren Wertschöpfungsprozeß stehen. Ausgehend von diesem Überblick erfolgt eine Darstellung der damit verbundenen sekundären Auswirkungen vor allem auf die Kostenstruktur und damit auf das Rechnungswesen.

1.1 Auswirkungen auf den Wertschöpfungsprozeß

Die Auswirkungen des veränderten politischen und wirtschaftlichen Umfeldes machen sich in den Prozessen der betrieblichen Leistungserstellung und Wertschöpfung seit Ende der siebziger Jahre bemerkbar. Gekennzeichnet werden sie vor allem durch die beschleunigte technologische Entwicklung, den hohen Automatisierungsgrad, die zunehmende Wettbewerbstätigkeit und Internationalisierung auf den Beschaffungs- und Absatzmärkten.
Als Konzepte, die zur Bewältigung der neuen Herausforderungen geschaffen wurden, werden an dieser Stelle nur einige bedeutende stellvertretend genannt:

- CIM-Systeme
- Just-in time-Systeme
- Qualitätsmanagement
- Lean Production/Lean Management
- etc.

Weitere Anforderungen, die der Markt stellt, werden nicht im Rahmen von umfassenden Konzepten, wie den oben genannten, bewältigt, sondern bedingen eine Zunahme bestimmter Tätigkeiten, vor allem in den fertigungsnahen Bereichen. Hierzu gehören besonders die in zunehmendem Maße geforderte Produkt- und Variantenvielfalt, die steigenden Ansprüche an Qualität und Komplexität der Produkte, sowie die zunehmende Forderung nach Liefer- und Termintreue. Sie bedingen z.B. kleine Losgrößen, große Teilevielfalt, vielfältige Änderungen im Konstruktions- und Produktionsprozeß, etc. Unabhängig davon, in welcher Form nun im einzelnen den Anforderungen begegnet wird, ist allen Ansätzen die Zunahme vorbereitender, steuernder und koordinierender Tätigkeiten gemeinsam. Im folgenden sollen diese Tätigkeiten als administrative Tätigkeiten zusammengefaßt werden. Die Ausführung dieser Tätigkeiten obliegt hauptsächlich Bereichen, die vielfach als "support departments"[12], "indirekte Leistungsbereiche"[13] oder nur als "indirekte Bereiche" bezeichnet werden. In ihrer Summe werden sie auch als "hidden factory"[14] bezeichnet. Der Ausbau dieser Bereiche führt in erster Linie zu der im folgenden Kapitel behandelten Verschiebung der Kostenstruktur.

Vielfach kann dann in diesen Bereichen eine Neigung zur Überorganisation festgestellt werden, die sich in zum Teil drastischen Verhältnissen zwischen Produktions- und Verwaltungspersonal darstellt. Als Beispiel sei hier ein Verhältnis von 853 zu 642 Mitarbeiter genannt, wie es sich in einem elektrotechnischen Betrieb darstellte.

Nachfolgende Abbildung soll noch einmal verdeutlichen, wie die Gemeinkostenbereiche allgegenwärtig die direkten Bereiche (z.B. Fertigung) tangieren:

12 R. Cooper/R. S. Kaplan: How Cost accounting Distorts Product Costs, in Management Accounting, o. O. April 1988, S. 20-27

13 P. Horvath/R. Mayer: Prozeßkostenrechnung, in: Controlling Heft 4 1989, S. 214-219

14 J. G. Miller/T: E. Vollmer: The Hidden Factory, in: Harvard Business Review Sept.-Okt. 1985, S. 142-150

Abb. B-1: Direkte und indirekte Unternehmensbereiche

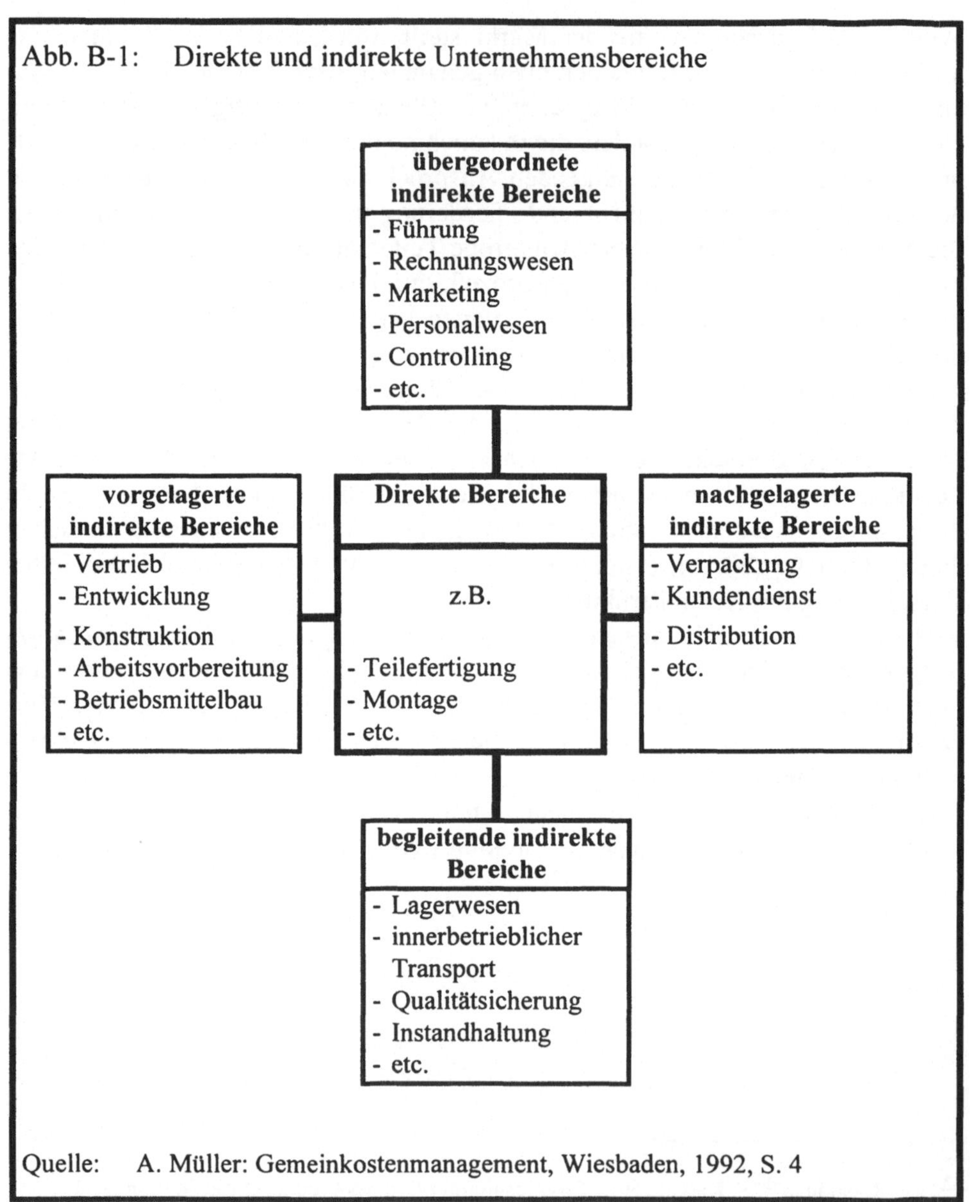

Quelle: A. Müller: Gemeinkostenmanagement, Wiesbaden, 1992, S. 4

1.2 Auswirkungen auf die Kostenstruktur

> Gemeinkostenbereiche-
> das zukünftige "Schlachtfeld" im Kampf um
> Kostensenkung und Produktivitätssteigerung

Neben den Vorteilen, die obengenannte Verfahrensinnovationen unbestreitbar bieten, handelt es sich bei allen, bedingt durch die Zunahme der administrativen Tätigkeiten und eventuell notwendige Investitionen in indirekten Leistungsbereichen, um nicht unerhebliche Gemeinkostentreiber. Komplettiert wird die Verzerrung der Kostenstruktur zugunsten der Gemeinkosten durch die Reduzierung der Fertigungslohneinzelkosten, ausgelöst durch fortschreitende Automatisierungs- und Rationalisierungsmaßnahmen im Produktionsbereich.
Zunehmende Anpassungen an Kundenwünsche und der damit verbundene Variantenreichtum, kurze Produktlebenszyklen, sowie Internationalisierung der Absatz- und Beschaffungsmärkte, und der damit verbundene Konkurrenzdruck, führen zu einem notwendig gewordenen zusätzlichen Ausbau von "klassischen" Gemeinkostenbereichen, wie Vertrieb und Einkauf (siehe hierzu auch die Teile C-Materialwirtschaft und D-Vertrieb).
Die Abbildung B-2 auf der folgenden Seite zeigt die Entwicklung der Kostenverhältnisse in den USA nach einer Studie von Miller/Vollmann 1985.
In Deutschland sieht diese "Kostenschere" im Maschinen- und Anlagenbau ähnlich aus. Die Japaner konnten bei diesen Studien etwas besser abschneiden, dort liegen die Gemeinkostenanteile an der Wertschöpfung im Maschinenbaubereich bei ca. 50 - 60 Prozent. Im Bereich der Elektroindustrie muß von ähnlichen Verhältnissen ausgegangen werden.[15]
Das führt letztendlich dazu, daß gerade Produkten, die in gemeinkostenverursachenden, neuen, automatisierten Fertigungsprozessen hergestellt werden, durch die als Zuschlagsbasis verwendeten niedrigeren Fertigungslöhne, im Vergleich zu konventionell gefertigen Produkte, zu geringe Gemeinkosten zugerechnet werden.

---

15 J. G. Miller/T. E. Vollmann: Die verborgene Fabrik, in: Harvard Manager, Heft 1, 1989, S. 84-89, S. 85

Abb. B-2: Anteil der Gemeinkosten bzw. Fertigungslohneinzelkosten an der Wertschöpfung in den USA (Maschinenbaubranche)

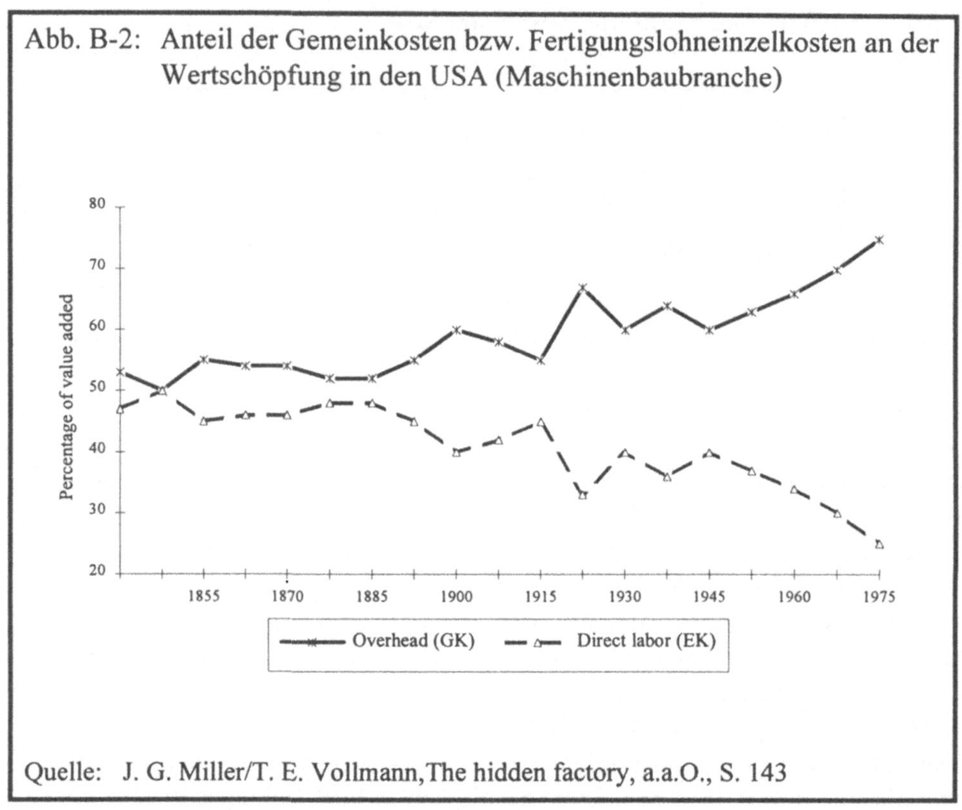

Quelle: J. G. Miller/T. E. Vollmann,The hidden factory, a.a.O., S. 143

Die fortschreitende Automatisierung wird, neben den oben genannten Punkten, als einer der Hauptgründe für die Kostenstrukturverschiebung genannt.
Aus diesem Grund werden die derzeit bestehenden Probleme des Rechnungswesens im Kapitel 1.3 am Beispiel der CIM-Fertigung, deren Hauptcharakteristikum eine automatisierte Produktion darstellt konkretisiert.

1.3 Probleme des Rechnungswesens und daraus resultierende Anforderungen an das Rechnungswesen am Beispiel der CIM-Fertigungsstruktur

An dieser Stelle sollen am Beispiel einer CIM-Fertigungsstruktur die unter Kapitel B-1.1 und B-1.2 angeschnittenen Entwicklungen noch einmal konkretisiert, und vor allem die Auswirkungen auf das Rechnungswesen verdeutlicht werden.

1.3.1 Charakteristik einer CIM-Fertigungsstruktur

"Die computerintegrierte Fertigung (CIM) ergibt sich aus dem **umfassenden Einsatz** des Computers zur **flexiblen Automatisierung** des Fertigungsprozesses."[16]

Aus dieser Aussage lassen sich als Hauptmerkmale einer funktionierenden CIM-Fertigungsstruktur, und als Anforderungen an sie überhaupt, folgende drei Punkte ableiten:

Automatisation
Flexibilität
Integration

Der Prozeß der Mechanisierung, als Versuch die menschliche Arbeit durch maschinelle Arbeit zu ersetzen, vollzieht sich schon seit dem Beginn der industriellen Produktion. Erst die Entwicklung der Mikroelektronik ermöglichte die Automatisierung.
Mellerowicz definiert diese als: "...selbsttätige Fertigung und Förderung der Erzeugnisse in einem durch Regelkreise automatisch überwachten Prozeß, der den Mensch von jeder fertigenden Tätigkeit befreit und sein Eingreifen auf die Beseitigung von Störungen beschränkt."[17]
Zwei Gründe führen dazu, daß das vollständige Automatisierungspotential nicht ausgeschöpft wird:

1. Die Kosten steigen mit zunehmendem Automatisierungsgrad exponentiell an.
2. Zunehmende Automatisierung geht zu Lasten der, in steigendem Maße vom Markt geforderten, Flexibilität.

---

16 P. A. Steinbuch/K. Olfert: Fertigungswirtschaft, 4., überarb. u. erw. Aufl.,Ludwigshafen, 1989, S. 45

17 K. Mellerowicz: Betriebswirtschaftslehre der Industrie, Band 2, Freiburg, 1981, S. 382

Als Definition für die Flexibilität soll diejenige der REFA herangezogen werden:
"Die Flexibilität beschreibt die Fähigkeit eines Produktionssystems, innerhalb einer bestimmten Zeit für verschiedene Aufgaben einsatzfähig zu sein. Je größer die Verschiedenartigkeit dieser Aufgabe und je geringer der Umstellungsaufwand (Zeit und Kosten) bei Aufgabenwechseln sind, um so höher ist die Flexibilität".
Die Automatisierung und Flexibilisierung in Teilbereichen der Unternehmung führt zur Bildung von Automatisierungsinseln. Erst die Integration aller Subsysteme in einem Gesamtsystem erlaubt die volle Ausnutzung der Flexibilität und Automatisierung. In der Praxis fällt häufig die unberechtigte Ausgrenzung der Gemeinkostenbereiche aus dem Integrationsprozeß auf. Nachfolgende Abbildung zeigt die höchste Form der Integration, ausgedrückt durch den Begriff der Computer-Aided-Industry (CAI).

Abb. B-3: Computer Aided Industry

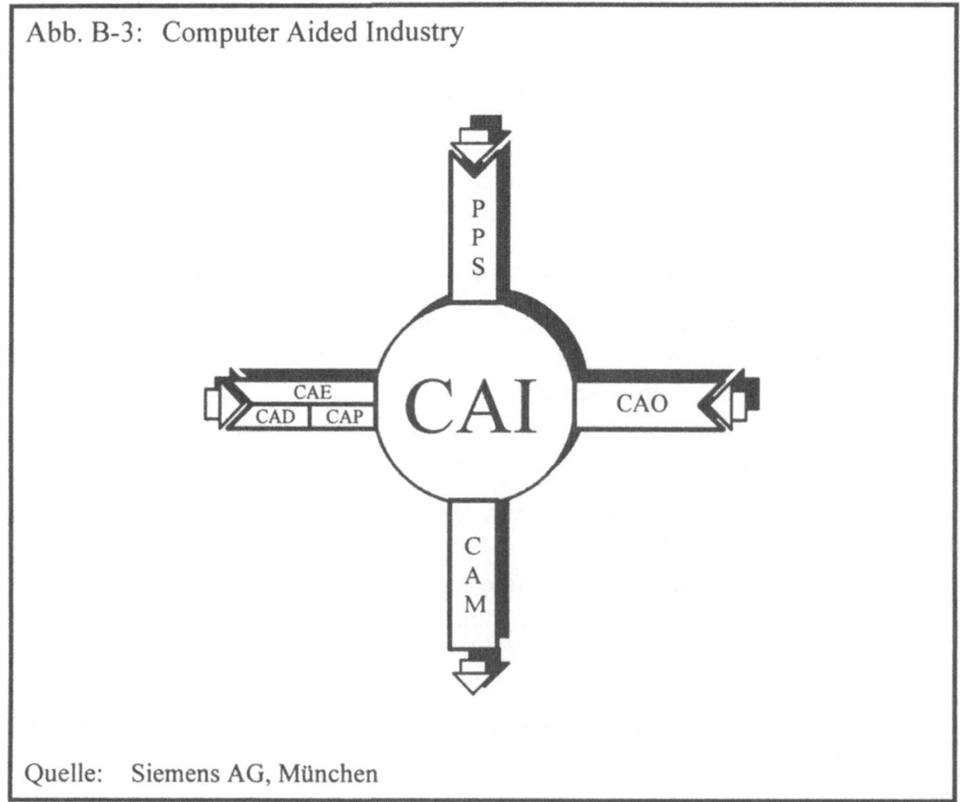

Quelle: Siemens AG, München

Am Ende dieses Kapitels soll eine Gegenüberstellung[18] der traditionellen und der CIM-orientierten Produktion stehen. Sie dient als Ausgangsbasis für die im folgenden dargestellte Notwendigkeit der Anpassung der Kostenrechnung an die veränderten Gegebenheiten in den direkten und indirekten Bereichen der Unternehmung infolge der CIM-Fertigungsstruktur.

Traditionelle Produktion	**CIM-orientierte Produktion**
Verrichtungsorientierter Aufbau mit hoher Arbeitsteilung	Prozeßorientierter Aufbau nach dem Fließprinzip
Relativ starre und einfache Abläufe; klare Trennung von dispositiven und operativen Abläufen	Variable und sehr komplexe Abläufe; bereichsübergreifende Integration von Aufgaben
Produktion von standardisierten Produkten, die auf Lager gelegt werden	Dank Flexibilität vermehrt kundenauftragsbezogene Fertigung anstelle von Lagerfertigung
Im voraus bekannte und stabile Einsatzmöglichkeiten der Produktionsanlagen	Im voraus nicht abschließend bekannte Einsatzmöglichkeiten
Wirtschaftliche Wirkungen im einzelnen relativ gut bestimmbar	Beurteilung einzelner Anlagen führt zu Fehlschlüssen; Wirtschaftlichkeit des Gesamtsystems relevant
Produktivität und Flexibilität bilden antinomische Ziele, Ausrichtung auf hohe Stückzahlen (economies of scale)	Antinomie weitgehend aufgehoben; Variantenvielfalt mit kleinen Losgrößen (economies of scope)
Stückkostensenkung bei Erhöhung der Ausbringungsmenge (Erfahrungskurve)	Stückkostenvorteile durch Dauer und Breite der Anwendungserfahrung mit neuer Technologie
Produktwechsel und Kundenanpassung führen zu Stillstandszeiten und Umrüstkosten	Produktvariantionen und Kundenanpassungen verursachen vertretbaren Aufwand und eröffnen Marktchancen

18 H. Siegwart/F. Raas: CIM-orientiertes Rechnungswesen, Stuttgart, 1991, S. 32

Traditionelle Produktion	CIM-orientierte Produktion
Zahlreiche Hierarchiestufen und Entscheidungsstellen mit vielen Schnittstellen im Informationsfluß	Flachere Hierarchie mit erweiterten Verantwortungsbereichen und durchgängigem Informationsfluß
Große Fertigungstiefe mit hoher Bedeutung der Vorfertigung	Reduzierte Fertigungstiefe mit Schwergewicht auf auftragsspezifische Montage

1.3.2 Probleme des Rechnungswesens infolge der CIM-Fertigungsstruktur

Probleme des Rechnungswesens resultieren im Rahmen einer CIM-Fertigung vor allem aus der Kostenstrukturverschiebung (siehe auch "Kostenschere" unter B-1.2) und Kostenstarrheit. Gekennzeichnet wird dies durch einen steigenden Anteil der Fixkosten bzw. der Gemeinkosten an den Gesamtkosten.
In der Literatur tauchen mehrfach andere Zahlen auf (Gemeinkostenanteile zwischen 50% und 75% für den Maschinenbau werden genannt), die jedoch tendenziell in dieselbe Richtung weisen. Die Beeinflussbarkeit der Gemeinkosten bezieht sich auf eine mögliche Einflußnahme innerhalb eines Zeitraumes von ca. 1 Jahr.
Die Grafik der folgenden Seite zeigt abstrahiert eine Darstellung der Kostenverhältnisse. Die Tabelle derselben Seite unterstreicht diese Verteilung anhand der Kosten eines Unternehmens der Elektrotechnikbranche.

Abb. B-4: Struktur der Herstellkosten einer CIM-Fabrik

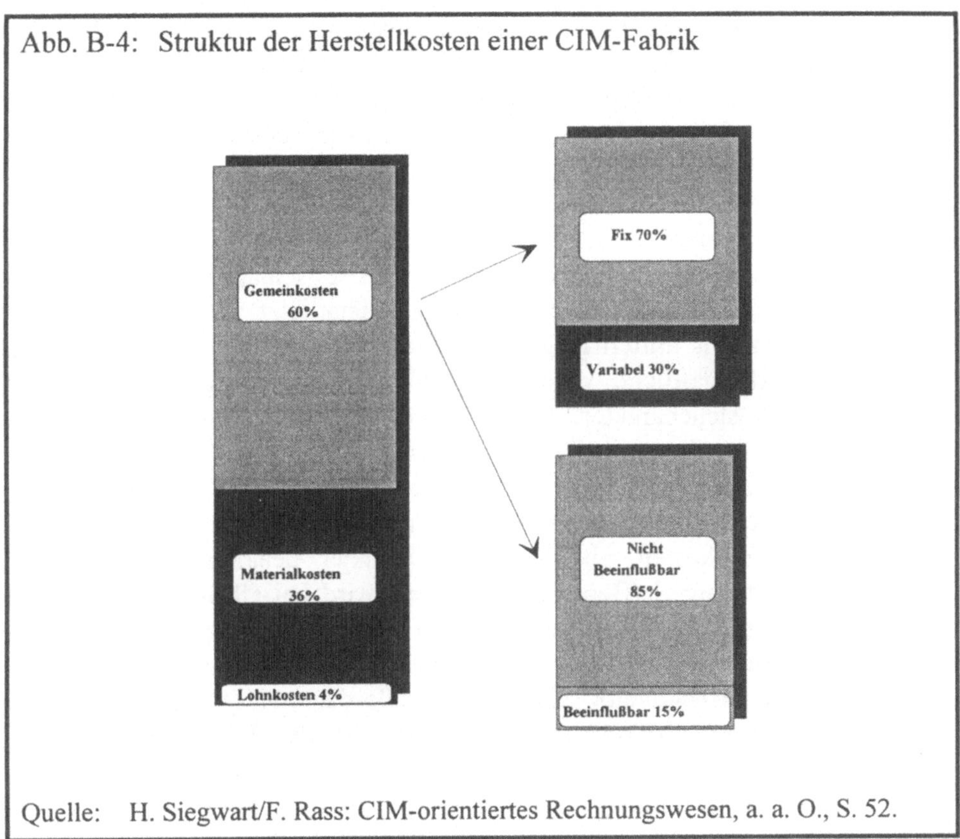

Quelle: H. Siegwart/F. Rass: CIM-orientiertes Rechnungswesen, a. a. O., S. 52.

	Einzelkosten (in TDM) (In Klammern Anteil an Gesamtkosten)	Gemeinkosten (in TDM) (In Klammern Anteil an Gesamtkosten)	Summe (in TDM) (In Klammern Anteil an Gesamtkosten)
Fixkosten	76.109,- (20,1 %)	131.341,- (34,7 %)	207.450,- (54,8 %)
variable Kosten	101.145,- (26,7 %)	69.911,- (18,5 %)	171.056,- (45,2 %)
Summe	964.032,- (46,8 %)	712.956,- (53,2 %)	378.506,-

Der hohe Gemeinkostenanteil, und deren mangelnde Zurechenbarkeit führt zu Problemen bei der Lokalisierung von Kostenreduzierungspotentialen, deren Realisierung in der derzeitigen Rezessionsphase äußerst wichtig wäre. Da die CIM-Struktur des Beispiel-Unternehmens noch nicht sehr weit fortgeschritten ist, kann bei weiterem Ausbau in Richtung CIM-Fabrik mit einem steigenden Fixkostenanteil gerechnet werden.
Der hohe Fixkostenanteil wird bedingt durch die hohen Investitionen, welche die CIM-Fertigung zur Realisierung benötigt. Sie schlagen sich nieder in Abschreibungs- Zins- und Unterhaltskosten. Wenn jetzt noch die Personalkosten unter kurz- bis mittelfristigen Aspekten betrachtet werden, haben auch sie durch gewerkschaftliche Vereinbarungen und gesetzliche Bestimmungen weitgehend Fixkostencharakter. Dies wird durch eine CIM-Fertigung noch unterstützt, da in vollautomatisierten Systemen die Personalkapazität meist nicht mehr kontinuierlich angepaßt werden kann. Durch Rahmenvereinbarungen im Bereich der Beschaffung werden selbst traditionelle Einzelkostengrößen, wie Materialkosten, mit "Fixkosten-Charakter" behaftet.
Der hohe Fixkostenanteil (Bereitschaftskosten) wird bei CIM-orientierter und auch bei "nur-automatisierter"-Fertigung vor allem durch die hohen Kapitalkosten begründet. Die Kapitalkosten, bestehend aus Abschreibungen und Zinsen, stellen eine kalkulatorische Kostengröße dar und verlangen, ob ihrer Bedeutung, besondere differenziertere Beachtung bei der Be- und Zurechnung. Hier stellt sich die Frage: Müssen wir zürückkehren zu Vollkostenrechnungssystemen, um eine Zurechnung der Fixkosten zu gewährleisten?
Eine Grundlage der traditionellen Kostenträgerstückrechnung ist die Unterscheidung in Einzel- und Gemeinkosten, wobei die Einzelkosten die Grundlage zur Verrechung der Gemeinkosten bilden. Durch Einsatz neuer Produktionstechnologien und der damit verbundenen Verlagerung des Tätigkeitsspektrums von bearbeitender, produktiver, direkt am Werkstück vollzogener Tätigkeit zu indirekten Tätigkeiten im Rahmen von Planungs-, Steuerungs-, Überwachungs-, Organisations- und Instandhaltungsaufgaben vermindert sich die Zurechnungsfähigkeit der Kosten zum Produkt.
Bis jetzt wurde die Verschiebung der Kostenstruktur aufgezeigt, anhand der Verhältnisse:

- Fixkosten-Variable Kosten
- Gemeinkosten-Einzelkosten

Diese Verschiebung wird ausgelöst durch Veränderung der Kostenartenstruktur. Durch eine hohe Kapitalbindung und einen sehr komplexen Maschinenpark entstehen Kostenartenverschiebungen in der Fertigung dergestalt, wie sie folgende Abbildung verdeutlicht.

Abb. B-5: Kostenstrukturen unterschiedlicher Fertigungskonzepte

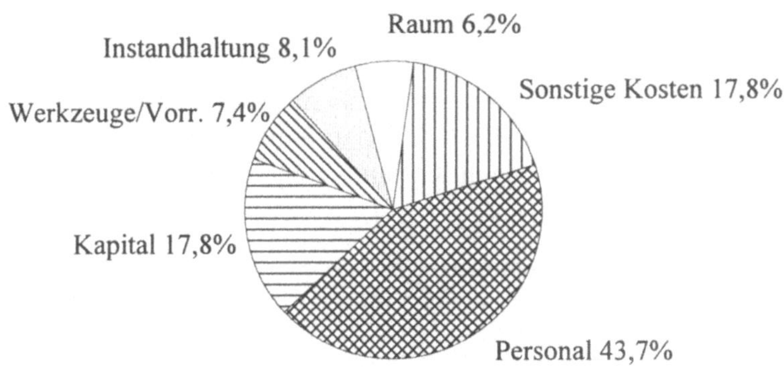

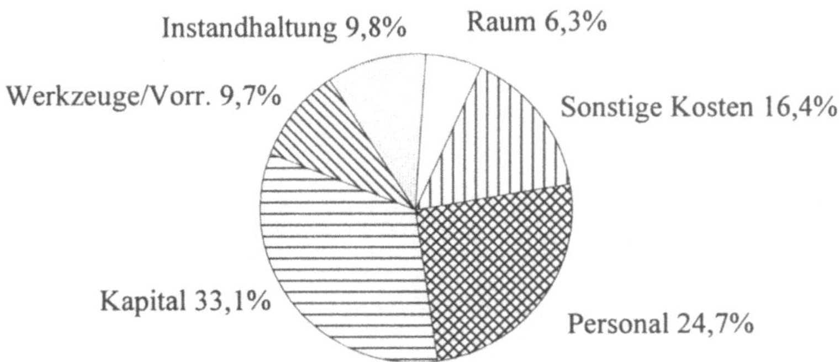

Quelle: J. Platt: Kostenanalyse bei flexibel automatisierten Fertigungssystemen, Band 11 der Reihe fmt-Report, Hrsg.: H. Wildemann, München, 1987, S. 120

Am deutlichsten zeigt sich die Verschiebung der Kostenartenstruktur bei Personal- und Kapitalkosten. Damit verlieren die, in den traditionellen Kostenrechnungssystemen, meist als Hauptzuschlagsbasis verwendeten Personalkosten in der Fertigung (Fertigungslohneinzelkosten) zunehmend an Bedeutung.
Bei Zuschlagskalkulationsverfahren erwachsen hieraus immense Probleme, da bei Zuschlagssätzen von mehreren 100 Prozent (in der Praxis stößt man auf Zuschlagssätze von bis zu 1000 Prozent) Erfassungsungenauigkeiten zu erheblichen Berechnungsabweichungen führen.
Ein anderer Aspekt, die kostenrechnerische Reduktion der Kostenstelle als Ort der Kostenentstehung wird gerade in den indirekten Bereichen, ob mangelnder Ursachentransparenz, immer mehr in Frage gestellt. Abbildung B-6 zeigt, wie betriebliche Bereiche mehr und mehr zu Kostenverursachern werden, ohne Einfluß auf diese zu haben. Und fehlende Kostenkommunikation führt dazu, daß weder Kostenursachen, noch Kostenreduzierungspotentiale mit der nötigen Akribie untersucht werden.

Abb. B-6: Kostenfestlegung und Kostenanfall

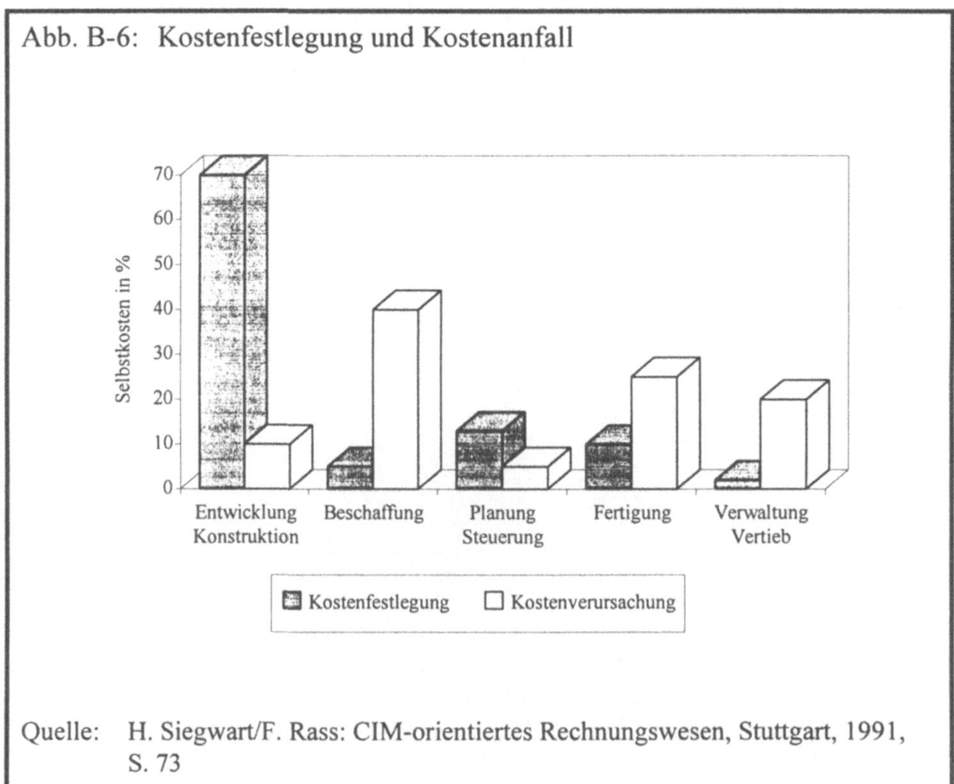

Quelle: H. Siegwart/F. Rass: CIM-orientiertes Rechnungswesen, Stuttgart, 1991, S. 73

1.3.3 Zusammenfassung

Die Probleme, die aus der CIM-Fertigungsstruktur resultieren, sind sehr vielfältiger Natur. Eine wachsende Anzahl weiterer betriebswirtschaftlicher Neuerungen erhöht diese Anzahl noch. Die hauptsächlichen Zielfelder von Veränderungen waren bisher fertigungswirtschaftlicher Natur.
In der Euphorie die diese Verbesserungen vielfach auslösen (z.B. eben CIM oder Just-in-Time) geht aber das Prinzip, daß der Engpaß die bestimmende Größe ist, oftmals unter (vgl. Schlußbetrachtung Liebig`scher Eimer).
Einer dieser Engpässe stellt im Rahmen der Unternehmensqualität, als Summe der Güte aller Unternehmensprozesse, sicherlich das Rechnungswesen, in seiner im Vergleich zu obenerwähnten Verbesserungen unangepaßten Arbeitsweise, dar.
Da an dieser Stelle nicht sämtlichen Ansätze zur Verbesserung der Kostenrechnungsqualität aufgegriffen werden können, soll zumindest diejenige aufgegriffen werden, welche folgende Gegebenheiten als Anlaß zu Veränderungen im Kostenrechnungswesen nimmt:

- neue Kostenarten werden zu kritischen Erfolgsfaktoren (z.B. Kapital- und Abschreibungskosten in ihrer Eigenschaft als indirekte Kosten)
- größere Fixkosten bedingen eine stärkere Differenzierung der Bereitschaftskosten
- Rückgang der Einzelkosten im Verhältnis zu den Gemeinkosten erzwingt die Neubetrachtung der Bezugsgrößen zur Gemeinkostenverrechnung

2. Prozeßkostenrechnung als Reaktion auf eine veränderte Kostenlandschaft

Mehr Kostentransparenz und wirkungsvollere Unternehmensstrategien durch Einsatz der Prozeßkostenrechnung.

In Kapitel B-1 wurde versucht, die Umstände und Veränderungen zu beschreiben, die neue Ansätze bzw. Veränderungen im Rechnungswesen immer dringlicher erfordern. Das Rechnungswesen wies in seiner Zurechnung vor allem in den Bereichen der Produktkalkulation schon immer "Ungenauigkeiten" auf, die aber bislang vertretbar schienen. Bei dem immer stärker werdenden Wettbewerb wird jedoch die verursachungsgerechte, genauere Kalkulation im Rahmen der Preisfindung zu einem Preisvorteil am Markt führen. Desweiteren unterstützen bessere Kosteninformationen Produktentscheidungen und erlauben das Auffinden kostenverursachender Größen. Einer der neuesten Ansätze, welche die Methodik und die Genauigkeit (hier ist nicht die Genauigkeit bei der Berechnung der Größen bis hin zur fünften Nachkommastelle gemeint, sondern die der Zurechnung) im Rechnungswesen positiv beeinflussen soll, ist die, im folgenden erläuterte Prozeßkostenrechnung.

"Manager (nicht nur sie[19]) müssen über Lagerbestände, Betriebsabläufe und Produktkosten genau informiert sein."[20]

19 Anmerkung des Autors

20 R. S. Kaplan: Ein einziges Kostenrechnungssystem ist zu wenig:, in: Harvard Manager, Heft 3, 1988, S. 98-104, S. 98

Trotz der genannten Vorteile, die durch eine verursachungsgerechte Kostenerfassung auftreten können, gilt das Prinzip des abnehmenden Grenznutzens, wie dies nachfolgende Abbildung verdeutlicht.

Abb. B-7: Das Prinzip des abnehmenden Grenznutzen

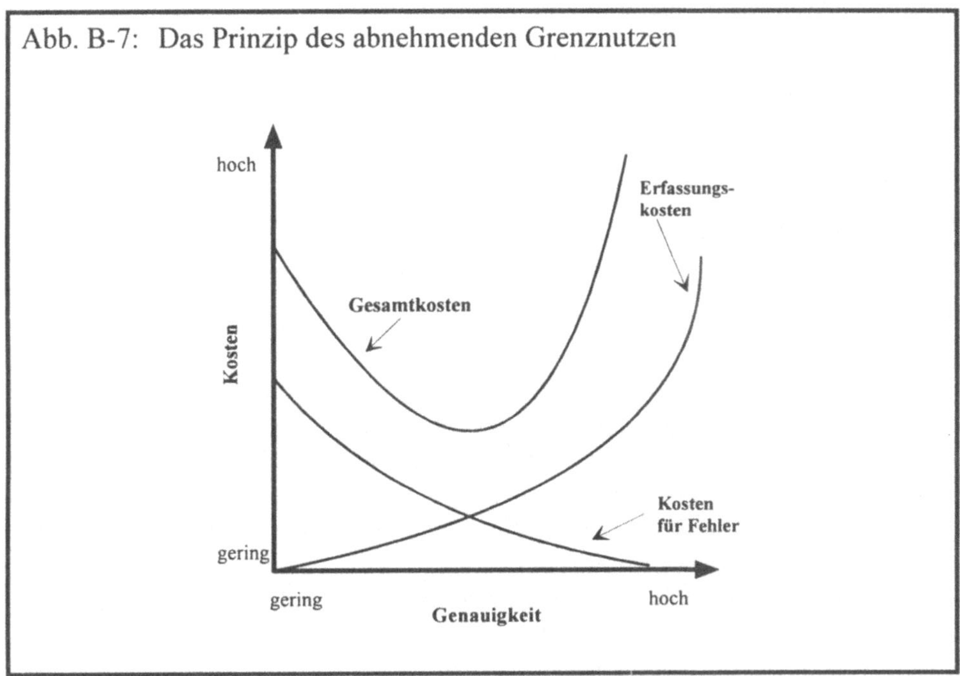

2.1 Begriffliche Festlegung

Für den Begriff der Prozeßkostenrechnung geistern viele Synonyme durch Presse und Fachwelt. Im folgenden wird nur der Begriff der Prozeßkostenrechnung verwendet. Der Vollständigkeit halber sollen an dieser Stelle alle sonst gebräuchlichen Begriffe und deren Urheber genannt werden:

Aus dem englischen/amerikanischen Sprachraum:

- Activity Accounting[21]

---

21 P. L. Romano: Activity Accounting, in: Management Accounting, Heft 5 ,1989,S. 73-74

- Transaction Costing[22]
- Activity-Based Costing[23]
- Cost-Driver Accounting System[24]

Aus dem deutschen Sprachraum:

- Vorgangskostenrechnung
- Prozeßorientierte Kostenrechnung
- Prozeßkostenrechnung
- Aktivitätsorientierte Kostenrechnung

2.2 Entstehungsgeschichte

Im deutschsprachigen Raum entstanden schon Anfang der achtziger Jahre Ansätze zur Prozeßkostenrechnung in Form von Firmenprojekten und Veröffentlichungen.
Biel[25] spricht schon 1980 von einer Betriebsdatenerfassung in den indirekten Leistungsbereichen und beschrieb ein Verfahren, das dem der Prozeßkostenrechnung schon sehr nahe kam. Seine Forderung lautet dahingehend, daß das gesamte Tätigkeitsfeld einer Kostenstelle oder Abteilung in Bezug auf das Stunden- oder Mengenvolumen erfaßt werden sollte. In einem zweiten Schritt wird dann eine Beziehung hergestellt zwischen den analysierten Einzelfunktionen bzw. Teilaufgaben und den Kontierungseinheiten. Mit Hilfe einer Verwendungsrechnung ist es jetzt möglich zu prüfen, wofür die Leistungen erbracht wurden und diese in Relation zu den Gesamtkosten zu setzen. Man erhält somit zeit- oder leistungsbezogene Verrechnungssätze für einzelne Aktivitäten einer Kostenstelle.

---

22 R. Cooper: Activity-Based Costing-Wann brauche ich ein Activity-Based Cost System und welche Kostentreiber sind notwendig, in: Kostenrechnungspraxis (krp), Heft 5, 1990, S. 271-279

23 R. Cooper/R. S. Kaplan: Measure Cost Rights: Make the Right Decisions, in Harvard Business Review, Heft Sept./Okt., 1988, S96-103

24 D. Berlant/R.Browning/G. Foster: Künftige Kostenrechnung ist greifbar, Auftragsarbeit für CAM-I, Arlington (Texas), 1988

25 A. Biel: Einführung in die Prozeßkostenrechnung. o. O. 1980

Die Firma Siemens hat bereits 1981 in einem Werk für Elektromotoren ein prozeßorientiertes Kostenrechnungssystem mit folgender Zielsetzung eingeführt:[26]

- Bereitstellen von Kosten-Informationen für die Angebotskalkulation
- gezielte Anpassung der Gemeinkosten an Struktur-Änderungen im Auftragseingang
- Ergänzung (nicht Ablösung) des bestehenden Verfahrens der Zuschlagskalkulation

durch:

- Berücksichtigung der Einflüsse aus Auftrags-Stückzahl und technischem Inhalt (Anomalitäten) auf die Kosten der Auftragsbearbeitung
- Aussagen zu Vollkosten und Grenzkosten für die Auftragsbeurteilung
- verursachungsgerechte Gemeinkosten-Zurechnung auf den einzelnen Auftrag

2.3 Zielsetzung und Anwendungsbereich

"Virtually all of a company's activities exist to support the production and delivery of today's goods and services. They should therefore all be considered product costs."[27]

Ziel eines Kostenrechnungs-(Kalkulation-)systems müßte es eigentlich sein, obenstehender Aussage dahingehend Rechnung zu tragen, daß es erlaubt alle Kosten verursachungsgerecht dem Produkt zuzurechnen.

26 Siemens (Hrsg.): PROKASTA: Prozeßorientiertes Kalkulationssystem für Staffelkosten

27 R. Cooper/R. S. Kalpan: Measure Costs Right, a. a. O, S.96

Ziel der Prozeßkostenrechnung:
"Den immer größer werdenden Block fixer Gemeinkosten in indirekten Bereichen oder Dienstleistungseinheiten mengenabhängig zu planen, zu steuern bzw. auf die Produkte oder Leistungen zu verrechnen."[28]

Die Abbildung auf der folgenden Seite soll verdeutlichen, wie dieses Ziel im Rahmen der Prozeßkostenrechnung verfolgt werden soll. Es werden Prozeßkostensätze auf der Basis von Prozeßmengen auf den Kostenträger verrechnet, wobei hier auch kostenstellenübergreifend verrechnet werden kann, während in der traditionellen Kostenrechnung auf Basis von Bezugsgrößen, wie z.B. Materialkosten, die Kostenstellenkosten in ihrer Gesamtheit dem Kostenträger zugeschlagen werden.

Mehrfach wird die Zielsetzung der Prozeßkostenrechnung in der Literatur folgendermaßen gesehen:

- Erhöhung der Kostentransparenz
- Informationen zur Lokalisierung von Kostensenkungspotentialen zu liefern

Im folgenden soll die Einsetzbarkeit der Prozeßkostenrechnung für eine wesentlich erweiterte Zielsetzung gezeigt werden:[29]

- Erhöhung der Kostentransparenz in den indirekten Leistungsbereichen
- Aufzeigen von Potentialen zur rationelleren Nutzung vorhandener Ressourcen mittels einer verbesserten Gemeinkostenplanung und -kontrolle

---

28 R. Mayer: Prozeßkostenrechnung: Konzept, Vorgehensweise und Einsatzmöglichkeiten, in: Horváth (Hrsg.) a. a. O., S. 75-95, S. 80

29 P. Horváth/R. Mayer: Prozeßkostenrechnung, a. a. O. S. 216

- Ermöglichung einer verursachungsgerechteren Verrechnung von (Dienst-) Leistungen im Rahmen der Produktkalkulation und Vermeidung von strategischen Fehlentscheidungen
- Aufzeigen der Kapazitätsauslastung

Mit der Formulierung einer solch breitangelegten Zielsetzung eröffnet sich für die Prozeßkostenrechung ein weitgefächertes Anwendungsgebiet.
Eine fehlende oder sehr schmale Erfahrungsbasis, sowie praktische Realisierungsprobleme, hemmen derzeit die Verbreitung der Prozeßkostenrechnung. Teilweise wird sie sogar abweichend von ihrer konzeptionellen Bestimmung eher in fertigungsnahen Bereichen eingesetzt[30].
Die Einsatzgebiete der Prozeßkostenrechnung sind in erster Linie die indirekten Leistungsbereiche mit ihren im weitesten Sinne administrativen Tätigkeiten. Besonders zu beachten sind hierbei die "nonvalue-activities", die unmittelbar zu keinem betrieblichen Wertezuwachs oder gesteigertem Kundennutzen führen. Ziel dieser Betrachtung sollte deren Reduzierung oder Abbau sein. Hauptaugenmerk der Prozeßkostenrechnung soll aber der verursachungsgerechten Produktkalkulation gelten.
Zusammenfassend soll die Prozeßkostenrechnung vor allem der Gemeinkostenplanung, -kontrolle und -verrechnung dienen. Durch die oftmalige Übereinstimmung von Gemeinkosten und Fixkosten sollte sie auch in der Lage sein, für mehr Fixkostentransparenz zu sorgen.

30 Vgl. A. Müller: Gemeinkostenmanagement, Wiesbaden, 1992, S. 60

Abb. B-8: Prinzipdarstellung einer prozeßorientierten Kostenrechnung

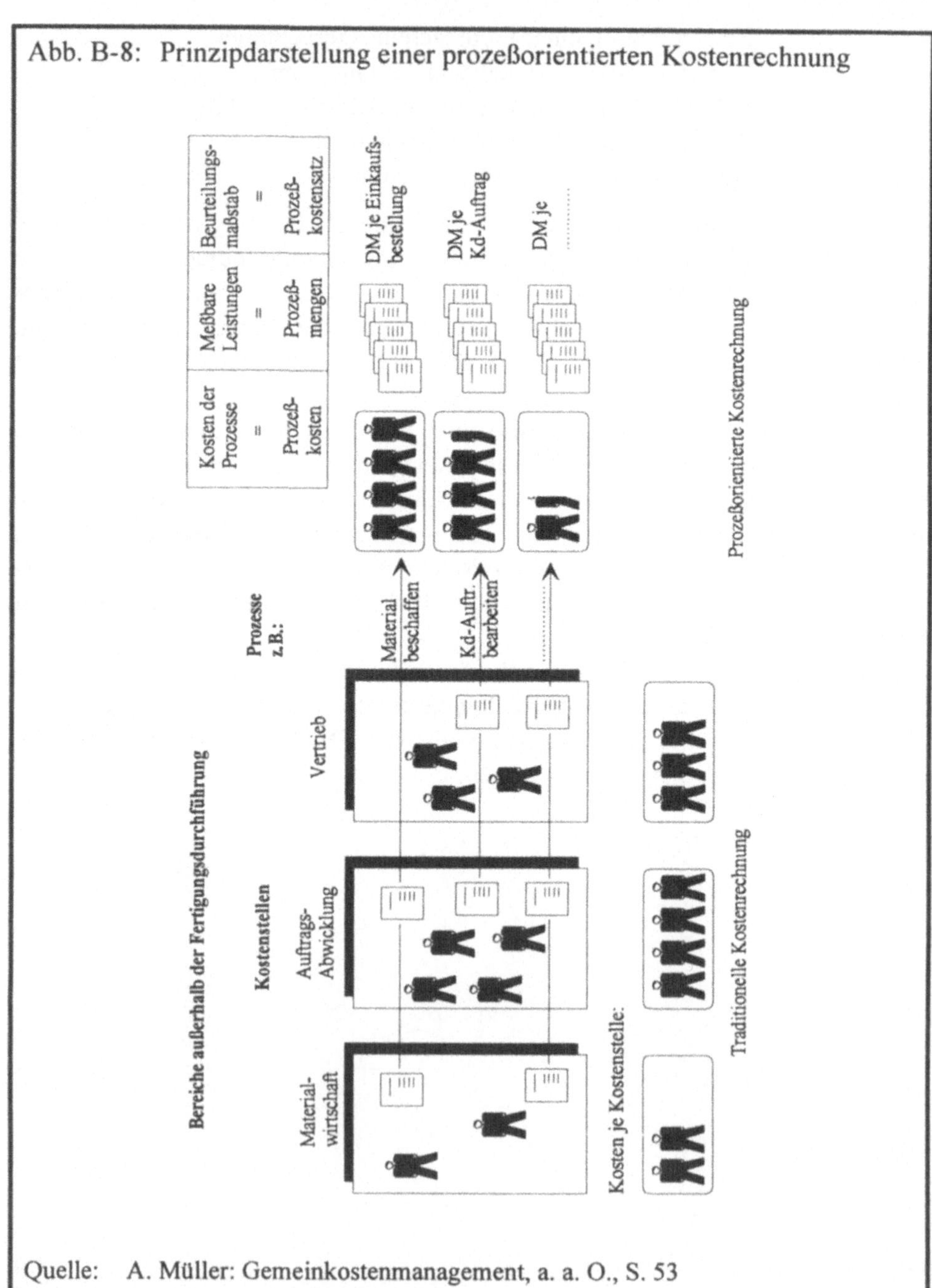

Quelle: A. Müller: Gemeinkostenmanagement, a. a. O., S. 53

2.4 Aufbau und Vorgehensweise in der Prozeßkostenrechnung

Die Prozeßkostenrechnung ist ein Kostenrechnungssystem auf Vollkostenbasis. Gerade in Deutschland jedoch werden vor allem Systeme auf Teilkostenbasis verwendet, etwa die Deckungsbeitragsrechnung und die wohl am weitesten verbreitete Grenzplankostenrechnung. Diese Systeme berücksichtigen vor allem den Produktionsbereich und natürlich, wie den Rechnungssystemen auf Teilkostenbasis zu eigen ist, in erster Linie die variablen Kosten. Bezugsgrößen sind Anzahl der Fertigungsstunden bzw. Maschinenstunden oder die Materialkosten.

2.4.1 Gedankliche Voraussetzungen

Die wirkliche Struktur eines Betriebes ist die eines Stroms

Ausgehend von der Definition von Nordsieck soll die Organisation einer Unternehmung als Leistungskette zur Erstellung betrieblicher Leistungen verstanden werden. Das Modell der Leistungskette soll für die Vorgehensweise in der Prozeßkostenrechnung genügen. In einem der folgenden Kapiteln wird diese Darstellung der Leistungskette dann noch einmal aufgegriffen, um der Verflechtung der einzelnen Leistungsstationen dahingehend Rechnung zu tragen, daß nicht mehr von einer Kette gesprochen wird, sondern von einem Leistungsnetz, das die Prozeßkostenrechnung noch stärker erfordern wird.
Die Gesamtheit einer Unternehmung wird als Summation vieler Aktivitäten/Prozesse gesehen, deren Kosten und auch Produktivität sich auf direkte Bezugsgrößen, unter Verzicht der indirekten Bezugsgrößen, wie Fertigungsstunden oder Materialkosten, zurückführen lassen.
Somit ergeben sich die Produktkosten aus der Summe aller Aktivitätskosten, die für die Produktion und Auslieferung dieses Produktes entstanden sind. Ausgehend von diesem gedanklichen Gerüst soll nun die Vorgehensweise bei der Prozeßkostenrechnung erläutert werden.

2.4.2 Vorgehensweise

2.4.2.1 Tätigkeitsanalyse zur Identifizierung von Prozessen

Ausgangspunkt für die Prozeßkostenrechnung ist die Analyse aller in dem einbezogenen Unternehmensbereich durchgeführten Tätigkeiten. Im Mittelpunkt der Analyse stehen Tätigkeiten mit repetitivem, formalisiertem Charakter, deren Ergebnisse meßbar sind. Die Analyse sollte nach prozessualen Gesichtspunkten, unabhängig von räumlichen Gegebenheiten, erfolgen. Folgende Abbildung zeigt die möglichen Einsatzbereiche unter Berücksichtigung praktikabler und wirtschaftlicher Gesichtspunkte.

Abb. B-9: Einsatzbereiche der Prozeßkostenrechnung

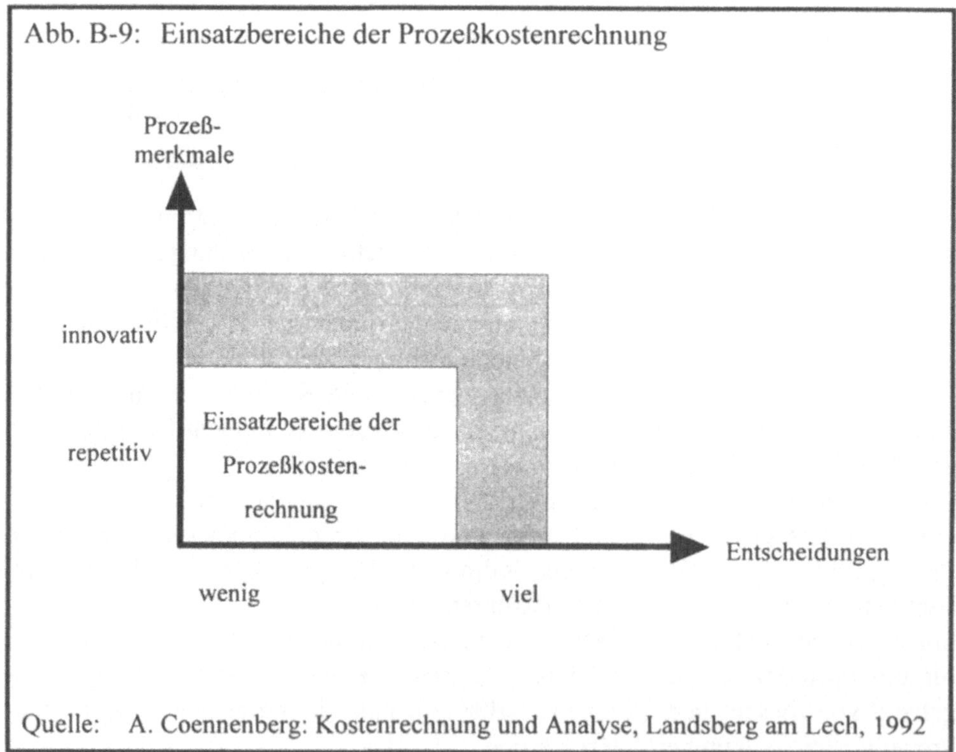

Quelle: A. Coennenberg: Kostenrechnung und Analyse, Landsberg am Lech, 1992

Eventuell stehen Daten dieser Art schon, durch bereits durchgeführte Gemeinkostenanalysen, zur Verfügung. Weitere Datenquellen können Unterlagen sein, die bei der Einführung der ISO-Normen 9000-9004 schon erstellt wurden.[31] Falls solche Unterlagen nicht vorliegen können auch Stellenbeschreibungen, Organigramme und Ablaufdiagramme herangezogen werden. Eine der ergiebigsten Informationsquellen stellen Interviews mit Kostenstellenleitern und betroffenen Mitarbeitern bezüglich ablaufender Prozesse (Output) und dafür erforderlicher Einsatz von Personal und Sachmitteln (Input) dar.
Beispiel für das Aussehen eines Kostenstellenfragebogens:

Abteilung/Kostenstelle: Beschaffung Fremdteile			Kostenstelle: 471
Teilprozeß/Aktivität	Ausprägung der Meßgröße	Mitarbeiter	Personal- und Sachkosten
Angebote einholen	1200	5,6	580.000,-
Bestellungen aufgeben	3500	3,2	400.000,-
Reklamationen bearbeiten	100	1,2	135.000,-
Summe der outputbezogenen Prozesse		**10**	**1.115.000,-**
sonst. Verwaltung		1	180.000,-

Die auf diese Weise ermittelten Aktivitäten/Teilprozesse sind nun zweidimensional zuzuordnen. Zum einen dem abteilungsübergreifenden Hauptprozeß und zum anderen der durchführenden Kostenstelle. Schon in diesem Stadium der Einführung sind eventuell Unwirtschaftlichkeiten in der Ablauforganisation zu erkennen (siehe hierzu auch Kapitel B-1.3.2).
Teilprozesse bilden die kleinsten Einheiten, für die Kosten und Zeit erfaßt werden.

31 siehe hierzu die Kapitel Lösungsansätze zur Prozeßoptimierung in den Teilen D, E, F

Es kann sich neben physischen (z. B. Waren ein- und auslagern) auch um wertmäßige Teilprozesse (z.B. Kapital verzinsen) handeln. Ein Hauptprozeß ist ein funktional abgeschlossener Aufgabenkomplex, der durch die Zusammenfassung von abhängigen Teilprozessen entsteht. Hauptprozesse sind unabhängig von der im Betrieb bestehenden Kostenstellenstruktur. Miller/Vollmann haben in diesem Zusammenhang eine Klassifizierung für die Aktivitäten/Teilprozesse entwickelt.[32] Sie unterscheiden folgende Aktivitäten:

- Logische Transaktionen, zur Bewältigung der Aufgaben, die im Rahmen des Materialdurchflußes enstehen
- Ausgleichstransaktionen, sichern die Vorhaltung von Res sourcen
- Qualitätsbezogene Transaktionen umfassen, die im Rahmen eines weit gefaßten Qualitätsbegriffes[33] notwendigen Aktivi täten
- Aktualisierungstransaktionen. Ihnen obliegt der Abgleich des gesamten Daten- und Informationsbestandes

Allen Teilprozessen, die zu einem Hauptprozeß zusammengefaßt werden können, liegt die Abhängigkeit von ein und demselben Kostentreiber (cost driver) bzw. Kostentreibern (cost drivers) zugrunde. Kostentreiber sind Faktoren ,welche die existentielle Grundlage für die Teilprozesse darstellen.
Nachfolgende Abbildung stellt den Vorgang der Tätigkeitsanalyse, Prozeßbestimmung und - zuordnung noch einmal graphisch dar.

---

32 Vgl. J. G. Miller/T. E. Vollmann: Die verborgene Fabrik, a. a. O., S. 85 f.

33 Vgl. Teil A-Unternehmensqualität

Abb. B-10: Prozeß-Kostenstellen-Hierarchie

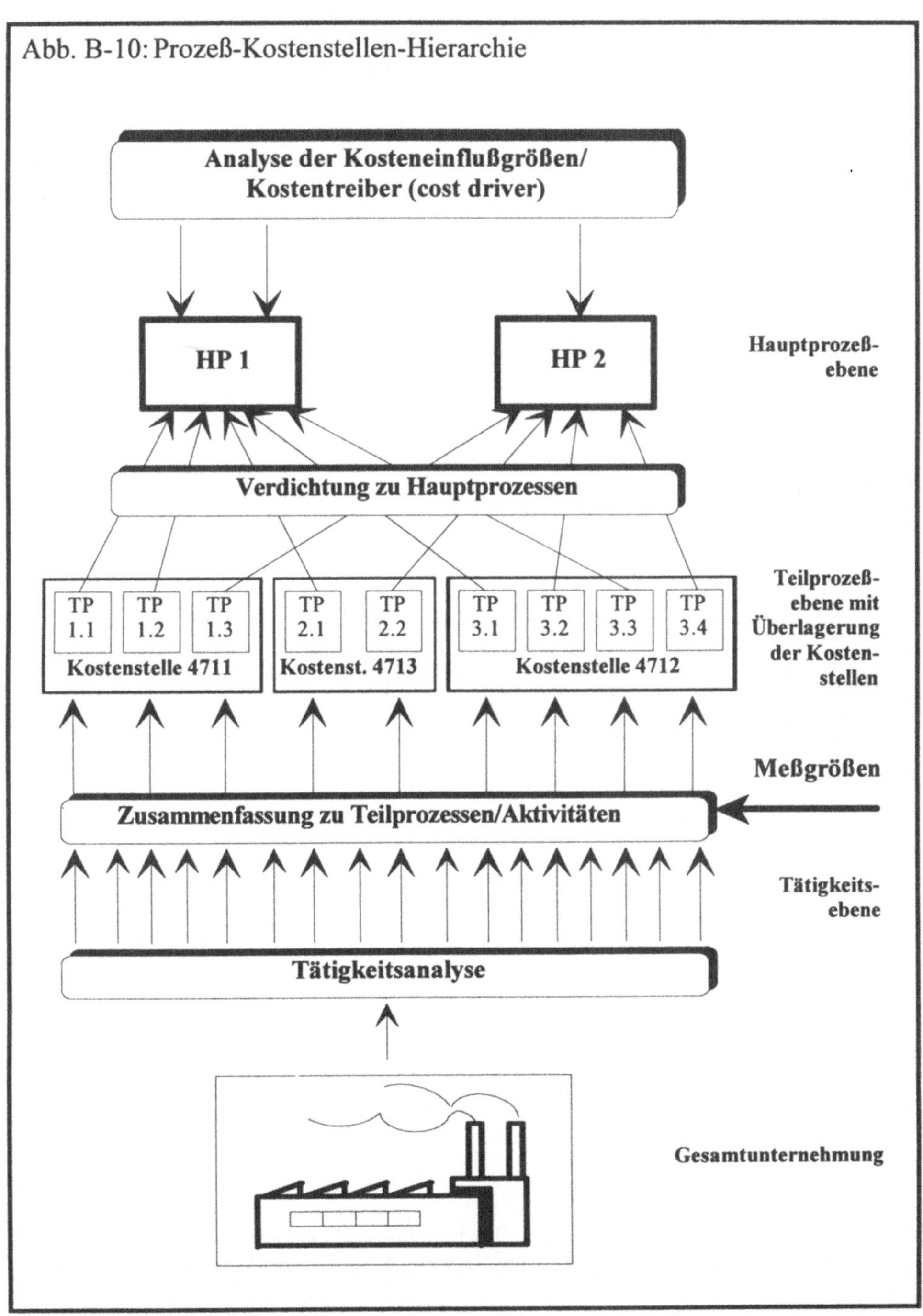

Nachfolgende Tabelle zeigt ein Prozeßkostenmodell, wie es bei Hewlett-Packard in Böblingen im Beschaffungs- und Logistikbereich erstellt wurde.[34]

Hauptprozeß	Teilprozeß	Meßgröße
Bestandsmanagement		Teilenummern
Materialeinkauf	Lieferanten-Management Bestellverwaltung	Lieferanten Bestellungen
Handelsware	Bestellverwaltung Bestandsverwaltung	Bestellungen Produkte
Dokumentation und Organisation	Baugruppen-Management	Baugruppen
Materialingenieurwesen	Lieferantenqualifikation Bauteilequalifikation	Lieferanten Bauteile
Fertigungsplanung	Baugruppen-Management Auftragsplanung	Baugruppen Produktionsaufträge
Lager	Lagerraum Materialbereitstellung	gelagerte Teile Transaktionen
Kommisionierung		Produkte
Versand		Kisten/Kartons
Fracht	Überseefracht lokale Fracht	Entfernung/Gewicht Gewicht

34 J. Löffler: Prozeßkostenrechnung im Beschaffungs- und Logistikbereich bei Hewlett-Packard in Prozesskostenmanagement, Hrsg. IUFA Hórvath & Partner, München, 1991, S. 190

Bei diesem Prozeßkostenmodell wurden die Prozesse schon so fein gegliedert, daß manche von ihnen nicht weiter unterteilt werden können. Natürlich steigt mit der Verfeinerung auch der Genauigkeitsgrad. Optimal für die Genauigkeit einer Prozeßkostenrechnung wäre eine Verfeinerung der Prozesse soweit,bis jeder in der Unternehmung auftretenden Meßgröße ein Teilprozeß (Aktivität) zugeordnet werden kann.
An dieser Stelle soll festgelegt werden, daß man nur bei einer solchen Verfeinerung anstatt von Teilprozessen von Aktivitäten sprechen kann.[35] Unter Berücksichtigung der Kosten-Nutzen-Relation scheint diese Verfeinerung jedoch nicht uneingeschränkt empfehlenswert.
Desweiteren soll festgehalten werden, daß sich eine Aktivität aus mehreren Tätigkeiten zusammensetzen kann und somit die Tätigkeit das kleinste Element im Aufbau der betrieblichen Leistungskette darstellt.

2.4.2.2 Zuordnung der Meßgrößen und Kostentreiber (cost drivers)

Kostenverantwortung kann nur der übernehmen, der auch weiß wofür die Kosten entstehen.

In der Literatur werden Meß- oder Maßgrößen, Prozeßgrößen, Prozeßeinflußgrößen oder Kostentreiber als Charakteristika für einen Prozeß genannt, ohne daß eine genaue Unterscheidung erfolgt, sondern vielfach sogar eine Vermischung der einzelnen Definitionen. Aus diesem Grund soll eingangs dieses Kapitels versucht werden, eine einheitliche Terminologie herauszufinden.
Hauptsächlich möchten wir uns auf die Definitionen von Hórvath und Mayer stützen.[36] Im folgenden wird nur noch unterschieden zwischen Meßgrößen (Horváth und Mayer sprechen von Maßgrößen), mit deren Hilfe sich Prozesse quantifizieren lassen, und den Kostentreibern als die kostenverursachenden Größen eines Prozesses, wobei sich dadurch nicht zwingend deren Unterschiedlichkeit ergibt.

---

35 Vgl. J. Rasch: Systementwicklung mit strukturierten Methoden, München/Wien, 1991, S. 117 ff.

36 Vgl. P. Horváth/R. Mayer: Prozeßkostenrechnung, a. a. O., S. 215

Die Kostentreiber als Hauptkosteneinflußgrößen werden nur den Hauptprozessen zugeordnet (siehe Abb. B-9 in Kapitel 2.4.2.1), deren Einteilungskriterium sie auch darstellen. Ein Hauptprozeß kann durchaus mehrere Kostentreiber besitzen.
Nicht alle Teilprozesse (Aktivitäten) erfordern Meßgrößen. Dieser scheinbare Widerspruch zu der Aussage in Kapitel 2.4.2.1, in welchem proklamiert wird, daß mit der Bestimmung aller Meßgrößen in der Unternehmung sich auch zwangsläufig alle Aktivitäten ergeben, rührt daher, daß typische meßgrößenlose Aktivitäten Leitungsaufgaben sind, die sich aus der Unvollkommenheit des Systems der Unternehmung bedingen.[37]
Die durch Leitungsaufgaben entstehenden Kosten können somit selbst bei einem idealen Prozeßkostenrechnungsverfahren nur durch eine Umlage auf das Produkt verrechnet werden.

Ein **guter** Manager macht sich selbst überflüssig, weil es ihm gelingt das unter ihm liegende System, zum funktionieren zu bringen.

Nach Identifizierung aller Prozesse einer Kostenstelle ist festzustellen, wie sich diese zu den von der Kostenstelle geforderten Leistungen verhalten, ob sie sich zu diesen mengenvariabel oder mengenneutral verhalten und unabhängig von dem von der Kostenstelle geforderten Leistungsvolumen generell anfallen. Horváth und Mayer prägten für die mengenvariablen Prozesse den Begriff leistungsmengeninduziert (lmi) und für die mengenneutralen Prozesse den Begriff leistungsmengenneutral. (lmn)[38]

37 J. Rasch: Systementwicklung mit strukturierten Methoden, a. a. O., S. 119

38 P. Horváth/R. Mayer: Prozeßkostenrechnung, a. a. O, S. 216

Folgendes Beispiel soll diese Unterscheidung noch einmal verdeutlichen.[39]

Prozesse		Meßgrößen	Plan-prozeß-mengen	Plan-kosten	Prozeß-kosten-satz (lmi)	Umlage-satz	Gesamt-kosten-satz
Angebote einholen	lmi	Anzahl der Angebote	1200	300 000.-	250.-	21,27	21,27
Bestellungen aufgeben	lmi	Anzahl der Bestellungen	3 500	70 000.-	20.-	1,70	21,70
Reklama-tionen bearbeiten	lmi	Anzahl der Reklamatio-nen	100	100 000.-	1000.-	85,10	1085,10
Abteilung leiten	lmn			40 000.-			

Als möglicher Hauptprozeß könnte man hier "Beschaffung Fremdteile" benennen, mit dem Kostentreiber "Anteil Fremdteile am aktiven Teilenummernbestand".
Dieses Beispiel soll auch in den folgenden Kapiteln als Besprechungsgrundlage dienen.
An diesem Beispiel ist die meistens gegebene Unterschiedlichkeit zwischen den Hauptprozessen und den Kostenstellen nicht zu erkennen, da die Kostenstelle "Beschaffung Fremteile" in der Organisationstruktur einer Unternehmung durchaus vorkommen kann.
Ein zweites Beispiel soll die meistens vorkommende Unterschiedlichkeit von Kostenstelle und Hauptprozeß zeigen[40]. Grundlage hierfür soll der Hauptprozeß "Kundenauftrag abwickeln" sein.

39 P. Horváth/R. Mayer: Prozeßkostenrechnung, a. a. O, S. 216

40 A. Müller: Gemeinkostenmanagement, a. a. O. S. 73

Teilprozeß	Kostenstelle
Auftragsformular mit Auftragsdaten anlegen	1) Vertriebsaußendienst 2) Vertriebsinnendienst (telefonischer Auftrag)
Auftragsdaten an Vertriebsinnendienst übermitteln	nur im Fall 1) Vetriebsaußendienst
Überprüfung Kundenbonität (weitere Teilprozesse möglich)	Debitorenbuchhaltung
Weitergabe Auftragsdaten an Logistik, Einkauf, Buchhaltung	Vertriebsinnendienst
Überprüfung Lagerbestand (weitere Teilprozesse möglich)	Logistik
Eventuell Erstellung Fertigungsauftrag bzw. Auslösung Teilebestellung bei Lieferanten (weitere Teilprozesse möglich)	Fertigungssteuerung
Überwachung Fertigungsaufträge und Bestellungen (weitere Teilprozesse möglich)	Fertigungssteuerung
Auslieferung an Kunden veranlassen (weitere Teilprozesse möglich)	Logistik
Rechnungserstellung	Debitorenbuchhaltung
Überprüfung Zahlungseingang (weitere Teilprozesse möglich)	Debitorenbuchhaltung

Im selben Maße wie die Aufgliederung der Teilprozesse an ihre Grenzen, hinsichtlich Aufwand-Nutzen-Verhältnis kommt, verhält es sich auch bei der Wahl der geeigneten Meßgrößen und Kostentreiber.

Die nächste Frage, die sich stellt, ist die Anzahl der Kostentreiber, die betrachtet werden sollen. Sicherlich unzureichend ist die Forderung von Wäscher[41], nur einen Kostentreiber zu betrachten (one cost-driver per unit).
Eine gute Richtlinie stellt die Vorgehensweise nach dem Pareto-Prinzip dar, d.h. es sollten die Kostentreiber gesucht werden, die 80% der Kosten verursachen, das wären, die Gültigkeit des Pareto-Prinzip vorausgesetzt, ca. 20% aller möglichen Kostentreiber. Diese Kostentreiber oder eventuell dieser Kostentreiber sind/ist der/die Schlüssel-Kostentreiber (key-cost-driver).
Die Anzahl der zu bestimmenden Kostentreiber, die sinnvoll und praktikabel erscheint, wird hauptsächlich beeinflußt durch folgende Faktoren:[42]

- angestrebte Genauigkeit der Produktkosten
- Variantenvielfalt der Produkte

Die Auswahl der Kostentreiber und Meßgrößen sollte unter Berücksichtigung folgender Faktoren erfolgen:

- Kosten der Erfassung der notwendigen Daten
- Zusammenhang zwischen Kostentreiber und Meßgröße (Cooper spricht von Aktivitätsmengen[43]) z.B. Kostentreiber = Meßgröße wäre der ideale Fall
- Effekte auf das Verhalten der Mitarbeiter

Am Ende dieses Kapitels möchten wir nur auf die Effekte eingehen, welche die Auswahl der Kostentreiber und Meßgrößen auf das Verhalten der Mitarbeiter haben können. Zu beachten ist, daß die Effekte sowohl positiver als auch negativer Natur sein können. Wurde z.B. die Anzahl der Einzelteile als Kostentreiber für Prozesse, wie Eingangskontrolle, Lagerverwaltung, Lieferantenmanagement... erkannt, so werden die Kosten dieser Prozesse auf Basis der Meßgröße Anteil der Einzelteile dieses Produktes auch auf dasselbe verrechnet. Im Bereich der Konstruktion kann die Quantifizierung dieser Kosten durchaus Anreize zur Verringerung der Teilezahl eines Produktes bieten.

41 D. Wäscher: Gemeinkosten-Management im Material und Logistik-Bereich, in: Zeitschrift für Betriebswirtschaft (ZfB), Heft 3 1987, S. 297-315

42 Vgl. R. Cooper: Activity-Based-Costing Teil 2, in: Kostenrechnungspraxis (krp), Heft 5, 1990, S. 271-278, S. 274

43 ebenda, S. 277

Wobei ein störender Effekt wäre, wenn die Reduzierung der Teileanzahl zu Lasten der Funktionalität realisiert werden würde. Dadurch bietet die Prozeßkostenrechnung eine Grundlage, die in Kapitel 1.3.2 angesprochene Diskrepanz zwischen Kostenfestlegung und Kostenverursachung in einer Kostenstelle dadurch auszugleichen, daß sie der kostenfestlegenden Stelle die Kostentreiber mitteilen kann (siehe obiges Beispiel).

Kostenverantwortlichkeit kann nur der zeigen, der weiß welche Kosten er (durch seine Tätigkeit) verursacht.

2.2.4.3 Ermittlung der Prozeß- (Aktivitäts-) kosten

Die Ermittlung der Teilprozeßkosten geschieht am Besten auf Basis der Meßgrößen. Damit wäre eine mögliche Fragestellung: Wieviele Bestellungen werden (müssen) im Planungszeitraum getätigt (werden)?
Die Antwort darauf muß sich aus der Gesamtunternehmensplanung ergeben, z.B. erwarteter Absatz. Die Vorgehensweise entspricht der, bei der Festlegung der Planbezugsgrößen in der Plankostenrechnung, speziell der in der Grenzplankostenrechnung.

Planprozeßmengen sind nicht nach Maximal- , Normal- oder Optimalkapazitäten abzuleiten, sondern aus den Leistungsanforderungen der Engpaßbereiche zu bestimmen.[44]

Als nächster Schritt werden die Prozeßkosten, induziert durch die Meßgrößen, geplant. Hierbei empfiehlt sich analytisch nach kostenwirtschaftlichen Gesichtspunkten vorzugehen. Bei der analytischen Methode sind die Plankosten das Ergebnis von Istkostenanalysen mehrerer zurückliegender Abrechnungsperioden.

---

44 Gutenbergs "Ausgleichsgesetz der Planung"

Bei Dominanz der Personalkosten kann es ausreichend sein, nur diese für jeden Prozeß zu planen, während die Zurechnung der sonstigen Kostenarten (Raum-, Strom-, Büromaterialkosten, ...) auf die Teilprozesse proportional zu den Personalkosten auf Basis der Kostenstellennormalkosten erfolgen kann.
Um eine schnelle Einführung der Prozeßkostenrechnung zu ermöglichen, kann es in manchen Fällen sinnvoll sein die normalisierten Kosten per Schlüssel (z.B. Mitarbeiter) auf die Prozesse zu verteilen. Zu beachten ist dabei allerdings, daß die Prozeßkostenrechnung dadurch ihre Eignung zur Kostenvorgabe und -kontrolle einbüßt.
Der Gefahr, daß die Kosten nur mehr mengenproportional zu den Meßgrößen betrachtet werden, sollte man begegnen, in dem Rationalisierungpotentiale gesucht oder sogar Rationalisierungsziele vorgegeben werden.

2.4.2.4 Ermittlung von Prozeßkostensätzen

Die Ermittlung der Prozeßkostensätze verlangt nach Kenntnis der Meßgrößen und Prozeßkosten nur noch rudimentäre Mathematikkenntnisse:

$$\text{Prozeßkostensatz} = \frac{\text{Prozeßkosten}}{\text{Meßgröße}}$$

Siehe hierzu das Beispiel in Kapitel B-2.4.2.2 .
Falls der Hauptprozeß leistungsmengenneutrale Teilprozesse beinhaltet, sind dessen Kosten auf die leistungsmengeninduzierten Teilprozesse umzulegen. Als Grundlage bieten sich "leider" nur die Prozeßkosten der Teilprozesse an.

$$\text{Umlagesatz} = \frac{\text{Summe der leistungsmengenneutralen Prozeßkosten}}{\text{Summe der leistungsmengeninduzierten Prozeßkosten}}$$

Wurden alle in einer Kostenstelle ablaufenden Prozesse in dieser Form behandelt, ergibt sich qualitativ folgender Kostenverlauf:

Abb. B-11: Betrachtungsweise des Kostenvolumens in einer Kostenstelle

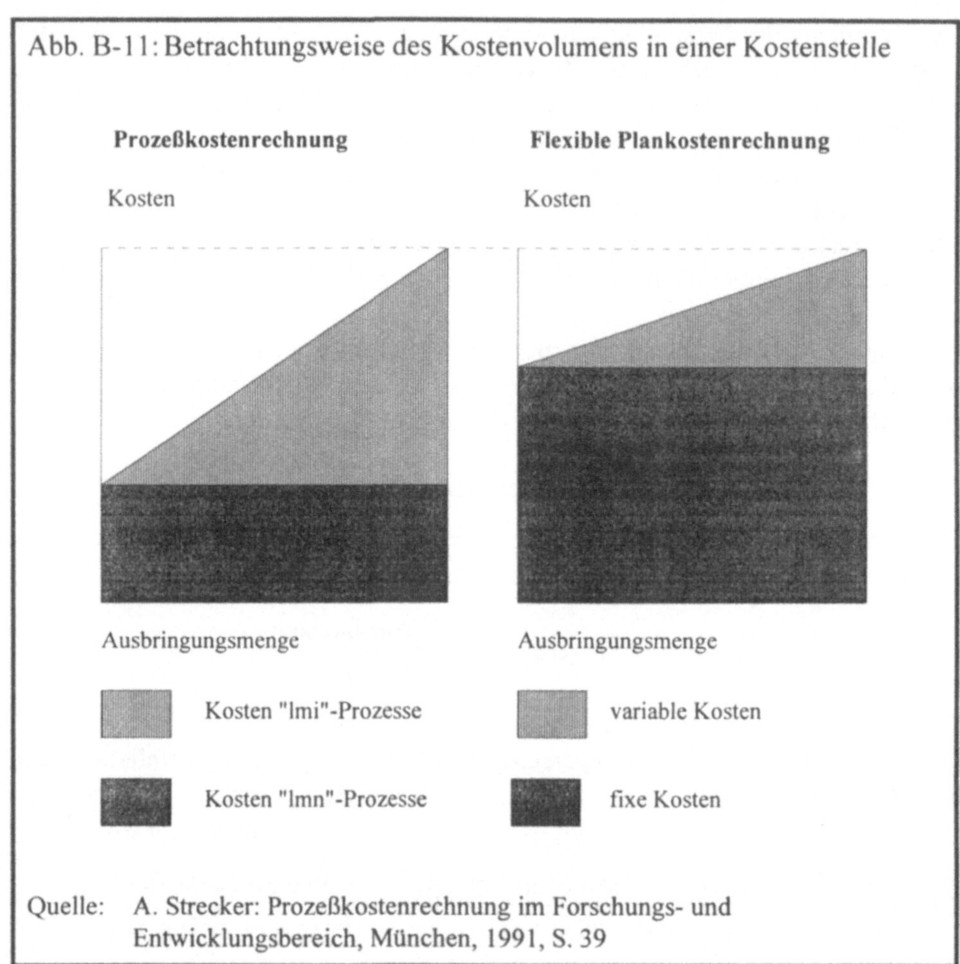

Quelle: A. Strecker: Prozeßkostenrechnung im Forschungs- und Entwicklungsbereich, München, 1991, S. 39

Die direkte Zurechenbarkeit der Kosten zu den Produkten hat sich wesentlich verbessert. Je nach Feinheit der Prozeßgliederung zeigt sich, daß bis zu 75% der gesamten Kosten leistungsmengeninduzierte Kosten sind. In Zusammenhang mit den Meßgrößen und Kostentreibern bieten sich hier sehr gute Möglichkeiten der Kostenplanung und -kontrolle.

2.5 Produktkalkulation mit Hilfe der Prozeßkostenrechnung

> Die prozeßorientierte Kalkulation strebt an, die Gemeinkosten der indirekten Bereiche über prozeßspezifische Verrechnungssätze explizit verursachungsgerecht auf die Endkostenträger zu verrechnen.[45]

Die erste Stufe der Prozeßkostenkalkulation wurde durch die Bildung von Prozeßkostensätzen erreicht, nachdem vorab Meßgrößen definiert werden konnten. Der zweite Schritt war die Umlage der Kosten, deren prozeßorientierte Verrechnung nicht möglich bzw. nicht zweckmäßig war. Als letzte Stufe verbleibt die Zurechnung der Kosten auf den Kostenträger. Hier werden die Fertigungspläne, Arbeitspläne und Stücklisten benötigt. Sie stellen die Mengengrundlage für die Zurechnung zu Verfügung. Wird an dieser Stelle das oben aufgeführte Beispiel wieder herangezogen, bedeutet dies, daß die Zurechnung der Kosten des Teilprozesses "Bestellungen tätigen" auf der Basis der Anzahl der zu beschaffenden Fremdteile erfolgt. Die Verbesserung der Zurechnung wird im Falle auftretender Allokationseffekte (Differenz zu den verrechneten Gemeinkosten) offensichtlich.

Die beiden nachfolgenden Abbildungen sollen diese Vorgehensweise und den grundsätzlichen Unterschied zur Zuschlagskalkulation visualisieren. Ebenfalls ersichtlich wird die Verbesserung, welche die Prozeßkostenkalkulation in der Zurechengenauigkeit bietet.

Die Prozeßkostenrechnung erlaubt eine Kostenzurechnung auf Basis der Beziehungsmengen zwischen dem Kalkulationsobjekt (Produkt) und den in Anspruch genommenen Prozessen.

---

45 A. Strecker: Prozeßkostenrechnung in Forschung und Entwicklung, München, 1991, S. 43

Abb. B-12: Verrechnung der Kostenstellenkosten auf das Produkt bei der Zuschlagskalkulation

Abb. B-13: Verrechnung der Kostenstellenkosten auf das Produkt bei Prozeßkostenrechnung

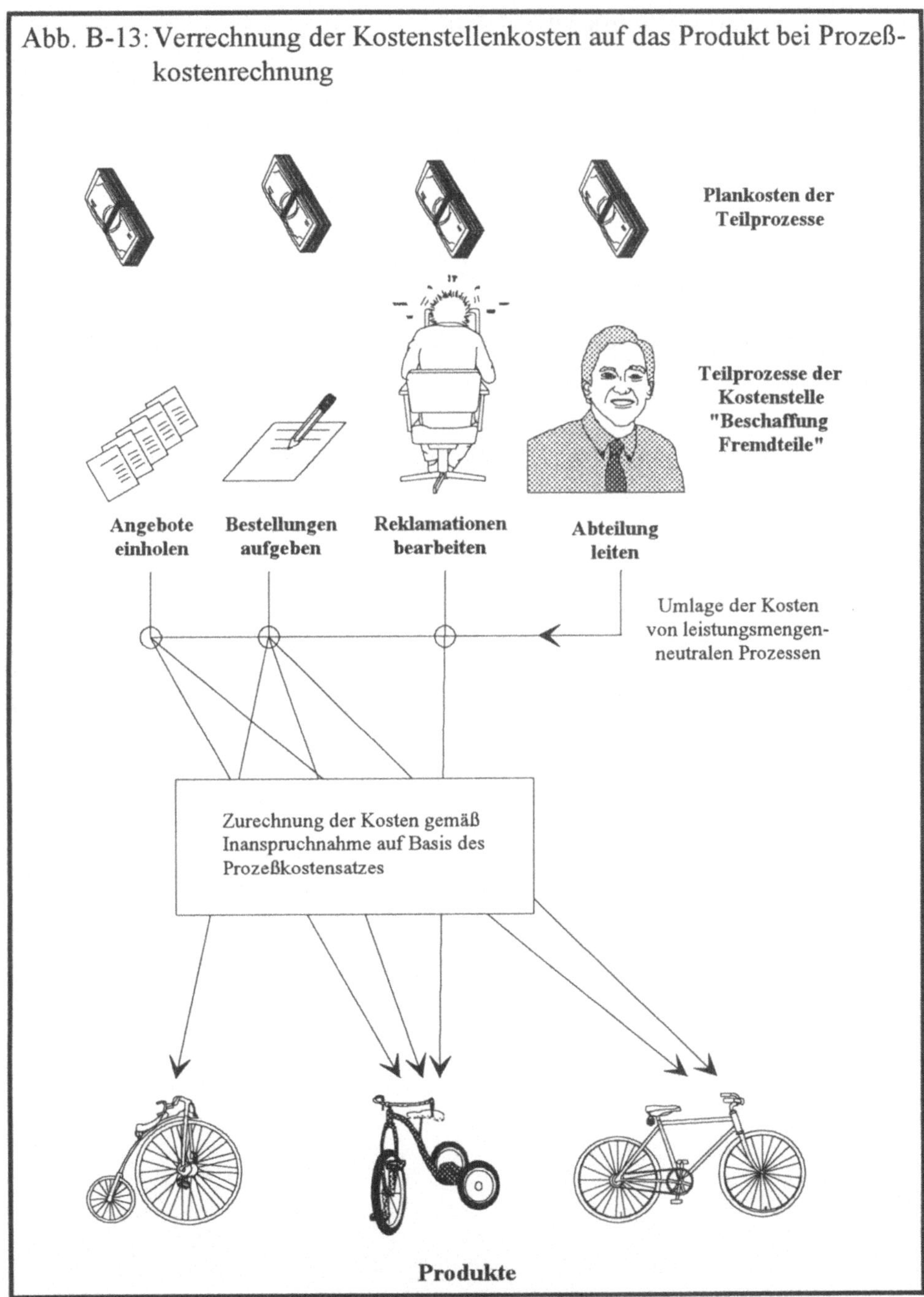

2.6 Strategische Produktkalkulation

Die Prozeßkostenrechnung liefert eine Fülle an zusätzlichen Informationen, welche die Unterstützung strategischer Produktentscheidungen ermöglicht. Hauptsächlich gehören hierzu Entscheidungen bezüglich:

- des anzubietenden Variantenreichtums (Komplexitätseffekt)
- der Reduzierung der Teilevielfalt
- der Bestimmung der Losgrößen (Degressionseffekt)
- Make-or-buy

Nachfolgende Abbildung zeigt dies für Entscheidungen im Bereich des Variantenreichtums:

Abb. B-14: Komplexitätseffekt in der Prozeßkostenrechnung

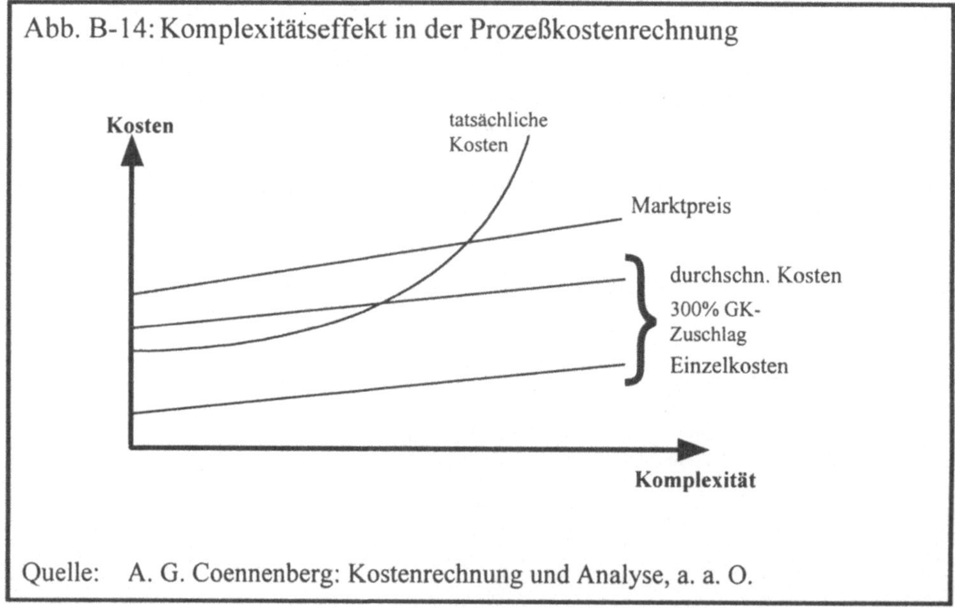

Quelle: A. G. Coennenberg: Kostenrechnung und Analyse, a. a. O.

2.7 Kostenmanagement mit Hilfe der Prozeßkostenrechnung

> In short, the ... industry needs to make the transition from reporting costs to managing costs.[46]

Mehrfach wurde nun schon der Anstieg der Gemeinkosten als Ausgangspunkt der Überlegungen bezüglich Änderungen im Rechnungswesen angeführt. Eine verursachungsgerechte Zuordnung trägt diesem Problem zwar Rechnung, ohne es aber zu lösen. Es geht nun darum die Hauptprozesse und die dazugehörigen Kostentreiber zur Kostenreduzierung zu nutzen. Ausgehend von den Hauptprozessen, deren Kostentreibern und Mengen, ist es möglich Gemeinkostenkonsequenzen, die sich aus Alternativen der Vertriebsstruktur, des Vertriebs, des Produktionsprogramms, ... ergeben, zu simulieren und zu bewerten. Dadurch ergeben sich Möglichkeiten gezielt auf die Gemeinkosten einzuwirken. Über die Hauptprozesse und deren Kostentreiber besteht weiterhin die Möglichkeit, aus Plangrößen Kapazitätsbedürfnisse und Plankosten für die Kostenstellen abzuleiten.

Abbildung B-15 zeigt eine mögliche Lokation von Kostenreduzieruns-potentialen auf Grund der kostenbeeinflußenden Größen eines Hauptprozesses, an einem Beispiel aus der Firma Hewlett Packard. Ein Vorteil der Prozeßkostenrechnung ist die Möglichkeit Kostenreduzierungen zu quantifizieren.

46 B. Rayner: Accounting for change in the electronics industry, in: Electronic Business v. 15.10.1987, S. 118-123

Abb. B-15: Kosteneinsparung durch Reduzierung von Produktänderungen

Kostenvolumen des Untersuchungsbereichs: 25 Mio. DM

Anzahl Hauptprozesse: 8

Hauptprozeß 1 (Produktänderung): 1000 mal durchgeführt
dabei 5 Mio. DM Kosten verursacht

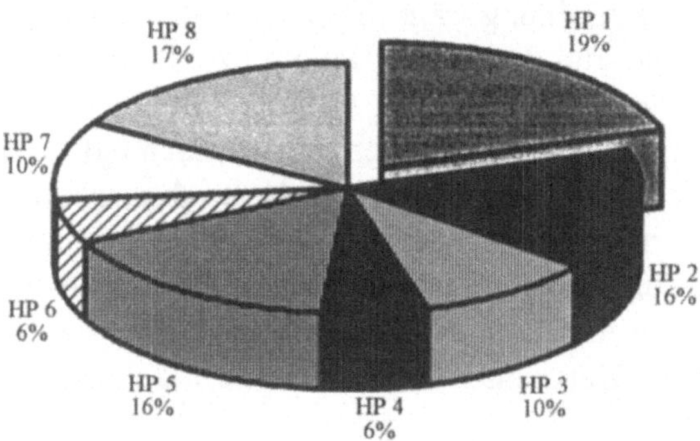

Prozeßkostensatz: 5 Mio. DM / 1000 = 5000 DM

Planvereinbarungen: Reduzierung um 20 % => 1 Mio. DM Einsparungspotential

Quelle: R. Mayer: Prozeßkostenrechnung: Konzept, Vorgehensweise und Einsatzmöglichkeiten, in: Prozeßkostenmanagement, a.a.O., S. 79

2.8 Beurteilung der Prozeßkostenrechnung

Ein Maß für die Güte eines Verfahren ergibt sich immer nur im Vergleich mit anderen Verfahren.

Die Prozeßkostenrechnung muß bei einem Vergleich in Deutschland gegen flexible Plankostenrechnung und Grenzplankostenrechnung antreten.

Aus Gründen der Vergleichbarkeit soll an dieser Stelle nur die Grenzplankostenrechnung herangezogen werden.
Die Prozeßkostenrechnung liefert die ersten Probleme schon bei der Einführung: Die Aufgliederung einer Unternehmung, oder zumindest der indirekten Leistungsbereiche, in Teilprozesse und die Zuordnung von Meßgrößen und Kostentreibern bringt einen erheblichen Aufwand mit sich und birgt zudem noch mögliche Fehlerquellen. Auch der Wunsch die Prozeßkostenrechnung durchgängig einzuführen kann, ob des Aufwands, nur theoretische Modellvorstellung sein, zumal in fertigungsnahen, betrieblichen Bereichen durch kostenstellennahe Bezugsgrößen eine hinreichende Zurechnungsgenauigkeit erreicht wird.
Im Rahmen der Wirtschaftlichkeitskontrolle steht zumindest die Grenzplankostenrechnung mit ihren direkten Bezugsgrößen der Prozeßkostenrechnung in nichts nach. Einer der am häufigsten kritisierten Ansätze der Prozeßkostenrechnung, ist ihre Vollkostenorientierung und damit die Proportionalisierung der Fixkosten. In Bezug zu den traditionellen Vollkostenrechnungssystemen hat sie hier zwar deutliche Fortschritte gemacht, es bleibt aber die Voraussetzung, daß sich die Fixkosten zu den Produktmengen proportional verhalten. Dies ist besonders im Rahmen von Sachkosten nicht immer gegeben. Ebenfalls gefährlich ist der absolute Glaube an die Bezugsgrößen, da der Zusammenhang zwischen Erzeugnismengen und z.B. Anzahl der Bestellungen nicht unbedingt kausal ist. Kritisiert wird vor allem, der mangelnde Erzeugnisbezug der Kostenstellen und die zeitliche Phasenverschiebung zwischen Leistungserstellung und Erzeugniswirksamkeit. Besonders deutlich wird die Problematik des Produktbezugs an einer Aktivität, wie z.B. Sotfware erstellen.
Ein immenser Aufwand verbirgt sich in der Aktualisierung des Mengengerüstes der Prozeßkostenrechnung, wobei gerade darin ein Vorteil zu sehen ist, mit der daraus folgenden Anwendbarkeit der Prozeßkostenrechnung als permanentes Steuerungsinstrument.
Der prozeßorientierten Kostenträgerstückrechnung, sicher eine der Hauptstärken der Prozeßkostenrechnung, stellt die Grenzplankostenrechnung mit der stufenweisen Fixkostendeckungsrechnung ein fast gleichwertige Instrument gegenüber. Es ist sicher ein Fehler anzunehmen, daß die Prozeßkostenrechnung das gesamte Rechnungswesen revolutionieren wird, wobei herauszustellen ist, daß es nicht das Ziel dieser Arbeit ist, das Prozeßkostenrechnungssystem als die endgültige Lösung in der Kostenrechnung zu präsentieren. Aber sie ist sicher ein Schritt in die richtige Richtung.

Ihre Darstellung sollte vor allem dazu dienen, die Notwendigkeit einer differenzierenderen Kostenbetrachtung aufzuzeigen, und die Mängel der traditionellen Kostenrechnungssysteme in diesem Bereich zu untersuchen.

> "But it is better to be basically correct with activity-based costing, say within 5% or 10% of the actual demands a product makes on organizational resources, than to precisely wrong (perhaps by as much as 200%) using outdated allocation techniques."[47]

Abschließend möchten wir damit als größten Verdienst der Prozeßkostenrechnung die Neuentfachung der Kostendiskussion in den Vordergrund stellen und die damit entstehende Erkenntnis, daß betriebliche Prozesse und Abläufe im einzelnen genauer untersucht werden müssen.

47 R. Cooper/R. S. Kaplan: Measure Costs Right. a. a. O., S. 100

3. Prozeßkostenrechnung und Target Costing

Der zunehmenden Marktorientierung der Unternehmung muß auch im Rechnungswesen begegnet werden. Die Fragestellung im Rechnungswesen darf nicht mehr lauten, "*Was wird uns ein Produkt kosten*?", sondern, "*Was darf uns ein Produkt kosten?*". In den Bereichen der High-Tech-Industrien wurde man durch steigende Wettbewerbstätigkeit schon längere Zeit mit dieser Fragestellung konfrontiert. Heute gilt dies zunehmend für alle Industriezweige.

> Die Frage, der sich eine Unternehmung heute stellen muß, lautet nicht mehr, wie kostengünstig kann ich produzieren, sondern wie kostengünstig muß ich produzieren.

Das Target-Costing versucht mit folgenden Funktionen diesen Anforderungen zu begegnen[48]:

- Marktausrichtung
- Strategieunterstützung
- Unterstützung des Managements der frühen Phasen
- Dynamisierung
- Motivation
- Straffung von Innovationsaktivitäten

48 W. Seidenschwarz: Target Costing und Prozeßkostenrechnung, in Prozeßkostenmanagement, a. a. O., S. 47-70, S. 50 f.

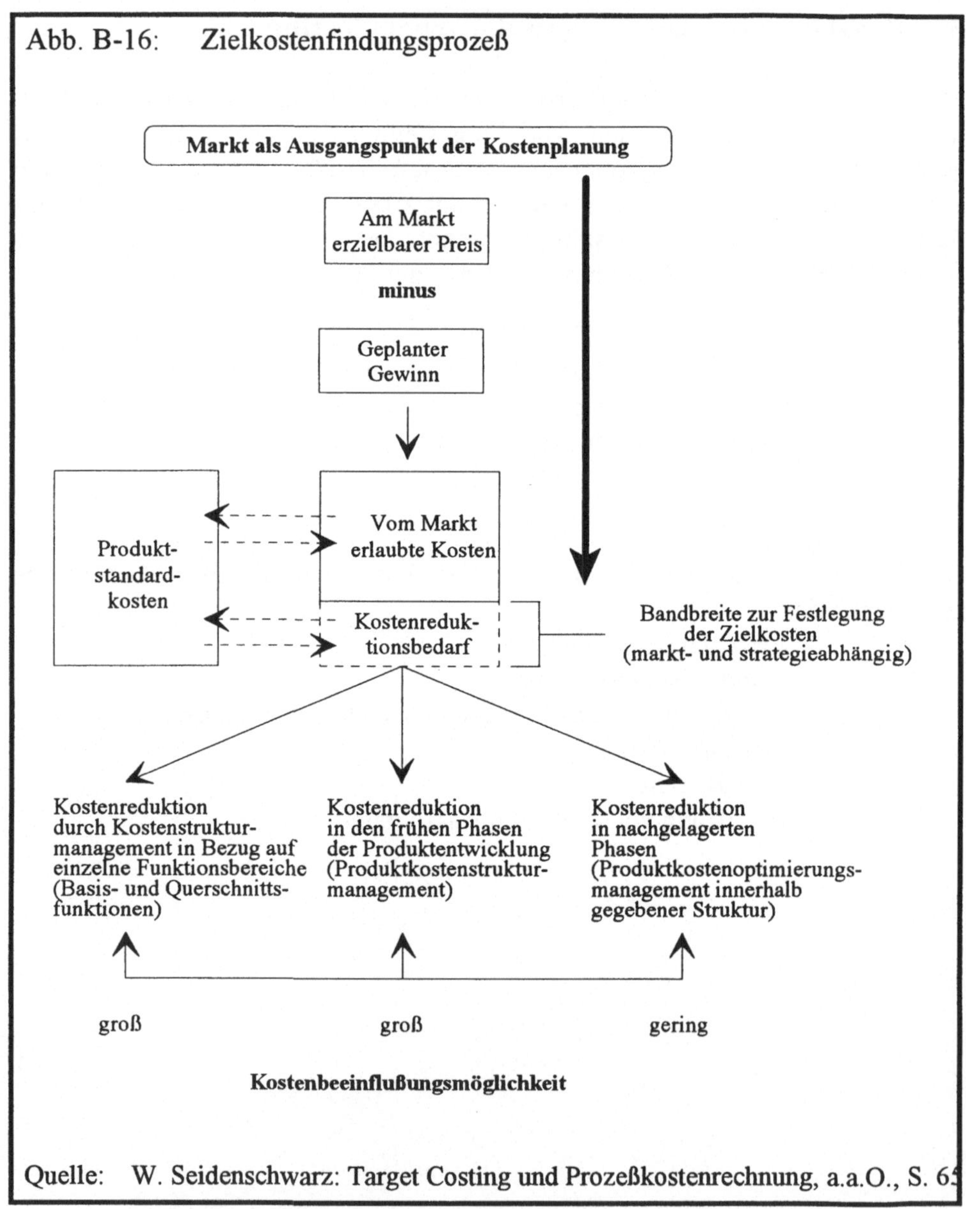

Abb. B-16: Zielkostenfindungsprozeß

Quelle: W. Seidenschwarz: Target Costing und Prozeßkostenrechnung, a.a.O., S. 65

Die Erkenntnisse der Prozeßkostenrechnung bezüglich Hauptprozesse und Kostentreiber bieten dem Zielkostenmanagement das benötigte Steuerungs- und Analyseelement um obige Funktionen zu erfüllen (Vgl. hierzu Kapitel B-2).

4. Unternehmensqualität - Rechnungswesen

4.1 Unternehmensqualität

Zusammenfassend definieren wir Qualität als die Eignung der Unternehmensleistung zur Erfüllung aller an sie gerichteten Anforderungen.[49]
Diese Aussage bezieht den Qualitätsbegriff vor allem auf die Leistungen einer Unternehmung, also den output an die Umwelt. Interessant für die Unternehmung im Planungs- und Steuerungsbereich ist aber der Weg hin, bis zur "von außen" beurteilten Qualität. An dieser Stelle setzt der Begriff der Unternehmensqualität an (siehe hierzu Teil A). Unternehmensqualität als Summe der Ausprägungen Time, Quality und Money (Costs) (TQM) des outputs der einzelnen Unternehmensprozesse.

Unternehmensqualität ist die Summe der Ausprägungen Time, Quality und Money (Costs) des outputs der einzelnen Unternehmensprozesse.

Die Größen Quality , Time, Money (Costs) summieren sich aus eben diesen Größen der vorgelagerten Prozesse und werden so durch die gesamte Unternehmung "geschoben". Daraus folgt die Miteinbeziehung aller Unternehmensbereiche in die "Schaffung" von Qualität und deren Bestimmung durch den Engpaßbereich (siehe Liebig'scher Eimer in Teil H).

4.2 Einflußnahme des Rechnungswesens auf die Unternehmensqualität

Die Engpaßproblematik bedingt den stärksten Einfluß des Rechnungswesens auf die Unternehmensqualität.

49 P. Horváth/G. Urban (Hrsg.): Qualitätscontrolling, a. a. O., S. 8

Für die Größen Time, Quality und Costs lassen sich für das Rechnungswesen folgende Äquivalente finden:

- Zeit zwischen einem Ereignis und der Kostenzuordnung zu diesem (Flexibilität der Information) - **Time**
- Genauigkeit der Kostenzuordnung - **Quality**
- Kosten, die aus der Kostenzuordnung entstehen - **Costs**

Im Kapitel 2.8 wurde schon gesagt, daß die positivste Auswirkung der Prozeßkostenrechnung die Neuentfachung der Kostendiskussion ist. Das Rechnungswesen trägt mit seiner Funktion als Informationslieferant der Kostengrößen entscheidend zur Bewertung einzelner Prozesse bei, und damit auch zur Suche nach den Schwachstellen im betrieblichen Leistungsnetz. Aus diesem Grunde kann ein schlecht ausgebildetes Rechnungswesen schwerwiegende Sekundärfolgen haben.
Die Komplexität einer Unternehmung läßt es nicht zu sie im Gesamten zu steuern, d.h. es müssen kleinere Einheiten gefunden werden, die eine Steuerung erlauben. Die Kostenstellen in ihrer bisherigen funktionalen Gliederung zeigen sich als nicht geeignet diese Funktion als Steuerungseinheiten zu übernehmen. Das Rechnungswesen hat mit der Prozeßkostenrechnung den richtigen Weg eingeschlagen, um kleine handlebare Einheiten zu finden, welche in der Lage sind, diese Steuerungsfunktion zu übernehmen (siehe hierzu Kapitel B-2.4.2.1) und das Rechnungswesen in seiner Eigenschaft als Informationslieferant positiv zu beeinflußen. Im Übergang vom Informationslieferant zum "Planer und Steuerer" steht die Funktion des Controllings.

5. Fazit

Zu Beginn des Kapitels wurde gezeigt, wie neue Technologien und Verfahrensinnovationen die Kostenstruktur beeinflußen. Am Beispiel der CIM-Fertigungsstruktur war deutlich zu erkennen, daß eine Verschiebung zugunsten der fixen Gemeinkosten erfolgt.
Aus diesem Ansatz heraus wurde schon zu Beginn der achtziger Jahre versucht, mit neuen Kostenrechnungsverfahren auf diese Veränderungen zu reagieren. Eines der Ergebnisse dieser Überlegungen war die Prozeßkostenrechnung. Dieses Verfahren der Kostenrechnung, daß die Kostenverursachung in den indirekten Unternehmensbereichen mit Hilfe von Kostentreibern (cost driver) zu erklären und quantifizieren versucht, wurde in dieser Arbeit als der richtige Ansatz zur Unterstützung der Unternehmensqualität, aufgegriffen.
Die ganze Arbeit geht von zwei Thesen aus:

1. In Teil A wurde der Begriff der Unternehmensqualität verknüpft mit den Größen Time, Quality und Costs.
2. In der ganzen Arbeit wird die Unternehmung als ein System von verknüpften Prozessen aufgefaßt.

Unter diesen Voraussetzungen muß sich das Rechnungswesen als Informationslieferant sehen, der den Prozessen als Richtungsweiser dient. Unter diesen Aspekten wird abschließend versucht die Wechselwirkung zwischen Unternehmensqualität und Rechnungswesen grafisch darzustellen.

Abb. B-17: Der Weg zum Markt

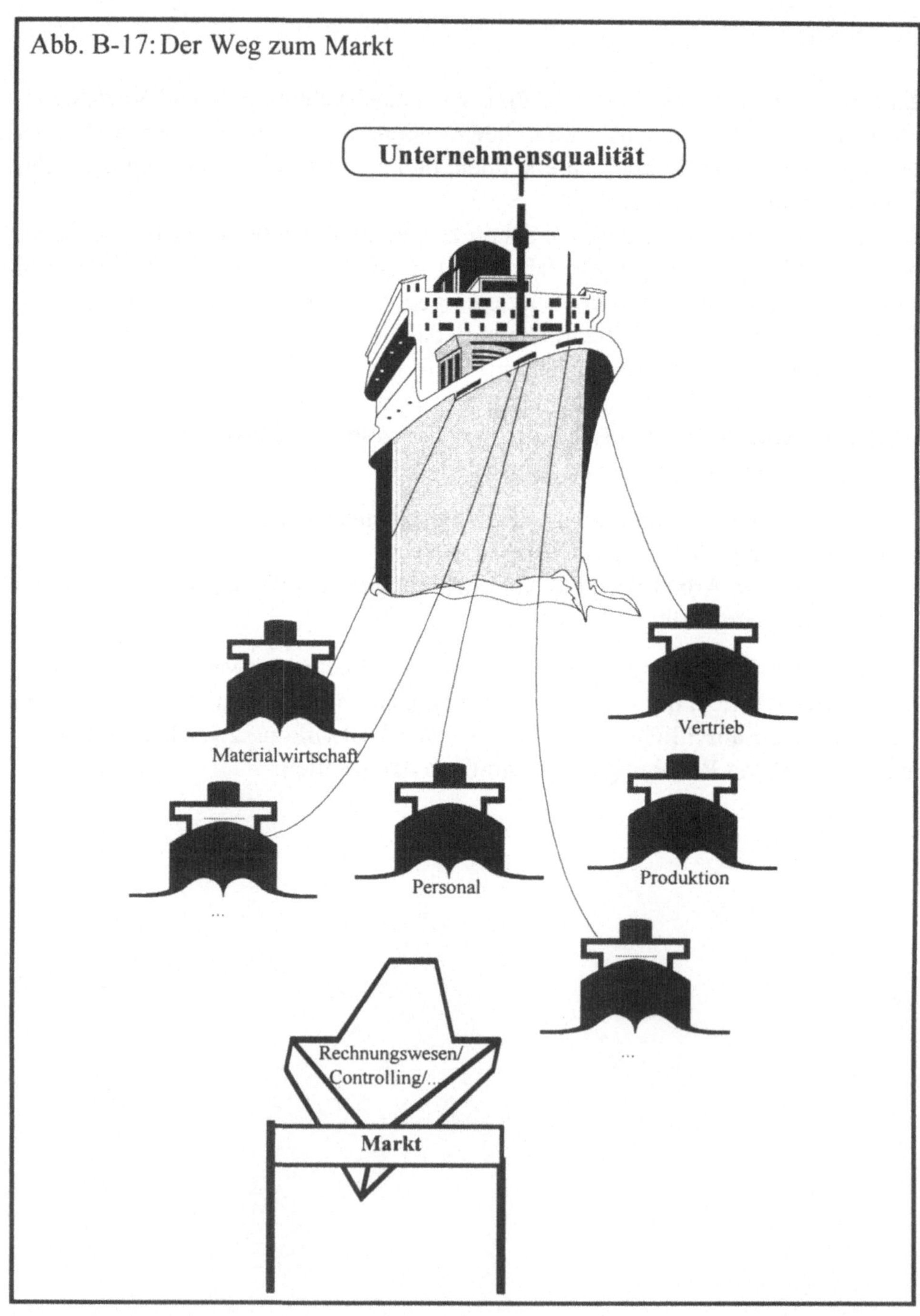

C. Unternehmensqualität - Materialwirtschaft

Im Kapitel A wurden die zukünftigen Erfolgsfaktoren der Unternehmung festgelegt. Diese entstanden aus der Überlegung, die Güte eines Prozesses anhand der 3 Merkmale Time, Quality und Money zu bewerten.
Unter dieser Maßgabe und unter Berücksichtigung des politischen und wirtschaftlichen Umfeldes, soll nun versucht werden, Größen zu finden, die wiederum einen Rückschluß auf die Güte der Materialwirtschaft zulassen. Die weitere Vorgehensweise soll sein, Prozesse innerhalb der Materialwirtschaft und deren Schnittstellenbereichen herauszuheben, die ihrerseits Einfluß auf diese Größen haben und damit als Ansatzpunkte dienen, über die Optimierung der Materialwirtschaftsgüte, die Unternehmensqualität zu verbessern.

1. Auswirkungen des veränderten politischen und wirtschaftlichen Umfeldes auf die Materialwirtschaft

Wir möchten unsere Ausführungen mit einem Gedanken von Ervin Laszlo beginnen, einem der führenden globalen Querdenker unserer Zeit.

> Das Management unserer Tage sollte sich lösen von der Einstellung, daß lokales Handeln nur lokales Denken erfordert. Vielmehr sollte es erkennen, daß jede seiner Handlungen globale Auswirkungen hat und somit auch globales Denken voraussetzt.[50]

Unternehmen sehen sich heute schnellen Veränderungen und wachsender Ungewißheit gegenüber und es läßt sich keine definitive Aussage darüber machen, wie sich das Umfeld in Zukunft entwickeln wird. So stellt Ervin Laszlo die These auf, daß das Kennen der internen Prozesse und derjenigen, welche im menschlichen und natürlichen Umfeld der Unternehmung ablaufen, zu einem zentralen Element der Unternehmensstrategie werden muß.[51]

Dies bedeutet, daß erst die Integration der Informationen über die innerbetriebliche Effizienz auf der nach innen gerichteten Seite und über Kunden, Konkurrenten, Regierungspläne, ökologische Trends und aktuelle Ereignisse auf der nach außen gerichteten Seite eine solide Grundlage für erfolgversprechende Unternehmensentscheidungen darstellt.

Nimmt man diesen Gedanken auf, so ist es unumgänglich, sich beim Bearbeiten einer jeglichen Aufgabenstellung ein Bild über das, die Unternehmung umgebende, Umfeld zu machen, um sich seiner Auswirkungen auf den betreffenden Bereich klar zu werden.

Nachdem wir in der Einleitung versucht haben, die Ereignisse und abzusehenden Trends dieser Tage festzuhalten, soll im folgenden untersucht werden, welche Faktoren sich insbesondere auf den Bereich der Materialwirtschaft auswirken.

---

50 Vgl. E Laszlo: Evolutionäres Management, Fulda, 1992, S. 18

51 ebenda, S. 126

1.1 Vereinigungen auf höherer Ebene

Weltweit besteht unübersehbar die Tendenz des Zusammenschlusses verschiedenster Länder zu Organisationsformen auf höherer Ebene, um eine breitere Basis zu schaffen, für die Sicherung der wirtschaftlichen, ökologischen und gesellschaftspolitischen Zukunft dieser Regionen.

Schärferer Wettbewerb

Sicher bringt eine Vergrößerung des Marktes im Normalfall eine Vergrößerung der Anzahl von Konkurrenten mit sich, was die Absatzsituation einer Unternehmung sehr stark belasten kann. Aber eben dieser härtere Wettbewerb bietet ungeahnte Möglichkeiten auf der Beschaffungsseite, zwingt er doch die Zulieferunternehmen zur Senkung ihrer Preise bei gleichzeitiger Verbesserung der Qualität. Um aber diese Kosteneinsparungspotentiale auszunutzen, ist es unumgänglich, die Marktforschungsaktivitäten zu verstärken. Diese Unternehmensfunktion hat sich absatzseitig schon seit Jahren etabliert, steckt aber beschaffungsseitig, vor allem in mittelständischen Unternehmen, noch in den Kinderschuhen.
Ein Aspekt, der die Vorteilhaftigkeit entfernt liegender Lieferanten in Zukunft verstärken wird, ist der preiswerter werdende Warentransport. Dafür verantwortlich ist außer dem ebenfalls schärfer werdenden Wettbewerb das Wegfallen der die Transportzeit verlängernden Grenzkontrollen.
Als eine weitere Folge des schärferen Wettbewerbs äußert sich auch die seit längerer Zeit zu beobachtende Verkürzung der Produktlebenszyklen. Dies erfordert von den Unternehmen unserer Zeit in zunehmendem Maße innovativ zu sein, um langfristig erfolgreich am Markt bestehen zu können.
Als Auswirkungen auf die Materialwirtschaft ergeben sich daraus zweifelsohne eine stärkere Konzentration auf die Beschaffungsmärkte, um über Neuerungen auf dem Weltmarkt im Bilde zu sein. Untrennbar damit verbunden ist die Forderung, die Bestände an Material zu optimieren, um neben der Erreichung einer Kostenersparnis auch sicherzustellen, daß in Erfahrung gebrachte Neuerungen ohne Verzögerungen in die Unternehmung eingebracht werden können. Auf diesen Zusammenhang wird in Kapitel C 3.2 näher eingegangen.

Harmonisierung der technischen Vorschriften

Seit Jahren versuchen die Unternehmen aus Gründen der Optimierung der Kosten für Logistik und Beschaffung die Anzahl der Teile zu verringern, ohne den Kundennutzen des Enderzeugnisses zu gefährden. Dieser Anstrengung

kommt, insbesondere den stark exportorientierten Unternehmen, die Entscheidung der EG - Kommission entgegen, die vorübergehend eine gegenseitige Anerkennung der technischen Normen vorsieht, um sie in einem weiteren Schritt völlig zu harmonisieren.
Dadurch fallen Teile, die nur für den Export in ein bestimmtes Land vorgeschrieben sind, weg. Hierdurch verringern sich sowohl sämtliche Kosten der Bevorratung als auch die Kosten für die Herstellung der Standardteile aufgrund der dadurch erhöhten Losgrößen.

1.2 Stagnierende Absatzsituation

Neben dem schärferen internationalen Wettbewerb bringt auch die konjunkturbedingte Nachfrageschwäche eine stagnierende Absatzsituation bei den Unternehmen mit sich. Da es in einer solchen Situation kaum möglich ist, steigende Kosten an die Kunden weiterzugeben, entsteht auf die Unternehmen ein ständig zunehmender Kostendruck. Aus diesem Grund sind Unternehmen in einer solchen Zeit gezwungen, sämtliche sich bietende Kostensenkungspotentiale auszunutzen, um den langfristigen Unternehmenserfolg zu sichern und damit ihre wirtschaftliche Unabhängigkeit zu erhalten.

1.3 Hohes Zinsniveau

Desweiteren befinden sich die bundesdeutschen Leitzinsen auch nach einigen, vorsichtigen Senkungen nach wie vor auf einem sehr hohen Niveau. Dieses ist als Ergebnis der Bemühungen der Bundesbank zu sehen, die natürlich bestrebt ist, den im Vorfeld der europäischen Währungsunion in Maastricht vereinbarten Anforderungen an die Eckdaten einer Volkswirtschaft gerecht zu werden.
Allerdings zieht eine Erhöhung der Leitzinsen üblicherweise eine Ermüdung der Investitionsfreudigkeit der Unternehmen nach sich und wirkt sich über die dadurch sinkende Nachfrage zusätzlich belastend auf die momentane Absatzsituation aus. Zugleich erweist sich jegliche Vorfinanzierung von Materialien und Personal mehr denn je als ein die Liquiditätssituation belastender, finanzieller Kraftakt.

2. Unternehmensqualität - Materialwirtschaft

2.1 Bedeutung der Unternehmensziele für die Materialwirtschaft

2.1.1 Zielbedeutung

Hier sei nochmal daran erinnert, daß es wesentlich ist für den Erfolg einer Unternehmung, gemeinsame Ziele zu definieren. Denn nur aus einem klar definierten Ziel kann eine erfolgsversprechende Strategie hervorgehen. Und nur eine eindeutig festgelegte Strategie kann sicherstellen, daß alle Mitarbeiter des jeweiligen Bereiches vereint in die gleiche Richtung arbeiten. Voraussetzung für die Weitergabe des Unternehmenszieles an die verantwortlichen Personen ist allerdings die Definition von Teilzielen, um daraus Teilstrategien entwerfen zu können. (siehe dazu Kapitel A-2.)

Diesen Zusammenhang soll die nachfolgende Darstellung C-1 nochmals verdeutlichen. Die, so meinen wir, eindrucksvoll aufzeigt, daß viele Kräfte in eine Richtung konzentriert im Stande sind, einen schweren Elefanten umzuwerfen.

Abb. C-1: Stärker durch gemeinsame Ziele

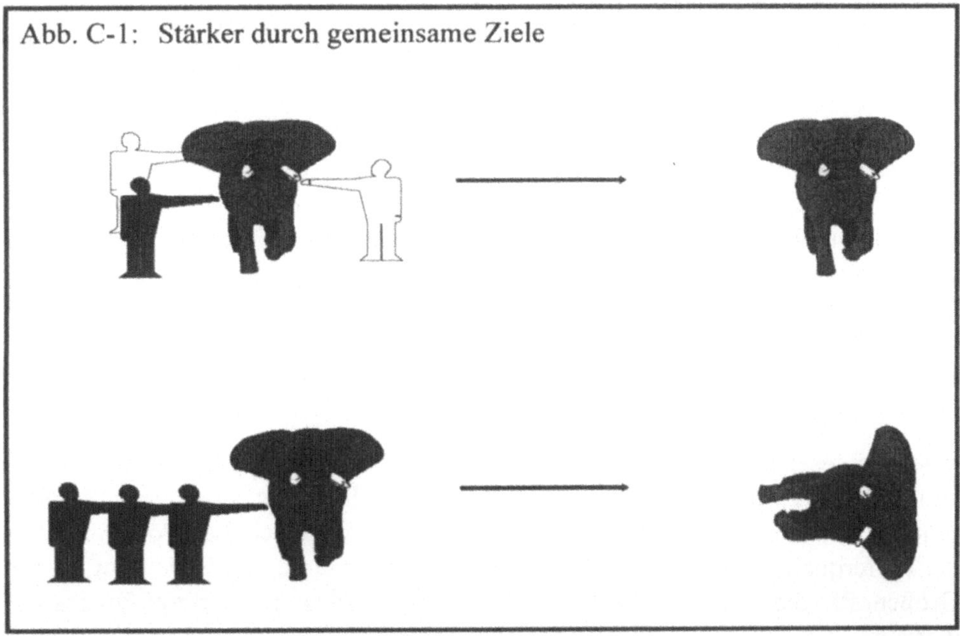

2.1.2 Die zukünftigen Erfolgsfaktoren - TIME-QUALITY-MONEY

An dieser Stelle soll nochmal in kurzen Worten zusammengefaßt werden, welche Meßgrößen der Unternehmung die Unternehmensqualität entscheidend beeinflussen und damit für die Güte der Unternehmensqualität verantwortlich sind. Diese Größen können aus unserer Sicht als die zukünftigen Erfolgsfaktoren der Unternehmung angesehen werden.

Die Zeit, die Qualität und die Kosten beschreiben die Güte eines Prozesses

Betrachtet man den Unternehmensprozeß zur Verbesserung der Unternehmensqualität, so ergeben sich als Meßgrößen für die Gütemerkmale folgende Ausprägungen.

TIME:
Flexibilität, Liefertermintreue, Lieferzeit
QUALITY:
Produktqualität
MONEY:
Produktkosten

Um daraus mögliche Ziele für die Materialwirtschaft abzuleiten, ist es unerläßlich, sich der Einflußgrößen aus dem Verantwortungsbereich der Materialwirtschaft klar zu werden. Denn nur auf diesem Weg lassen sich die zentralen Prozesse herausfiltern, deren Verbesserung entscheidend ist für die Erreichung des strategischen Zieles der langfristigen Erfolgssicherung über die Strategie der Verbesserung der Unternehmensqualität.

2.2 Einflußgrößen der Materialwirtschaft auf die Unternehmens qualität

Wie wir gesehen haben, läßt sich jeder Prozess in drei Aspekte aufteilen, die stellvertretend für die Güte des Prozesses stehen. Überträgt man diese Philosophie auf den Bereich der Materialwirtschaft, so ergeben sich die Größen Bestände, Lieferqualität und Materialkosten. Die Einflußnahme und Bedeutung dieser Größen für die Unternehmensqualität soll im nächsten Abschnitt dargestellt werden.

Abb. C-2: Unternehmensqualität-Materialwirtschaft

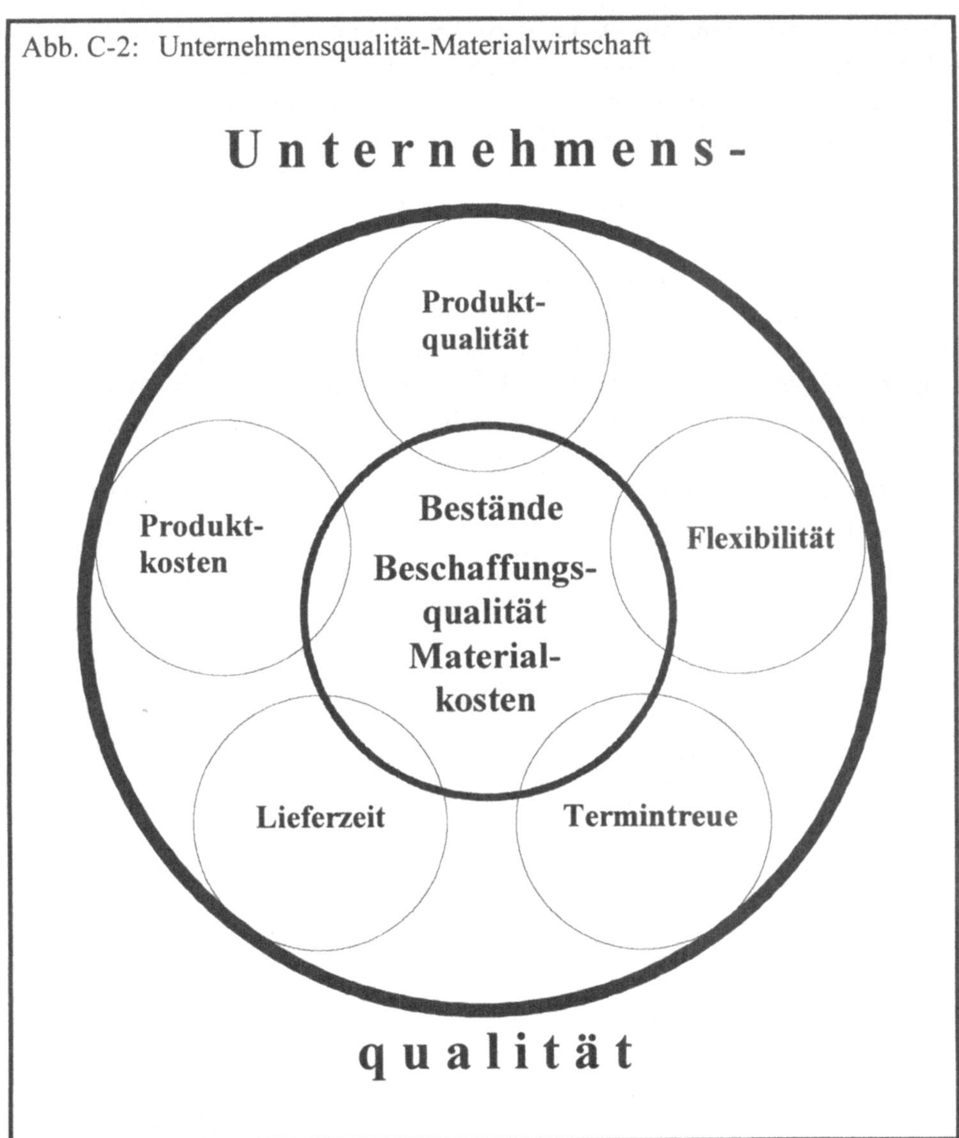

2.2.1 TIME - Bestände als entscheidender Zeitfaktor

Der kapitalbindenden Wirkung von Beständen war und ist sich das Management unserer Tage wohl bewußt. Im Zuge des steigenden Kostendrucks durch die schärfere internationale Wettbewerbssituation sieht man sich allerdings gezwungen, die starke Konkurrenz, vor allem aus Fernost, etwas näher unter die Lupe zu nehmen. Dabei muß man erkennen, daß sich die internationalen Wettbewerber im Laufe der letzten Jahrzehnte im Bezug auf die für den Kunden entscheidenden Faktoren einen beträchtlichen Vorteil erarbeitet haben. So zielen deren Bemühungen darauf ab, sowohl den Kundenkontakt, als auch die innerbetrieblichen Abläufe effektiver zu gestalten. Als mit entscheidender Erfolgsfaktor stellte sich beim Vergleich der Unternehmenskennzahlen die Höhe der Bestände dar. Wie gravierend sich die Unterschiede zur Konkurrenz präsentierten ergab sich aus einer Untersuchung der IMPV-World Assembly Plant im Jahre 1987.[52] Sicherlich sind diese Zahlen nicht auf sämtliche Unternehmen übertragbar, doch sie veranschaulichen, so meinen wir, sehr gut, wie sträflich die Unternehmen der westlichen Welt die Ausnutzung eines so gewichtigen Erfolgsfaktor vernachlässigt haben. Als Grundlage der Gegenüberstellung wird die durchschnittliche Reichweite des Lagerbestands in Tagen verwendet.

Abb. C-3: Vergleich der Teilelagerbestände

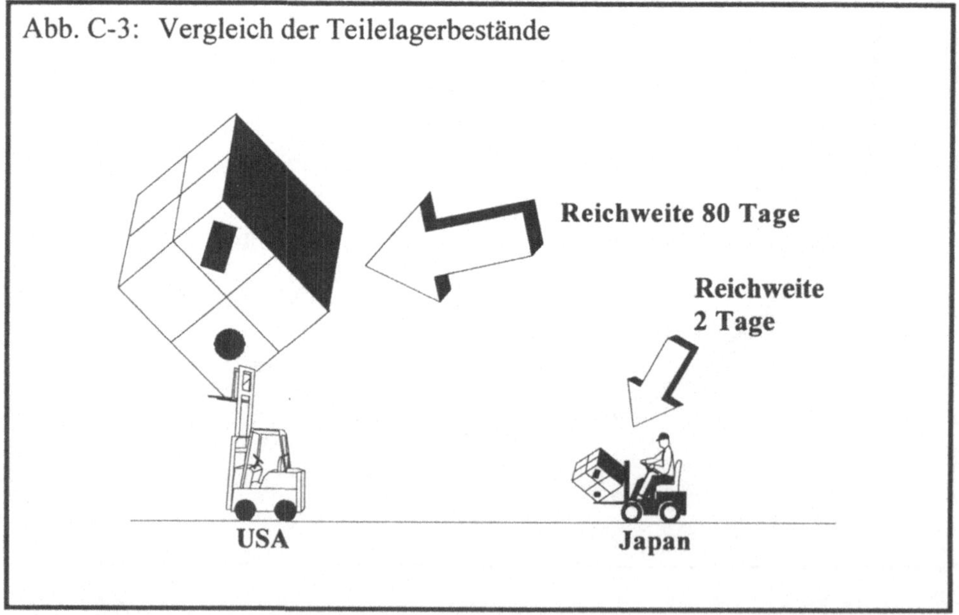

52 Vgl. James P. Womack/Daniel T. Jones/ Daniel Roos: Die zweite Revolution in der Autoindustrie: Konsequenzen aus der weltweiten Studie aus dem MIT. Aus dem Englischen: The machine that changed the world (1. Aufl. 1990) übersetzt von Wilfried Hof, 6. Aufl., Frankfurt a.M./New York, 1992, S. 88

2.2.1.1 Wirtschaftlichkeit

Die Senkung der Bestände bringt als Nebeneffekt auch eine steigende Wirtschaftlichkeit der Unternehmung mit sich. Dies soll das folgende Kapitel verdeutlichen.

Durch die Senkung der Bestände an Vorräten senkt sich die Höhe des Umlaufvermögens, ohne daß die Umsatzhöhe beeinflußt wird. Somit erreicht man, daß mit einem geringeren Vermögen die gleiche Leistung, gemessen am Umsatz, erreicht wird. Dies bedeutet eine Steigerung der Wirtschaftlichkeit. Um uns diesen Zusammenhang zu verdeutlichen betrachten wir uns das folgende Fallbeispiel.

FALLBEISPIEL:

An der Vermögensstruktur eines mittelständischen Unternehmens erkennt man, daß das in den Vorräten gebundene Kapital über ein Drittel des Gesamtvermögens ausmacht.

Abb. C-4: Vermögensstruktur eines mittelständischen Unternehmens

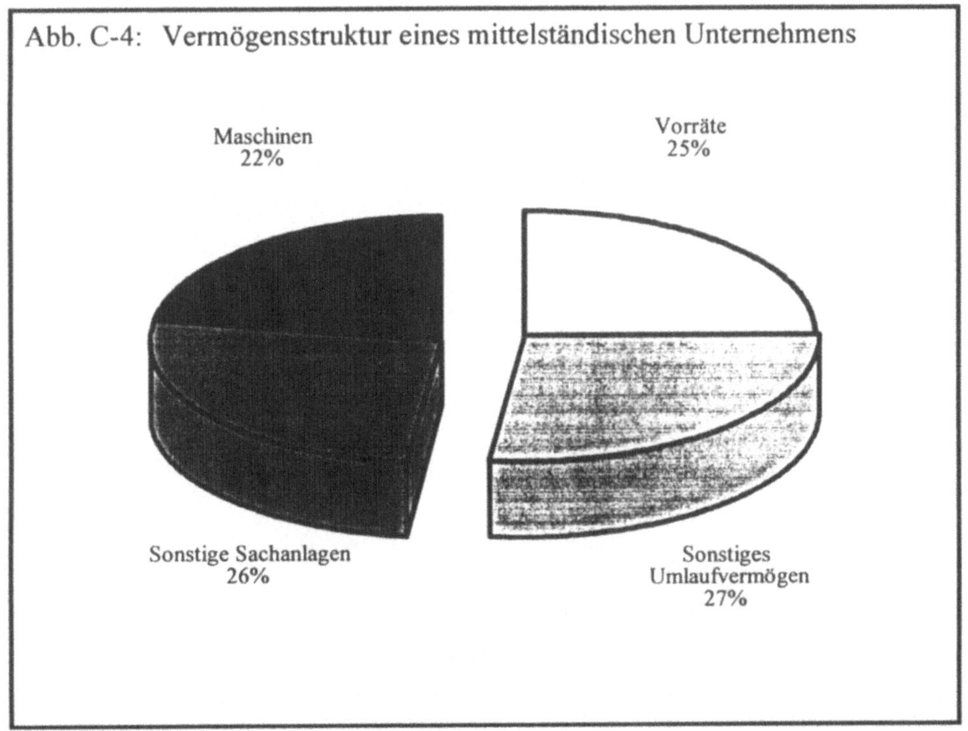

Aus der Betrachtung der Vermögensstruktur läßt sich ein interessanter Zusammenhang ableiten. Das Ergebnis der folgenden Darstellung kann als der Gewinnbeitrag des Bestandsmanagements betrachtet werden.

Abb. C-5: Umsatzsteigerung-Bestandssenkung

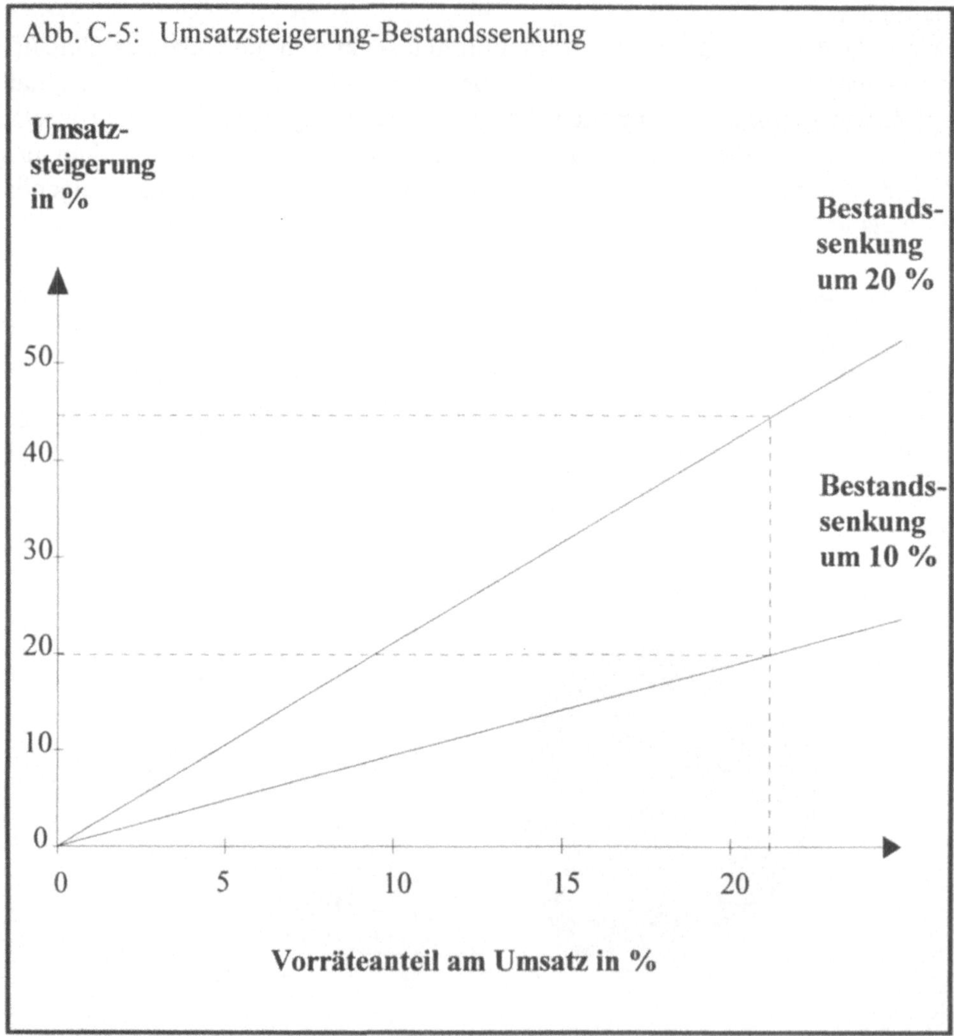

Ausgehend von einer Umsatzrentabilität von 3% - Verhältnis des Gewinnes zum Umsatz - und einem Kapitalzinssatz von 10% stehen den Bestandssenkungen von 10% und 20% jeweils die entsprechend notwendigen Umsatzsteigerungen von 19% und 43% gegenüber. Dabei sind lediglich die Einsparungen im Zinskostenbereich berücksichtigt. Die Einbeziehung weiterer Kosteneinsparungen durch die Bestandssenkung, wie z. B. die

Verkleinerung der notwendigen Lagerfläche, würde die vergleichbare Umsatzsteigerung noch um einige Prozentpunkte weiter nach oben verschieben.[53]
Sind Bestandssenkungen in dieser Höhe erfahrungsgemäß bei entsprechenden Anstrengungen als durchaus realistisch zu betrachten, so ist, selbst bei intensivsten Vertriebsbemühungen, in der momentanen Situation nicht damit zu rechnen, die vergleichbaren Umsatzsteigerungen zu verwirklichen.

2.2.1.2 Flexibilität

> Flexibilität ist einer der entscheidenden Erfolgsfaktoren der Zukunft.

So, oder so ähnlich, liest oder hört man es berechtigterweise in Veröffentlichungen oder Interviews von Geschäftsführern oder Wirtschafts-wissenschaftlern.
Bei näherer Betrachtung stellt sich allerdings heraus, daß in vielen Fällen von unterschiedlichen Ausprägungen des Begriffes Flexibilität die Rede ist. Man trifft in den verschiedensten Bereichen auf Flexibilität, was die folgenden Sätze andeuten.
Sie wird beispielsweise in Stellenangeboten gefordert - die Flexibilität des zukünftigen Mitarbeiters.
Plant man neue Entwicklungsprojekte, so wünscht man sie sich - die finanzielle Flexibilität.
Sucht sich der Hersteller einen neuen Zulieferer, so besitzt derjenige Zulieferer sehr gute Chancen, der sie besitzt - die marktseitige Flexibilität.
Wünscht sich ein Mitarbeiter den Zugriff auf bestimmte Daten, so hofft er auf eines - die Flexibilität des innerbetrieblichen Informationsflußes.

53 Vgl. E. Grochla: Aktive Materialwirtschaft in mittelständischen Unternehmen, Köln, 1984, S. 31

Eines jedoch haben alle Arten der Flexibilität gemeinsam:

> Flexibilität fordert vom Betroffenen die Fähigkeit, sich innerhalb eines erwarteten Zeitraumes auf sich ändernde Anforderungen einstellen zu können.

Und es gilt weiter:

> Je kürzer aber der erwartete Zeitraum ist, umso höher muß die Flexibilität des betroffenen Faktors sein.

Im folgenden soll auf die von der Materialwirtschaft beeinflussten Arten der Flexibilität eingegangen werden.

Finanzielle Flexibilität

Die finanzielle Flexibilität ist im hierverstandenen Sinne gleichzusetzen mit der Liquiditätssituation einer Unternehmung. Der Abbau von Beständen bedeutet eine Umschichtung innerhalb des Umlaufvermögens von der Vorratsgröße in Barvermögen. Damit eröffnen sich der Unternehmenleitung größere Entscheidungsspielräume hinsichtlich neuer Investitionsmöglichkeiten oder der Einleitung von Neuentwicklungen, die im Bezug auf die Erhaltung der Wettbewerbsfähigkeit als entscheidender Faktor anzusehen sind.
Desweiteren macht diese Art der Freisetzung von Kapital es möglich, die Höhe des Fremdkapitalanteils abzubauen, was für die Unternehmen vor allem in der momentanen Hochzinssituation von hohem Interesse sein muß.
Es bleibt also anzumerken, daß der Einfluß von Beständen auf die Liquiditätssituation der Unternehmung erkannt und ausgenutzt werden sollte, denn es gilt:

> Finanzielle Flexibilität vergrößert die Handlungsspielräume der Unternehmensleitung

Marktflexibilität

In vielen Fällen wird die marktseitige Flexibilität als die Fähigkeit interpretiert, den Kunden möglichst ab Lager und in jeder Höhe mit Waren versorgen zu können. Doch die inner- und außerbetrieblichen Anforderungen haben sich geändert. So kann es sich in der momentanen Situation kein Unternehmen leisten, riesige Bestände zu finanzieren. Dies ist auch angesichts der geänderten Anforderungen von Kundenseite überhaupt nicht notwendig. Die Kunden sind durchaus bereit, gewisse Zugeständnisse zu machen, wenn der Lieferant den sonstigen Erwartungen entspricht. Zu diesen Erwartungen gehört auch die "neue" marktseitige Flexibilität.

Die immer differenzierter werdenden Anforderungen der Kundenmärkte erfordern von den Herstellern eine hochgradige marktseitige Flexibilität[54].

Mit marktseitiger Flexibilität ist im hier verstandenen Sinne vor allem die Fähigkeit zur schnellen Reaktion auf sich ändernde Kundenwünsche gemeint. Dies bedeutet zum einen die durch Kunden initiierten Änderungen schnell verarbeiten zu können, ohne dabei auf hohe Lagerbestände des eventuell wegfallenden Teiles Rücksicht nehmen zu müssen. Zum anderen wird die Innovationskraft eines Unternehmens nicht künstlich eingeschränkt, indem versucht wird, die alten Lagerbestände vor Einführung einer Neuerung so gut wie möglich aufzubrauchen. Gleiches gilt natürlich auch für die schnelle Einführung von Produkten aus neu erschlossenen Beschaffungsmärkten, welche genauso wie die Umsetzung von Eigenentwicklungen dafür verantwortlich ist, das Unternehmen auf einem, dem Weltniveau entsprechenden, Qualitätsniveau zu halten.

Damit gewinnt die marktseitige Flexibilität als eine entscheidende Meßgröße der Unternehmung an Bedeutung. Diesem Ansatz wird auch bereits in der Literatur Rechnung getragen. Dabei geht Hans Siegwart in seinem 1991 veröffentlichten Buch "CIM-orientiertes Rechnungswesen" sogar soweit, als Kennzahl für die marktseitige Flexibilität das Verhältnis zwischen der Leistung

54 Vgl. J.Kapoun: Beschaffung aktuell, Möglichst wenig Schnittstellen,6/92, S. 28

eines Unternehmens, gemessen am Umsatz, und der Höhe der Bestände zu verwenden.[55]

2.2.1.3 Lieferzeit

> Je kleiner die Werkstattbestände, desto kürzer die Lieferzeit des Endproduktes.

In Bezug auf die Lieferzeit sind vor allem die sogenannten Werkstattbestände ausschlaggebend. Zu den Werkstattbeständen sind alle Fertigungsaufträge zu zählen, die im Werkstattbereich auf ihre Bearbeitung warten.
Ähnlich wie im Falle eines Menschenstaus an der Kasse eines Fußballstadions vergrößert sich die Warteschlange der Fertigungsaufträge mit der Zahl der "anströmenden" Fertigungslose.
Somit ist leicht verständlich, daß sich die Wartezeit des einzelnen Loses erhöht, je weiter es in der Reihe hinten steht. Damit steht außer Frage, daß alle Lose im Durchschnitt länger auf ihre Bearbeitung warten und sich damit die Durchlaufzeit der Fertigungsaufträge erhöht.
Bei der nächsten Freigabe eines Fertigungsauftrages desselben Teiles wird man, ausgehend von der "neuen" Durchlaufzeit, den Freigabetermin noch früher setzen. So entsteht eine Art Freigabetermin-Durchlaufzeitspirale[56], mit dem Ergebnis, daß sich die Lieferzeit des Teiles über die ansteigende Durchlaufzeit erhöht. Damit wird der Werkstattbestand zur entscheidende Einflußgröße auf den Erfolgsfaktor "kurze Lieferzeit". Diese Aussage wird durch die Tatsache bekräftigt, daß 90% der Durchlaufzeit aus der von den Werkstattbeständen verursachten Wartezeit besteht.
Den Zusammenhang zwischen Wekstattbeständen und der Lieferzeit soll die Darstellung des Trichtermodelles auf der folgenden Seite nochmals verdeutlichen.

55 Vgl. H. Siegwart: CIM-orientiertes Rechnungswesen, a. a. O., S. 286 ff.

56 Vgl. H.-P. Wiendahl, Belastungsorientierte Fertigungssteuerung: Grundlagen, Verfahrensaufbau, Realisierung, München, 1987, S. 22

Abb. C-6: Trichtermodell Durchlaufzeiten und Werkstattbestände

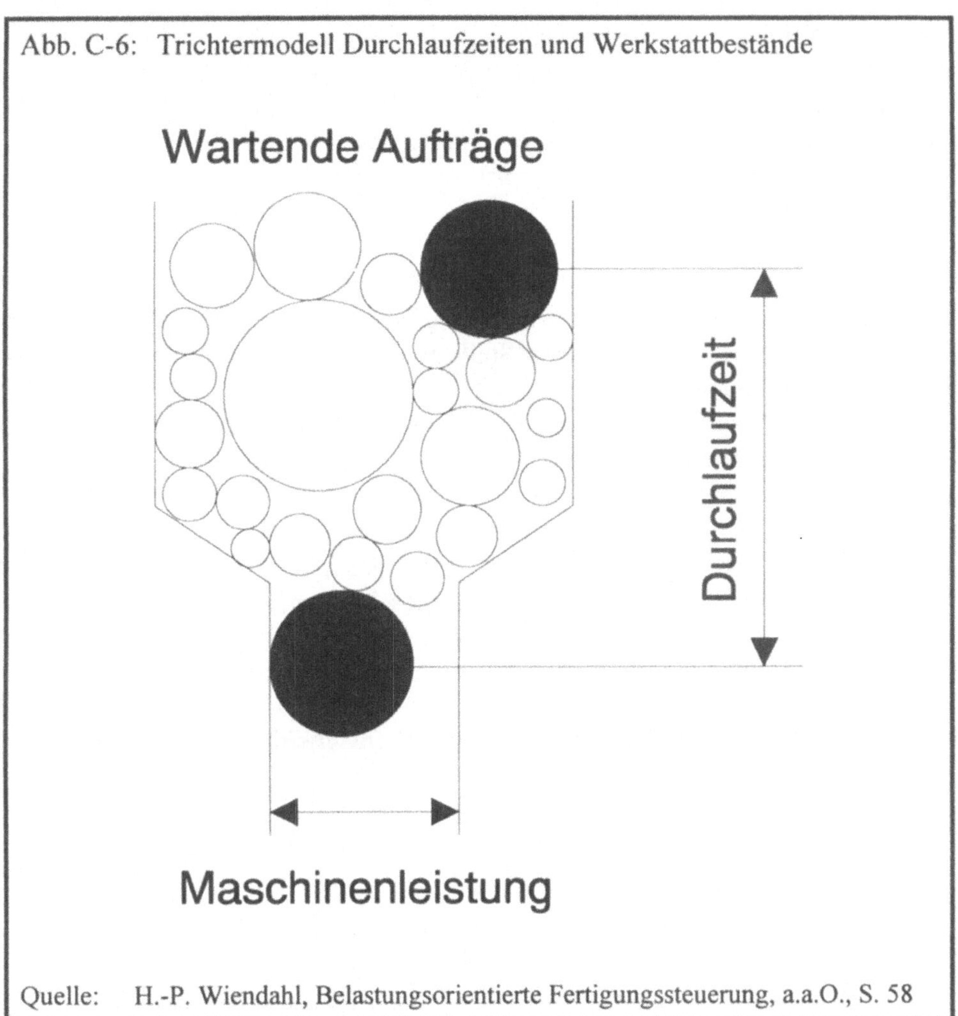

Quelle: H.-P. Wiendahl, Belastungsorientierte Fertigungssteuerung, a.a.O., S. 58

2.2.1.4 Liefertermintreue

Anschließend an die Auswirkungen der Werkstattbestände auf die Lieferzeit des Endproduktes sollen in diesem Kapitel ihre Folgen auf die Liefertermintreue erläutert werden.

Im vorigen Kapitel wurde dargestellt, daß die präzise Einsteuerung von Fertigungsaufträgen eine starke Verringerung der Werkstattbestände mit sich bringt und damit über die Verkürzung der Durchlaufzeiten eine geringere Lieferzeit nach sich zieht. Hat man dies über den eventuellen Einsatz von Leitständen er-

reicht, so hat man sozusagen automatisch die Vorraussetzung dafür geschaffen auch die Liefertermintreue des Endproduktes entscheidend zu verbessern.
Untersuchungen in Bezug auf die Liefertermintreue haben ergeben, daß ein hierbei entscheidender Faktor die Reihenfolge der freigegebenen Aufträge ist. Auswertungen im Rahmen der belastungsorientierten Auftragsfreigabe von Hans-Peter Wiendahl hatten zum Ergebnis, daß die Terminabweichung der Fertigungsaufträge immer dann am geringsten war, wenn die Aufträge entsprechend der Regel First-in-first-out freigegeben werden.[57]
Diese Regel legt ein Bearbeiten der Aufträge in der Reihenfolge des Eingangs der Kundenaufträge fest. An dieser Stelle wirkt sich die Höhe der Werkstattbestände gravierend aus.
Liegen vor der Maschine des Arbeiters viele zu bearbeitende Aufträge, so hat dieser die Möglichkeit, bestimmte, eventuell "hinten" anstehende, Fertigungsaufträge vorzuziehen, beziehungsweise andere zu vernachlässigen. Er mißachtet auf diese Weise die oben angesprochene Reihenfolgeregel und gefährdet damit die Termintreue der Fertigungsaufträge. Durch einen sehr niedrigen Werkstattbestand jedoch wird diese Möglichkeit ausgeschlossen, da nur eine Mindestanzahl von Fertigungsaufträgen vor der Maschine auf ihre Bearbeitung warten und damit die Einhaltung der First-in-first-out Regel praktisch erzwungen wird.

2.2.2 QUALITY - Beschaffungsqualität als entscheidender Qualitätsfaktor

> Beim Qualitätsmanagement der Zukunft kommt der Schnittstelle zwischen Einkäufer und Lieferant eine Schlüsselrolle zu.

In den letzten Jahren gewinnt die Beschaffungsqualität immer stärker an Bedeutung. Dafür verantwortlich sind zwei parallel laufende Entwicklungen.
Zum einen steigt der Anteil der Kaufteile am Endprodukt laufend aufgrund der zunehmenden Verringerung der Fertigungstiefe. Der Fremdleistungsanteil an der Gesamtleistung übersteigt in vielen Unternehmen bereits die 50%-Marke. Somit liegen immer weniger Qualitätsbestandteile am Endprodukt im direkten Verantwortungsbereich des Herstellers.

57 Vgl. H.-P. Wiendahl: Belastungsorientierte Fertigungssteuerung, a.a.O., S. 259 ff.

Zum anderen sehen sich die Unternehmen innerhalb des schärferen Wettbewerbs zusehends höheren Qualitätsforderungen von seiten ihrer Kunden ausgesetzt. So wird in Unternehmen mit hohem Materialanteil heute nicht selten ein Garantieleistungsanteil an den Lohnkosten einer Fertigungsstunde von 20% und darüber beobachtet.
Diese Entwicklungen müssen als wichtiges Signal für die Führungsverantwortlichen angesehen werden, unverzüglich Konzepte zu erstellen und zu realisieren. Diese müssen geeignet sein, die Meßgröße Beschaffungsqualität entscheidend zu verbessern, denn marktorientiertes Verhalten und Denken in allen Unternehmensbereichen ist oberste Voraussetzung für die Erreichung des Zieles der langfristigen Erfolgssicherung. Damit wird die Beschaffungsqualität zum entscheidenden Einflußfaktor auf die Produktqualität und damit auf die Unternehmensqualität.
Bei der Erarbeitung solcher Konzepte bietet sich seit dem Mai 1990 ein hilfreiche Grundlage an. Die Qualitätssicherungsnormen der ISO 9000-9004. Diese Normen bieten dem Einkäufer Hilfestellung, sowohl bei der innerbetrieblichen Ausrichtung auf die Sicherung der Beschaffungsqualität, als auch bei der Lieferantenauswahl.
Aus Gründen der Wichtigkeit dieses Aspektes entschieden wir uns, am Ende des Kapitels C nochmal explizit auf die oben erwähnten Normvorschriften und ihre Chancen für die Materialwirtschaft einzugehen.

2.2.3 MONEY - Materialkosten als entscheidender Kostenfaktor

Im vorhergehenden Kapitel zur Beschaffungsqualität wurde eine Entwicklung bereits erwähnt, die sich auch auf die Höhe der Materialkosten erheblich auswirkt. Es ist die Verringerung der Fertigungstiefe. Sie führte dazu, daß sich die Materialwirtschaft zu demjenigen Unternehmensbereich mit der größten Kostenverantwortung entwickelte. Aus einer Mitgliederuntersuchung des VDMA 1988 ergaben sich folgende Werte.

FALLBEISPIEL:

Abb. C-7: Kostenstruktur eines mittelständischen Unternehmens

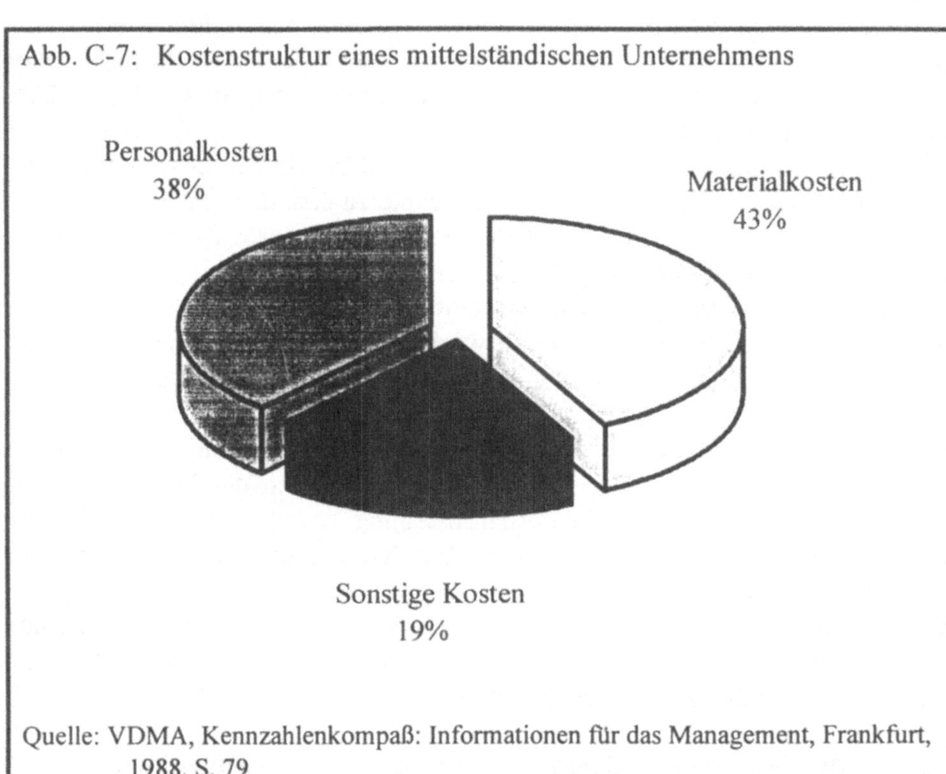

Quelle: VDMA, Kennzahlenkompaß: Informationen für das Management, Frankfurt, 1988, S. 79

Daraus ergibt sich, ähnlich wie im Bereich der Bestände, ein interessanter Zusammenhang zwischen einer Materialkostensenkung und der ihr gegenüberstehenden Umsatzsteigerung. Dabei wurde auf Zahlen des untersuchten Unternehmens zurückgegriffen. Liegt in dieser Unternehmung der Materialanteil mit 32% deutlich unter dem Durchschnitt, so liegt das daran, daß das Unternehmen einen erheblichen Prozentsatz ihres Umsatzes mit Lohnarbeiten erwirtschaftet.

Bringt eine Steigerung des Umsatzes immer eine gleichzeitige Erhöhung des Materialbedarfs mit sich, so schlägt eine Materialkostensenkung in ihrer ganzen Höhe auf den Unternehmensgewinn durch. Folgedessen steht beispielsweise einer Materialkostensenkung von lediglich 2%, gemessen am Gewinnbeitrag, einer Umsatzsteigerung von 22% entgegen. Aufgrund der eingangs erwähnten stagnierenden Absatzsituation ist eine Umsatzsteigerung in diesen Höhen in der momentanen Situation nur sehr schwer zu verwirklichen. Dies bedeutet, daß sowohl aufgrund des schwachen Konjunkturverlaufs, als auch aufgrund des enormen Erfolgspotentials innerhalb der Materialwirtschaft, eine Abkehr von der, in vielen mittelständischen Unternehmen zu beobachtenden, stark ausgeprägten Vertriebsorientierung zu empfehlen ist.

Abb. C-8: Umsatzsteigerung-Materialkostensenkung

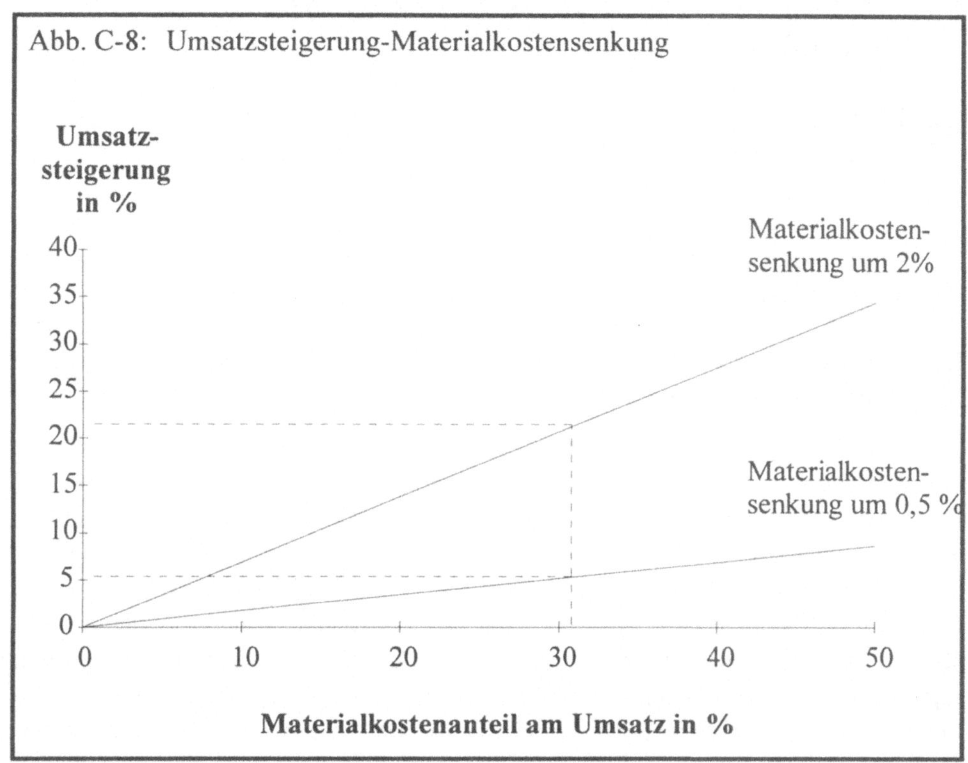

3. TIME-QUALITY-MONEY MANAGEMENT in der Materialwirtschaft

Aus den Erkenntnissen des Kapitels C 2 ergibt sich folgedessen die Forderung, sich verstärkt mit den Meßgrößen Bestände, Beschaffungsqualität und Materialkosten auseinanderzusetzen. Diese Bemühungen müssen zum Ziel haben, auf der Grundlage dieser Größen, die Güte des Materialwirtschaftsprozesses zu verbessern und damit einen entscheidenden Beitrag zur Erreichung des Unternehmenszieles der langfristigen Erfolgssicherung zu leisten.

3.1 Kenntnis der Einflußgrößen auf Bestände, Beschaffungsqualität und Materialkosten

Um Ansatzpunkte für die Verbesserungen des Materialwirtschaftsprozesses zu finden, halten wir es für unumgänglich, sich wiederum der Einflußgrößen auf Meßgrößen Bestände, Beschaffungsqualität und Materialkosten klarzuwerden. In einem zweiten Schritt ist es dann möglich, die für diese Größen verantwortlichen Prozesse darzustellen und die Art ihrer Einflußnahme zu bestimmen. Aus diesem Grund folgen auf den nächsten Seiten die Abhängigkeitsmodelle für die drei Gütemerkmale der Materialwirtschaft. Die den Einflußgrößen zugeordneten Ziffern beschreiben, welche Prozesse verantwortlich sind für die Ausprägung der jeweiligen Einflußgröße. Aus Gründen der Übersichtlichkeit wird auf diese Prozesse und ihren Zusammenhang mit den Einflußgrößen erst im Kapitel C 3.2 eingegangen. Zum besseren Überblick für den Leser seien aber schon an dieser Stelle die verantwortlichen Prozesse mit den zugehörigen Ziffern aufgeführt.

1) Beschaffungsmarktforschung
2) Bedarfsplanung
3) Fertigungssteuerung
4) Einkauf
5) Lager- und Transportplanung
6) Entwicklung
7) Absatzplanung
8) Maschinenplanung und Instandhaltung
9) Unternehmensplanung

Abb. C-9: Einflußgrößen auf Bestände

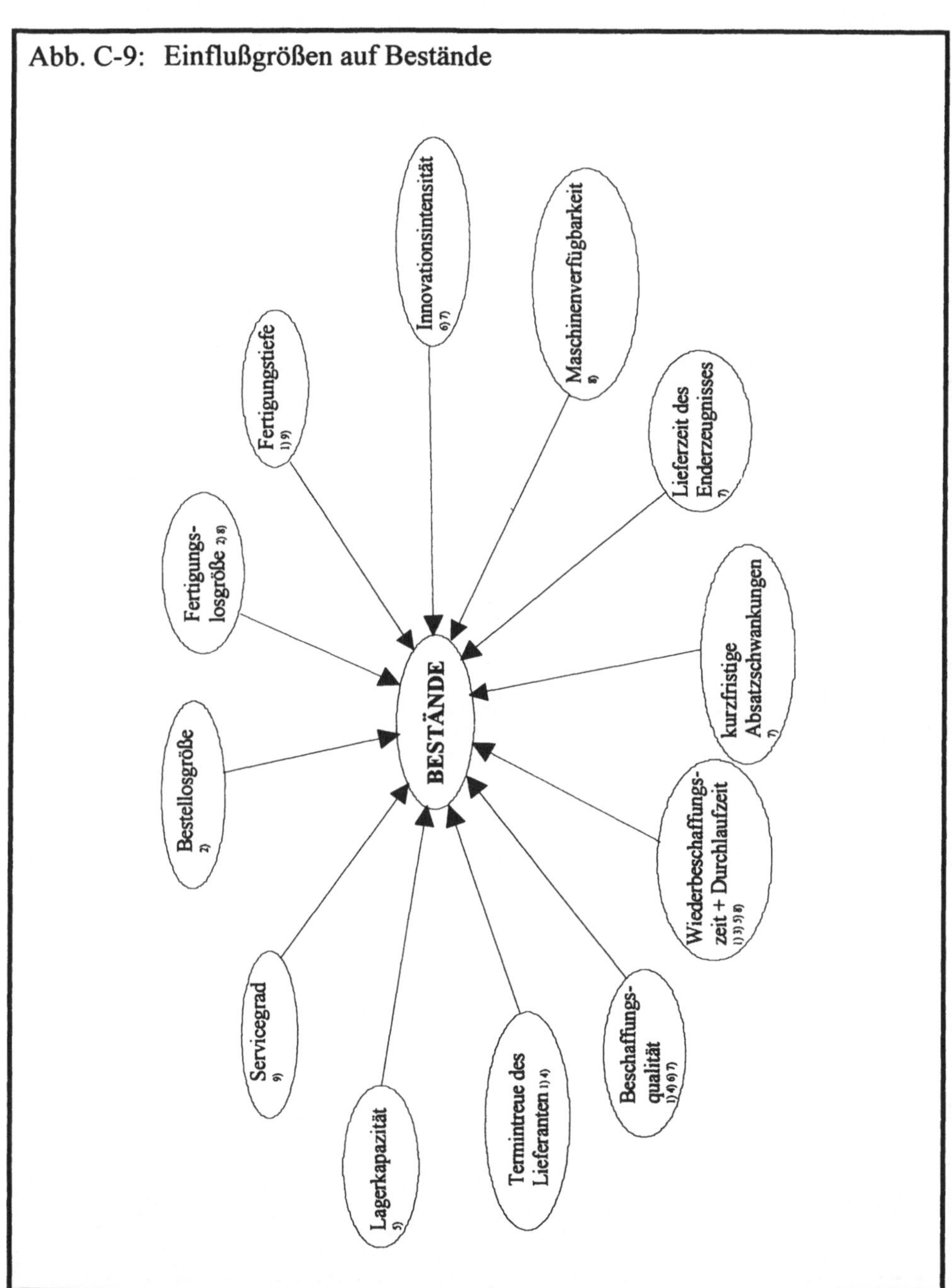

Abb. C-10: Einflußgrößen auf die Beschaffungsqualität

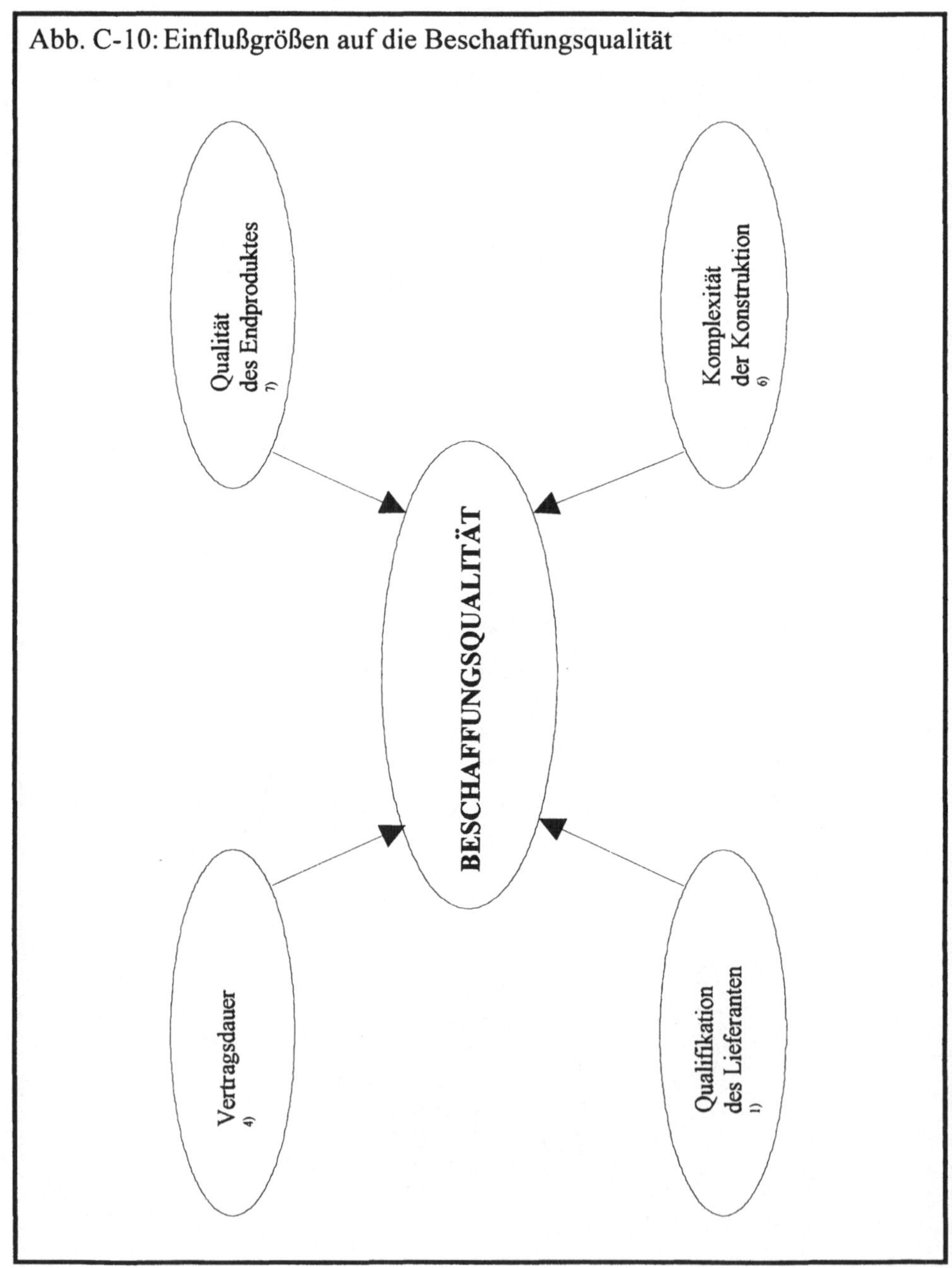

Abb. C-11: Einflußgrößen auf Materialkosten

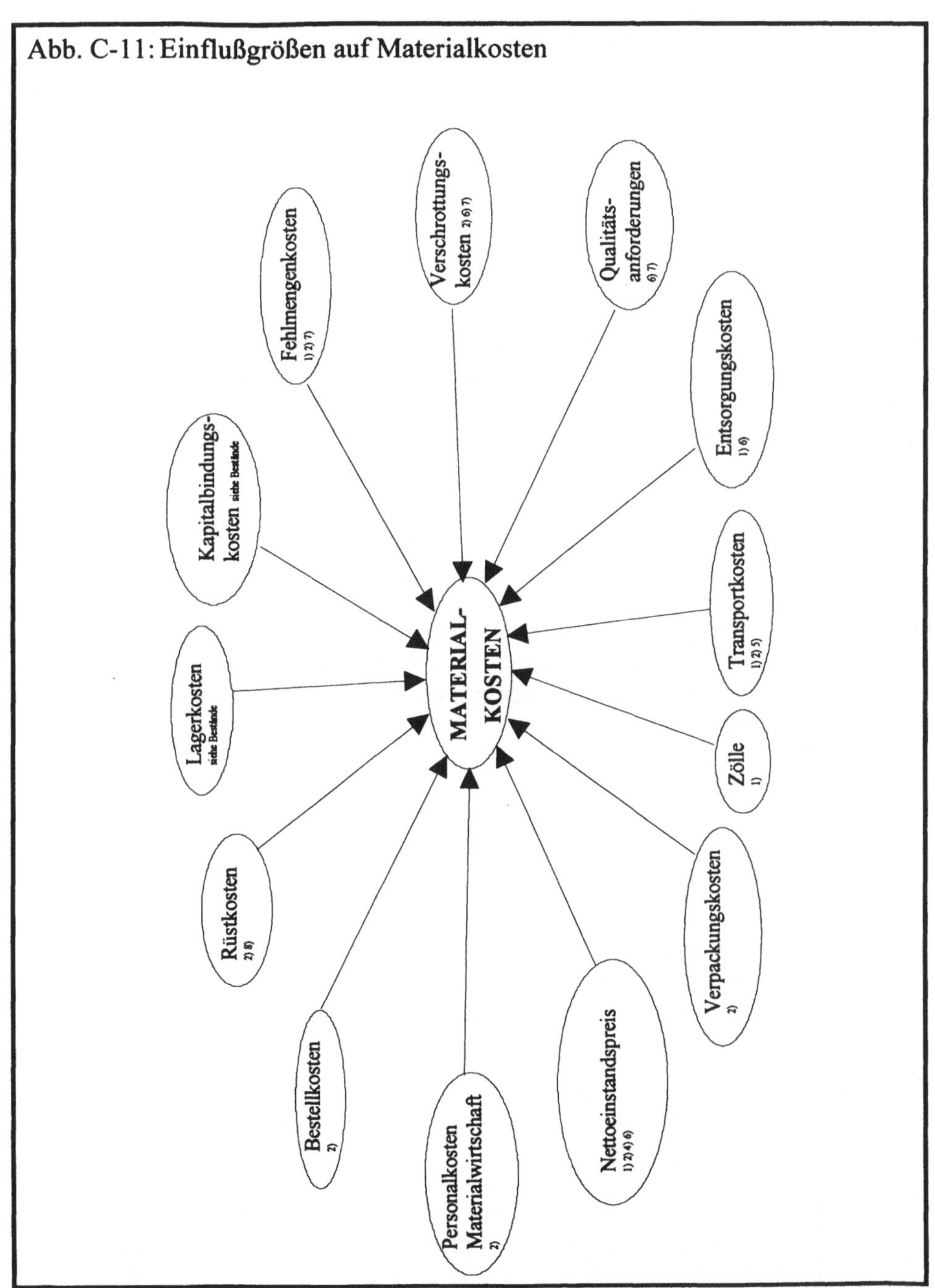

3.2 Kenntnis der verantwortlichen Prozesse

Wie im Kapitel C 3.1 angedeutet, werden im folgenden Kapitel die für die Einflußgrößen verantwortlichen Prozesse näher betrachtet. Dabei wird der jeweilige Prozess kurz umrissen und dann beschrieben, wie sich seine Verantwortlichkeit darstellt.

1) Beschaffungsmarktforschung

Aus verschiedenen Gründen tendiert man in den letzten Jahren dazu, im Sinne einer besseren Zusammenarbeit zwischen Abnehmer und Lieferant, die Vertragsdauern zu erhöhen (siehe dazu Einkauf). Aus diesem Grund ist eine sorgfältige Auswahl des zukünftigen Lieferanten in diesen Tagen wichtiger denn je. Der Volksmund formuliert es in einem treffenden Satz.

Prüfe wer sich ewig bindet

Die Beschaffungsmarktforschung beeinflußt im Zuge der Lieferantenauswahl vor allem die Größen Wiederbeschaffungszeit, Beschaffungsqualität, Termintreue und verschiedene Kostengrößen, wie aus den Abbildungen C-9, C-10 und C-11 hervorgeht.

Je kleiner die Wiederbeschaffungszeit, desto kleiner der durchschnittliche Lagerbestand

Die Wiederbeschaffungszeit ist dahingehend entscheidend, daß ausgehend vom Bestellzeitpunkt bis zum Eintreffen der Ware soviel an Beständen vorgehalten werden muß, daß der Verbrauch an Material in diesem Zeitraum abgedeckt werden kann. An diesem Punkt setzen deshalb auch Konzepte wie Just-in-time an, die den Lieferanten über Rahmenverträge in ein variables Abrufsystem einbinden, um ihre Lieferungen bedarfsgerecht anfordern zu können.

Je besser die Qualität der angelieferten Teile, desto kleiner der durchschnittliche Lagerbestand

Dieser Bestand wird umso größer angesetzt werden müssen, wenn damit zu rechnen ist, daß die Lieferung nicht den Qualitätserwartungen entspricht und entweder als Ausschuß zu betrachten ist oder zur Nacharbeit durch den Lieferanten zurückgesendet werden muß. Eine noch entscheidendere Rolle spielt die Beschaffungsqualität allerdings in Bezug auf die Qualität des Endproduktes. Auf diesen Zusammenhang wurde bereits in Kapitel C 2.2.2 eingegangen.

Je verlässlicher der Zeitpunkt der Anlieferung, desto kleiner der durchschnittliche Lagerbestand

Dasselbe gilt auch, wenn bei einem Lieferanten mit verspäteter Lieferung gerechnet werden muß. In diesem Fall ist die Unternehmung ebenfalls gezwungen, ihren durchschnittlichen Lagerbestand für das betreffende Teil zu erhöhen, um einem eventuellen Produktionsstillstand vorzubeugen. Dies soll ein aktuelles Fallbeispiel aus dem untersuchten Unternehmen verdeutlichen.

FALLBEISPIEL:

Das Produkt X eines mittelständischen Unternehmens besteht aus ca. 20 Einzelteilen und Baugruppen. Eine dieser Baugruppen ist das sogenannte Mittelstück, ein Aluminiumgußteil mit einigen mechanischen Bearbeitungsschritten. Der Lieferant dieses Teiles kann es sich aufgrund seiner Marktmacht regelmäßig erlauben, die vereinbarten Liefertermine um mehrere Wochen zu überziehen. Im aktuellen Falle verzögerte sich aus diesem Grund die Auslieferung einer hohen Stückzahl des Produktes um nahezu einen Monat.

Je kleiner die Fertigungstiefe, desto kleiner der durchschnittliche Lagerbestand.

Im Zuge der Ausnutzung von Spezialkenntnissen der Lieferanten und der Optimierung des Materialflusses verkleinern viele Unternehmen die Anzahl der selbst hergestellten Teile. Diese sogenannte Verringerung der Fertigungstiefe hat aber auch zur Folge, daß eine geringere Teileanzahl am Lager gehalten werden muß. Dies senkt, abhängig von der Qualität des Lieferanten, die Höhe der Bestände in erheblichem Maße. Die Beschaffungsmarktforschung spielt bei der Entscheidung, ein Teil selbst zu erstellen oder zuzukaufen, eine gewichtige

Rolle, indem sie versucht, leistungsfähige Lieferanten in Erfahrung zu bringen, die fähig sind auch komplexere Baugruppen herzustellen und diese dann bedarfsgerecht anzuliefern.
Die Aufgabe der Beschaffungsmarktforschung ist es, auf sämtlichen Märkten, sowohl im Inland, als auch im Ausland, unter Berücksichtigung der oben genannten Anforderungen, die preiswerteste Zuliefervariante zu suchen. Sie hat somit großen Einfluß auf den Nettoeinstandspreis, eventuelle Zollkosten und die Transportkosten. Die Entsorgungskosten werden von ihr insofern beeinflußt, daß es auch hier gilt, ein kostengünstiges Dienstleistungsunternehmen zu finden.
Auf die Schwierigkeiten bei internationalen Beschaffungsmarktforschung wird im Kapitel C 3.3 gesondert eingegangen.

2) Bedarfsplanung

Wie in der Abbildung in Kapitel C 3.1 dargestellt, hat die Bedarfsplanung Einfluß auf die Bestellosgröße, die Fertigungslosgröße und auf eine Vielzahl von Kostengrößen. Die Zusammenhänge seien im folgenden erläutert.

Je kleiner die Bestell-oder Fertigungslosgrößen, desto kleiner der durchschnittliche Lagerbestand.

Zentrale Aufgabe der Bedarfsplanung ist die Auflösung der von der Vertriebsabteilung weitergegebenen Kundenaufträge in Baugruppen und Einzelteile. Dabei ergeben sich unter Berücksichtung der Durchlauf- und Wiederbeschaffungszeiten die Bedarfszeitpunkte für die notwendigen Eigenfertigungs- und Kaufteile. Die Bedarfsplanung versucht dann unter Berücksichtigung der Bestellkosten, der Rüstkosten und der Lagerkosten die Einzelbedarfe möglichst wirtschaftlich zu Fertigungs- oder Bestellosgrößen zusammenzufassen.
Die Höhe dieser Losgrößen bestimmt aber in hohem Maße die Höhe des durchschnittlichen Lagerbestandes. Zur Verdeutlichung dieses Zusammenhanges sei an dieser Stelle ein Beispiel angeführt.

Abb. C-12: Losgröße und durchschnittlicher Lagerbestand

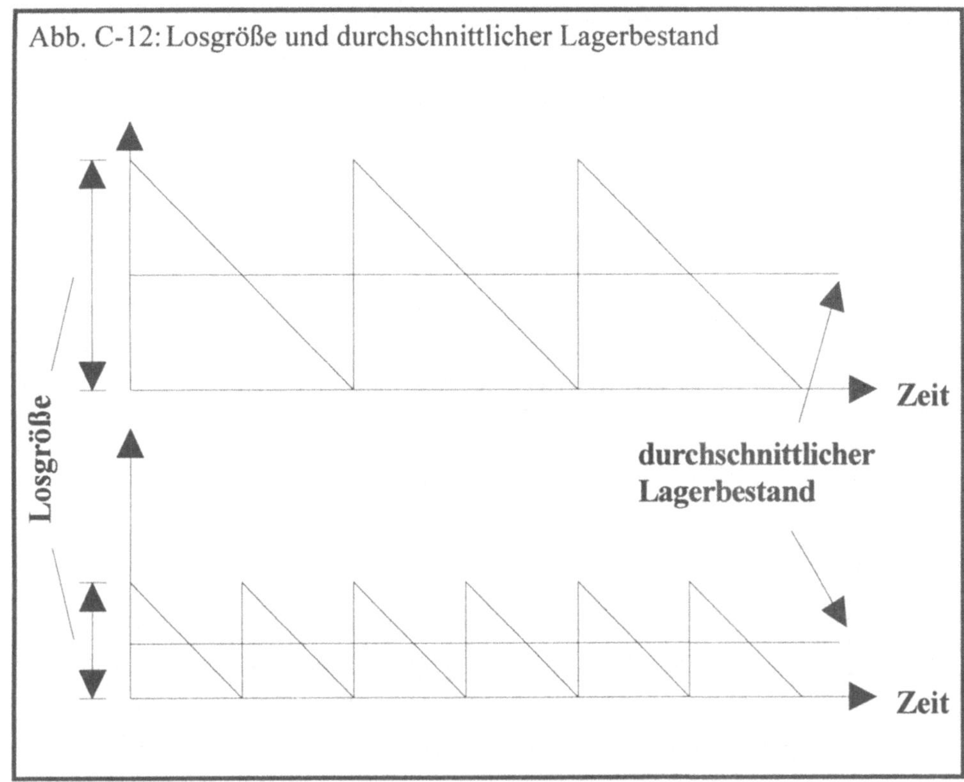

Man erkennt hier deutlich, daß der durchschnittliche Lagerbestand mit der Höhe der Losgröße ansteigt. Gleichzeitig sollte man jedoch beachten, daß mit der Absenkung der Losgröße die Gefahr besteht, daß sich bestimmte Kostengrößen nach oben entwickeln.

Dies sollte jedoch nicht von dieser Maßnahme abschrecken, sondern als Herausforderung gesehen werden, diese Größen zu hinterfragen, um so Anhaltspunkte für ihre Optimierung zu finden. So zwingt eine Absenkung der Losgröße beispielsweise die Maschinenplanung dazu, die Rüstzeiten zu optimieren, um die Kosten für die Umrüstung möglichst niedrig zu halten. Dasselbe gilt auch auf der Beschaffungsseite. Eine Einbindung des Lieferanten in ein Abrufsystem über Rahmenvereinbarungen vereinfacht den Bestellvorgang und sichert gleichzeitig den Absatz des Lieferanten, was wiederum eine Erhöhung der Nettoeinstandspreise ausschließen sollte.

Einer Erhöhung der Kosten für die Erhöhung der Wareneingangskontrollen kann über eine Verbesserung der Beschaffungsqualität entgegengewirkt werden (siehe dazu Beschaffungsmarktforschung). Sind die Transportkosten über die

Optimierung des Materialflusses in den Griff zu bekommen, so sollte man in Zusammenarbeit mit dem Lieferanten oder Spediteur diejenige Verpackungsart bestimmen, die unbedingt notwendig ist, um das zu transportierende Gut vor Beschädigungen zu schützen.
Die Minimierung des Wertes der zu verschrottenden Teile bedingt eine einwandfreie Abstimmung mit der Entwicklungsabteilung (siehe dazu Entwicklung). Fehlmengenkosten sind das Ergebnis schlechter Planung oder unzuverlässiger Lieferanten. Verantwortlich dafür sind aus diesem Grund vorallem die Absatzplanung und die Beschaffungsmarktforschung. Aber auch die Bedarfsplanung kann ihren Teil dazu beitragen, diese Kostengröße so gering wie möglich zu halten. Ausgezeichnete Hilfestellung geben hierbei computergestützte Planungsinstrumente wie PPS-Systeme. In Firmen mit weniger komplexen Produkten genügen unter Umständen schon einfach zu handhabende Lagerbestandsverwaltungsprogramme.

3) Fertigungssteuerung

> Je präziser der Auftragsfreigabezeitpunkt, desto kleiner der durchschnittliche Lagerbestand.

Die Aufgabe der Fertigungssteuerung ist die genaue Einplanung der von der Bedarfsplanung freigegebenen Fertigungsaufträge auf die Maschinen. Damit trägt sie mit die Hauptverantwortung für die im Kapitel Lieferzeit angesprochenen Werkstattbestände, indem sie dafür sorgt, daß die freigegebenen Aufträge erst zu dem Zeitpunkt eingesteuert werden, zu dem sie bearbeitet werden können. Somit stellt sie sicher, daß nicht aufgrund zu früher Freigabe der Aufträge Korrekturen der Solldurchlaufzeiten vorgenommen werden, die bei der zukünftigen Herstellung dieses Teiles zu einer noch früheren Freigabe führen. Dieser Teufelskreis führt dazu, daß sich über die Durchlaufzeiten die Lieferzeit des Endproduktes immer weiter erhöht. Näheres zu diesem Zusammenhang kann im Kapitel Lieferzeit nachgelesen werden.
Eine Erhöhung der Solldurchlaufzeit führt aber auch letztendlich dazu, daß die zur Fertigung benötigten Waren entsprechend früher bestellt oder gefertigt werden und sich somit auch der Lagerbestand erhöht.
Zur Beherrschung dieses Prozesses werden in der Regel sogenannte Leitstände eingesetzt. Waren diese Leitstände bisher Wandtafeln mit den zur Verfügung

stehenden Maschinenkapazitäten und einer entsprechenden Terminleiste, so tendiert man in diesen Tagen dazu, diese Aufgabe elektronischen Leitständen zu überlassen, die neben der planerischen Tätigkeit auch Berichts-und Simulationsmöglichkeiten eröffnen. Die Implementierung eines Fertigungsleitstandes erfordert aber eine umfassende Ausarbeitung eines Schnittstellenkonzeptes zur Einbindung des Leitstandes in vorhandene Betriebsdatenerfassungs oder PPS-Strukturen. Aufgrund der Komplexität dieser Aufgabenstellung halten wir es deshalb für sinnvoll, ein bereichsübergreifendes Projektteam mit der Realisierung eines solchen Vorhabens zu betrauen.

4) Einkauf

Der Einkaufsabteilung kommt insbesondere im Rahmen der Vertragsverhandlungen eine entscheidende Rolle zu.

> Eine langfristige Partnerschaft ist Grundlage für die kontinuierliche Verbesserung der Beschaffungsqualität.

An dieser Stelle sei der Einkaufsleiter eines japanischen Unternehmens zitiert: "Wir halten alle Zulieferer so lange wie wir glauben, daß sie sich ernsthaft um die Verbesserungen bemühen. Nur wenn wir meinen, daß sie es aufgegeben haben, beenden wir die Zusammenarbeit."[58]
Durch eine längerfristige vertragliche Bindung der Geschäftspartner, nach sorgfältiger Auswahl durch die Beschaffungsmarktforschung, entsteht eine gewisse Abhängigkeit der Parteien voneinander. Eine solche vertragliche Regelung sollte jedoch eine Reihe von Spielregeln festschreiben. Diese Spielregeln umfassen alle, für die Lieferantenbewertung maßgebenden Elemente, wie z. B. die Lieferzeit, die Liefertermin- und Liefermengentreue, den Preis und die Qualität der Lieferungen. Zusätzlich zu diesen klassischen Vertragsbestandteilen sollten regelmäßige Treffen vereinbart werden, die zum Ziel haben, auf der Grundlage der Lieferantenbewertung (siehe dazu Kapitel C 4.) gemeinsame Verbesserungsansätze zu erarbeiten.
Dies bedingt wiederum eine variable Gestaltung der oben genannten Vertrags-

58 Vgl. James P. Womack/Daniel T. Jones/ Daniel Roos: Die zweite Revolution in der Autoindustrie: Konsequenzen aus der weltweiten Studie aus dem MIT, a.a.O., S. 163

bestandteile. Ergibt sich beispielsweise aus der Lieferantenbewertung eine Abweichung von den Qualitätsanforderungen, so kann dies verschiedene Gründe haben. Sicherlich ist ein möglicher Grund dafür eine mangelnde Qualitätssicherung im Betrieb des Zulieferers. In vielen Fällen muß sich allerdings auch der Abnehmer fragen, ob seine Qualitätsanforderungen nicht überzogen sind und dadurch zu hohe Anforderungen an die Fertigungstechnik des Zulieferers stellen. Letztendlich muß beiden Parteien klar sein, daß es gilt, die gemeinsam die oben angedeuteten Ziele zu erreichen. Dabei ist eine langfristige Bindung, ähnlich wie in privaten Partnerschaften, neben Selbstkritik und Kooperationsfähigkeit oberste Vorraussetzung.

5) Lager und Transport

> Kennen der Bestandshöhe zu jedem Zeitpunkt ist
> Grundlage jeglicher Bestandssenkungsmaßnahmen.

Die Lagerplanung versucht neben dem Festlegen der Abläufe beim Ein- und Auslagern auch die optimale Lagerfläche festzulegen. Damit legt sie die maximale Bestandshöhe schon frühzeitig fest. Im Zuge der Ein- und Auslagerung der Ware hält das Lagerwesen auch sämtliche Lagerbewegungen auf sogenannten Bestandskarten oder in EDV-Systemen fest und schafft damit die Grundlage für die Bedarfsplanung und eine ständige Bestandskontrolle.

> Je kürzer die Transportwege, desto kleiner die
> Wiederbeschaffungszeit oder Durchlaufzeit und damit
> der durchschnittliche Lagerbestand.

Die Koordination der inner- und außerbertrieblichen Transporte ist Aufgabe der Transportplanung. Damit wirkt sie entscheidend an der Wiederbeschaffungszeit und der Durchlaufzeit der Ware mit. Die Minimierung der Wiederbeschaffungszeit ist aber wichtiger Bestandteil von Bestandsenkungsmaßnahmen, wie bereits im Rahmen der Beschaffungsmarktforschung beschrieben. Um die mit der Bestandssenkung einhergehende Erhöhung der Transportkosten zu vermeiden gilt es, den Materialfluß optimal zu gestalten. In diesem Zusammenhang sei auf Konzepte hingewiesen, die zum Ziel haben, logistische Funktionen auf

Spediteure und andere Dienstleistungsunternehmen zu übertragen. Ein bereits in der Praxis erprobtes Konzept wurde von Prof. Dr. Horst Wildemann entwickelt und ist in seinem 1988 erschienenen Buch "Das Just-in-time Konzept" ausführlich beschrieben.

Schnittstellenprozesse

6) Entwicklung

Noch vor wenigen Jahren hatte die **Innovationsintensität** eines Teiles eine sehr untergeordnete Wirkung auf die Lagerbestände, da sie sehr niedrig war. In Zeiten jedoch, in denen sich die Produktlebenszyklen aufgrund des schärferen Wettbewerbs und immer diversifizierter werdenden Kundenwünschen enorm verkürzen, sind die Unternehmen zwangsläufig gezwungen, in immer kleiner werdenden Abständen Produktneuerungen einzuführen. Mit steigender Änderungshäufigkeit steigt allerdings auch das Risiko, bereits auf Lager liegende Ware gegen die geänderte Version austauschen zu müssen. Je höher die zu diesem Zeitpunkt auf Lager liegenden Bestände sind, umso größer ist der zu verschrottende Wert. Dieser Zusammenhang birgt folgende Forderung:

> Je höher die Innovationsintensität, umso niedriger ist der durchschnittliche Lagerbestand zu halten.

Dieser Forderung wird in innovativen Unternehmen bereits Rechnung getragen, in dem versucht wird, das bestehende Verschrottungsrisiko bei der Ermittlung der wirtschaftlichen Losgrößen zu berücksichtigen. Diese Vorgehensweise führt zu einer erhöhten Vorteilhaftigkeit kleinerer Losgrößen und damit zu Verringerung des Lagerbestandes (siehe Bedarfsplanung). Um diese Schnittstellenproblematik zwischen der Materialwirtschaft und der Entwicklungsplanung weiter zu optimieren, ist desweiteren wichtig, geplante Änderungen eines Teiles schon frühzeitig an die Bedarfsplanung weiterzugeben, um sicherzustellen, daß der vorhandene Lagerbestand bis zum Austauschzeitpunkt des Teiles so gut wie möglich aufgebraucht wird.

Außer auf Bestände nimmt die Entwicklung auch sehr starken Einfluß auf die Materialkosten. So legt sie bereits fest, aus welchem Material das zu fertigende Teil erstellt werden muß, welche Maßtoleranzen einzuhalten sind und wie kompliziert sich die Herstellung des Teiles darstellt. Untersuchungen haben ergeben, daß die Entwicklung bereits 80% der Kosten im Unternehmen festlegt. Aus dieser Tatsache heraus entstanden Verfahren wie das value engineering oder die Wertanalyse. Hier wird versucht, sowohl im Entwicklungsstadium (value engineering) als auch am fertigen Produkt (Wertanalyse), die enthaltenen Bauteile am Kundennutzen auszurichten. Dies bedeutet, zu hinterfragen, inwiefern bestimmte Funktionen des Produktes für den Kunden von Interesse sind.

> Eine wenig fertigungsfreundliche Konstruktion, übertriebene Toleranzanforderungen und eine überzogene Materialauswahl treiben die Materialkosten in die Höhe.

Im Zuge der heftig diskutierten Rücknahmepflicht für zur Verschrottung anstehende Produkte des Unternehmens sieht sich die zukünftige Entwicklung der Herausforderung gegenüber, möglichst umweltverträgliche Materialien zu verwenden, um die Höhe der Entsorgungskosten möglichst niedrig zu halten. Ein solches Bestreben wird von cleveren Werbeabteilungen bereits dazu benutzt, das öffentliche Ansehen des Unternehmens im Sinne ökologischer Weitsicht positiv zu beeinflussen.

7) Absatzplanung

Die Absatzplanung stellt mit der Weitergabe der Kundenaufträge die Grundlage für alle weiteren Planungsprozesse innerhalb der Materialwirtschaft dar.

> Je geringer die kurzfristigen Absatzschwankungen, desto kleiner der durchschnittliche Lagerbestand.

Dies ist leicht einzusehen, wenn man sich vorstellt, daß der Weinvorrat einer Familie gegen den spontanen Besuch trinkfreudiger Freunde gefeit sein müßte. Wollte man diese nicht verärgern, so wäre man sicher dazu gezwungen ein gut bemessenes Weinlager zu unterhalten. Ist die Spontanität der Freunde im privaten Bereich durchaus wünschenswert und eine solche Maßnahme durchaus verständlich, so ist ein solches Verhalten innerhalb einer Unternehmung aus wirtschaftlicher Sicht sicherlich nicht vertretbar. Die Vertriebsabteilung sollte

deshalb bestrebt sein solche kurzfristigen Absatzschwankungen zu vermeiden um eine Optimierung der Lagerbestände zu ermöglichen. Weitergehende Ausführungen zur Absatzplanung sind im Kapitel Vertrieb nachzulesen.
Im Zuge der Konkurrenzanalyse legt die Absatzplanung zusätzlich diejenigen Faktoren fest, die der Unternehmung gegenüber dem Wettbewerb Vorteile verschaffen und aus diesem Grund entscheidend sind für die langfristige Erfolgssicherung. So bestimmt sie beispielsweise die Lieferzeit des Enderzeugnisses und legt damit die Höhe der am Lager bereitzustellenden Materialien fest, die zur Einhaltung der kundenseitig geforderten Lieferfristen notwendig sind. In vielen Branchen führt erbitterter Wettbewerb zu immer weiter sinkenden Lieferzeiten, was letztendlich fatale Auswirkungen auf Liquiditätssituation der betroffenen Unternehmen hat.
Neben der Lieferzeit bestimmt die Absatzplanung aber auch den Zeitpunkt und die Häufigkeit von Neuentwicklungen (siehe dazu Entwicklung) und die Qualität des Endproduktes (siehe dazu Kapitel C 2.2.2).

8) Instandhaltung

Je zuverlässiger der Maschinenpark, desto kleiner kann der durchschnittliche Lagerbestand gehalten werden.

Dieser Zusammenhang läßt sich einfach verstehen, wenn man eine Maschine mit einem Lieferant des Unternehmens vergleicht. Macht es ein unzuverlässiger Lieferant notwendig, hohe Bestände vorzuhalten (siehe Beschaffungsmarktforschung), so bewirkt dasselbe eine gegen Störungen anfällige Maschine. Aus dieser Tatsache heraus muß es Aufgabe der Instandhaltung sein, im Zuge der Instandhaltungsplanung eine möglichst hohe Maschinenverfügbarkeit zu gewährleisten.
Doch nicht nur die Erhöhung der Maschinenverfügbarkeit muß das Bestreben der Maschinenplanung und Instandhaltung sein. Mit ihrem Einfluß auf die Maschinenrüstzeiten ist sie für eine der wichtigsten Vorraussetzungen zur Verringerung der Lagerbestände verantwortlich.(siehe dazu Bedarfsplanung). Aus diesem Grund spielen heutzutage flexible Fertigungssysteme bei der Planung des Maschinenparks eine zentrale Rolle.

9) Unternehmensplanung

> Je höher der Servicegrad, desto höher der durchschnittliche Lagerbestand.

Mit dem Servicegrad legt die Unternehmensleitung fest, wieviel Prozent der Anforderungen aus der Produktion und der Kunden sofort befriedigt werden sollen. Sie spiegelt dadurch wider, wie hoch ihre Bereitschaft ist, eine Produktionsverzögerung oder eine, speziell im Ersatzteilbereich maßgebende, Kundenunzufriedenheit zu riskieren. Sie ist damit eine sehr wichtige Größe innerhalb der Unternehmung und sollte unter Beachtung der Auswirkung auf die Bestandshöhe wohl überlegt festgelegt werden (siehe auch Absatzplanung).
Die Tendenz zur Verringerung der Fertigungstiefe und deren Einfluß auf die Meßgrößen der Materialwirtschaft wurde bereits innerhalb der Beschaffungsmarktforschung beschrieben. Da aber jede Fertigungsverlagerung zum Lieferanten einen mehr oder weniger hohen Transfer von Know-how bedeutet, ist es mit Sache der Unternehmensplanung, diejenigen Aktivitäten einer Unternehmung festzulegen, deren Vergabe einen zu hohen Know-how Verlust an den Lieferanten oder einen zu großen Vertrauensverlust auf der Kundenseite nach sich ziehen würde.

3.3 Beschaffungsmarktforschung als zentraler Prozess der Materialwirtschaft

Nachdem in den letzten Abschnitten die für die entscheidenden Größen innerhalb der Materialwirtschaft verantwortlichen Prozesse aufgezeigt wurden, soll in diesem Kapitel nochmals näher auf die Beschaffungsmarktforschung eingegangen werden. Der Grund für die Vertiefung dieses Prozesses ist zum einen, daß die Beschaffungsmarktforschung in den meisten mittelständischen Unternehmen noch in den Kinderschuhen steckt, und zum anderen, daß sie über die Lieferantenauswahl maßgeblich zum Erfolg der Materialwirtschaft beiträgt.
Im Zuge des schärfer werdenden Wettbewerbs sind viele Unternehmen dazu gezwungen, im Bereich der Beschaffungsmarktforschung Neuland zu betreten. Mit diesem Neuland sei hier die internationale Komponente dieses Prozesses bezeichnet.
Eine hohe logistische Mobilität und die regionale Ausweitung der Beschaffungsmärkte führt zu sinkender Markttransparenz. D.h. ein ausgefeiltes

Kommunikationsnetz und die sehr gute Transportmöglichkeiten machen es möglich einen größeren Kreis von Unternehmen in zukünftige Zulieferüberlegungen einzubeziehen. Erhöht sich aber der Kreis der in Frage kommenden Lieferanten, so entsteht automatisch die Forderung nach einer Verstärkung der Marktforschungsaktivitäten.

Entschließt sich ein Unternehmen für diesen lohnenswerten Weg, so ist unbedingt anzuraten, diesen sorgfältig vorzubereiten. Dies hatten Gespräche im Rahmen dieser Arbeit mit den zuständigen Stellen der Landeszentralbank und der zuständigen Industrie und Handelskammer zum Ergebnis. Es ergab sich, daß über nahezu alle Länder sehr detaillierte Informationen vorliegen und es deshalb aus Gründen des Umfangs dieses Informationsmateriales empfohlen wird, den Auswahlprozeß auf einige wenige Länder zu beschränken, die anhand bestimmter Kriterien in den engeren Kreis aufgenommen werden.

Aufgrund der Tatsache, daß das Finden dieser Kriterien die Grundlage für eine erfolgversprechende internationale Marktforschung darstellt, haben wir uns entschlossen, in diesem Kapitel auf die dabei entscheidenden Faktoren näher einzugehen, um den betreffenden Unternehmen eine Hilfestellung auf dem Weg zu einer strukturierten Entscheidung zu geben.

Um eine hohe Allgemeingültigkeit zu bewahren zogen wir es vor, innerhalb des produzierenden Gewerbes, eine branchenunabhängige Betrachtung der Zusammenhänge vorzunehmen.

Doch bevor auf die Kriterien im einzelnen eingegangen wird, sei darauf hingewiesen, daß im Bezug auf die internationale Marktforschung gemeinsame Faktoren auf seiten der Beschaffung und des Vertriebsbereiches zu beachten sind.

Diese Überschneidung gab Anlaß zur Aufteilung der zu erarbeitenden Kriterien auf die Bereiche Materialwirtschaft und Vertrieb. Sollten in diesem Kapitel Aspekte von Interesse sein, die im Vertriebsbereich behandelt werden, so wird an geeigneter Stelle darauf hingewiesen. Es ist von unserer Seite durchaus denkbar, diesen Aufgabenüberschneidungen in den Unternehmensbereichen Materialwirtschaft und Vertrieb insofern Rechnung zu tragen, daß man die Abteilung Marktforschung organisatorisch beiden Bereichen zuordnet. Auf diesen Zusammenhang wird aber im Kapitel D 4.2 näher eingegangen.

3.3.1 Arbeit

Arbeitskosten

Zu den Arbeitskosten sind im hier verstandenen Sinne die Lohn- und die Lohnnebenkosten zu zählen. Der Anteil der Lohn- und Lohnnebenkosten schwankt von Produkt zu Produkt sehr stark. Je nach dem, ob es sich um ein lohnintensives oder weniger lohnintensives Produkt handelt, wird diese Größe von unterschiedlicher Bedeutung innerhalb des Auswahlprozesses sein. Dies bedeutet, daß sich die verantwortliche Person im voraus über die jeweiligen Kostenanteile des Produktes klarwerden sollte. Dabei sollte beachtet werden, daß sich der Lohnkostenanteil beim Lieferanten, abhängig vom Automatisierungsgrad, nach oben oder unten verschieben kann. Das heißt, falls der zukünftige Lieferant nicht über die notwendigen fertigungstechnischen Vorraussetzungen verfügt, steigt ein ursprünglich geringer Lohnkostenanteil eventuell beträchtlich. Wichtig ist deshalb die Betrachtung der Arbeitskosten besonders bei Produkten mit hohem Lohnanteil oder bei solchen, deren Lohnanteil steigt aufgrund eines geringeren Automationsgrades beim zukünftigen Zulieferer.
Dabei ist es, langfristig betrachtet, sicherlich sinnvoll sich innerhalb Europa auf die Länder zu konzentrieren, deren Lohnzusatzkosten relativ niedrig sind, da sich die Direktentgelte im Zuge des europäischen Integrationsprozesses angleichen werden. Der Grund hierfür ist das größere Interesse der Gewerkschaften an der Erhöhung der direkt den Arbeitnehmern zukommenden Löhne.

Arbeitszeit

Die Jahresarbeitszeit bestimmt die Höhe der Produktkosten erheblich mit. Durch eine längere Arbeitszeit sind entsprechend weniger Mitarbeiter für die Erstellung der Gesamtleistung notwendig, was zur Folge hat, daß weniger Lohn- und Lohnnebenkosten anfallen (siehe Arbeitskosten).
Ein interessanter Zusammenhang besteht auch zwischen der Jahresarbeitszeit und den Fehlzeiten der Mitarbeiter. So verkleinern sich die Fehlzeiten bei sich erhöhender Jahresarbeitszeit. Als Beispiel seien an dieser Stelle die Verhältnisse zwischen der Fehlzeit und der durchschnittlichen Jahresarbeitszeit in Japan und der Bundesrepublik Deutschland angeführt. Macht der Fehlzeitanteil in Japan

lediglich 1,8% aus, so beläuft er sich in der Bundesrepublik auf stolze 8% der Jahresarbeitszeit.[59]

Produktivität

Arbeitszeit und Arbeitskosten sollten aber immer im Verhältnis zur Produktivität einer Volkswirtschaft betrachtet werden. d.h. hohe Arbeitslöhne können durchaus ihre Berechtigung haben, wenn die in der gleichen Zeit erbrachte Leistung dementsprechend höher liegt.
Die Bestimmung der Höhe der Produktivität birgt aber gewisse Schwierigkeiten. In der Literatur werden verschiedene Varianten angeboten.
Meiner Meinung nach ist eine sehr aussagekräftige die folgende Vorgehensweise: Die Leistung einer Volkswirtschaft, beschrieben durch das sog. Bruttoinlandsprodukt wird ins Verhältnis gesetzt zum nominalen Einkommen der Bevölkerung. Aufgrund der Tatsache, daß der Maschineneinsatz umso größer ist, je höher der Automatisierungsgrad einer Volkswirtschaft ist, muß der dafür notwendige Kapitaleinsatz mit berücksichtigt werden. Dies kann in der Form geschehen, daß die anfallenden Abschreibungen auf Maschinen und Anlagen vom Bruttoinlandsprodukt abgezogen werden. Die sich jetzt ergebende Zahl ist durchaus aussagekräftig bezüglich der Leistungsfähigkeit einer Volkswirtschaft. Sie ist vergleichbar mit dem Lohnkostenanteil eines Unternehmens am Umsatz.
Man kann sich gut vorstellen, daß es sehr große Gefahren birgt, alle Lieferanten eines eher negativ zu bewertenden Landes aus den weiteren Betrachtungen auszuschließen, da es innerhalb der Lieferanten eventuell große Unterschiede hinsichtlich ihrer Produktivität gibt.
Letztendlich muß es für den Einkäufer darum gehen, einen Zulieferer zu suchen, der fähig ist, Qualitätsprodukte mit gleichem Aufwand an Arbeitszeit und gleichem oder geringerem Kapitaleinsatz bei niedrigerem Lohnniveau herzustellen. Trotz allem kommt man aus oben genannten Gründen nicht umhin, anhand bestimmter Merkmale, die Leistungsfähigkeit eines Staates zu bestimmen. Denn ist die Aussage solcher Werte auch nur tendentiell richtig, so ist doch die Wahrscheinlichkeit hoch, in einem produktiven Land auch produktive Lieferanten zu finden.

---

59 Vgl. O. Jetter: Einkaufsmanagement: Qualitätsprodukte kostengünstig einkaufen in Europa und weltweit, Landsberg/Lech, 1990, S. 187

Streikrisiko

Manche Fertigungsstätten von Zulieferern sind einem ausgeprägten Streikrisiko ausgesetzt. Dies wirkt sich in zweierlei Hinsicht gravierend aus.
Zum einen macht es eventuell eine erhöhte Mitarbeiteranzahl nötig, um die dadurch entstehende Fehlzeit zu kompensieren. Zum anderen gefährdet ein solches Streikrisiko in erheblichem Maße die Lieferbereitschaft eines Lieferanten. Somit würde ein Lieferant aus einem Land mit hoher Streikbereitschaft nur als Zweitlieferant oder für niederwertige Teile (C-Teile) in Frage kommen, für die aufgrund ihres geringen Kapitalbindungswertes ein relativ großer Lagerbestand vorgehalten werden kann.
Ein oft vergessener Grund für Lieferunterbrechungen ist in diesem Zusammenhang auch das Risiko eines Streikes in einem Land, dessen Speditionen für den Transport der Ware zuständig sind. Dazu gehören neben dem Transportgewerbe auch Fluglotsen, Hafenarbeiter und Angestellte bei der Bahn.
Das bedeutet, daß neben den Transportkosten auch das Transportstreikrisiko in die Länder- und Lieferantenauswahl einbezogen werden müßte. Entschließt man sich trotzdem für einen streikbedrohten Transportweg, so sollte man auf jeden Fall alternative Transportmöglichkeiten ausfindig machen, um sicherzustellen, daß es nicht zu Produktionsstillständen kommt, die die Lieferfähigkeit der Unternehmung gefährden.

Produktqualität

Das Sicherstellen der Produktqualität ist sicherlich eine der Hauptschwierigkeiten bei der Länderauswahl, da sie sehr stark vom jeweiligen Unternehmen abhängt. Ein Faktor, der an dieser Stelle durchaus weiterhilft, ist Betrachtung des Qualitätsbewußtseins, welches letztendlich eng mit der Mentalität der Bevölkerung zusammenhängt. Die Schwierigkeit hierbei ist jedoch, daß für die Mentalität der Bevölkerung keine Kennzahl im üblichen Sinne existiert. Es kann dem verantwortlichen Mitarbeiter nur empfohlen werden, sich aus der Literatur oder durch Aufenthalte im betreffenden Land ein Bild über die Bevölkerung zu machen. Näheres zur Mentalität und Kultur ist im Kapitel D 4.3.3 nachzulesen.
Innerhalb der Lieferantenauswahl bieten sich dagegen mehrere Möglichkeiten. Zum einen sollten vor einer langfristigen Bindung unbedingt Muster des zu fertigenden Teiles angefordert werden. Zum anderen eröffnen die Zertifizierung im Rahmen der ISO-Norm und verschiedene Qualitätspreise neue Möglichkeiten, auf die aber im Kapitel C 4. näher eingegangen wird.

3.3.2 Technik

Innerhalb dieser Ausarbeitung wurde immer wieder die rapide Verkürzung der Produktlebenszyklen im Laufe der letzten Jahre angesprochen. Diese, vom Kunden und dem schärfer gewordenen Wettbewerb ausgelöste Entwicklung, stellt aber sehr hohe Anforderungen an die Innovationsfähigkeit einer Unternehmung. Dies bedeutet für die Materialwirtschaft, daß sie gezwungen ist, diese Forderung an die Zulieferunternehmen weiterzugeben. Es gilt also in Zukunft, Unternehmen zu finden, die durch eigene, leistungsfähige Entwicklungsabteilungen in der Lage sind, den wechselnden Anforderungen ihrer Kunden gerecht zu werden. Sicherlich gibt es wiederum Unterschiede zwischen einzelnen Branchen und Unternehmen. Es ist jedoch unerläßlich, wie schon oben erwähnt, sich durch eine Vorabauswahl für bestimmte Länder zu entscheiden. Aus diesem Grund muß auch im Zuge dieser Untersuchung versucht werden, gesamte Staaten nach ihrer Innovationsfähigkeit einzuschätzen. Es gibt dafür zwei durchaus aussagekräftige Kennzahlen, die innerhalb der Wirtschaftspresse in regelmäßigen Abständen zur Verfügung gestellt werden. Dies sind die Anzahl der Patente und der Aufwand für Forschung und Entwicklung auf Staatenebene.

3.3.3 Staat

Politische Stabilität

Die politische Stabilität ist die Grundlage für eine langfristige, stabile Geschäftsbeziehung, da nicht mit regierungsseitigen Handlungen zu rechnen ist, die die Geschäftsbeziehung negativ beeinflussen. Dabei sind Vorkommnisse denkbar, wie Putschsituationen, Kriegsgefahren, grobe Menschenrechtsverletzungen oder sonstige Unruhen innerhalb der Bevölkerung. Solche Ereignisse bergen neben der innenpolitischen Verunsicherung auch außenpolitische Reaktionen. Beispiele aus neuester Zeit sind die Auseinandersetzungen zwischen Rechtsextremen und Asylsuchenden in der Bundesrepublik Deutschland, die in diesen Tagen ausländische Käufer und Investoren dazu bewegen, ihre Aufträge zeitlich zu verschieben oder gänzlich von ihrem Engagement in der Bundesrepublik Deutschland abzusehen. Ein weiteres Beispiel ist die Entwicklung im ehemaligen Jugoslawien. Hier fielen dem Unabhängigkeitsstreben der einzelnen Republiken eine sehr hohe Anzahl von Industrieunternehmen zum Opfer. Andere werden von der Regierung zu Rüstungslieferanten umfunktioniert und können so ihren Lieferverpflichtungen gegenüber ihren Kunden nicht mehr nachkommen. Grobe Menschenrechtsverletzungen führen oft zu Handelsembargos durch andere Staaten. So wurde zum Beispiel im Falle der blutigen Niederschlagung der Studentenunruhen in China 1990 der wirtschaftliche Kontakt mit China auf ein Minimum begrenzt. An dieser Stelle könnten noch weitere Beispiele angeführt werden, inwiefern politsche Instabilität negativen Einfluß auf die geschäftlichen Beziehung zwischen Staaten hat. Es ist deshalb unverzichtbar sämtliche Möglichkeiten auszuschöpfen, um solche, oft schon frühzeitig erkennbaren, Trends abschätzen zu können. Nur so kann gewährleistet werden, daß die geplanten Auslandsaktivitäten nicht in einem wirtschaftlichen und finanziellen Fiasko enden.

Steuerliche Situation

1) Investitionsbegünstigungen (Subventionen)

Um die inländische Wirtschaft in bestimmten Branchen international konkurrenzfähig zu halten, entschließen sich viele Regierungen, diese Industrieunternehmen über Subventionen finanziell zu unterstützen. Diese Investitionsbegünstigungen können Investitionszulagen, besondere Abschreibungsmöglichkeiten oder einfach reduzierte Steuersätze für eine bestimmte Periode sein. Solche Begünstigungen verfälschen jedoch den Wettbewerb und schaffen künstliche Vorteile eines Standortes gegenüber einem nicht oder weniger subventionierten. Für den verantwortlichen Mitarbeiter bedeutet dies, daß er herausfinden muß, ob die für ihn interessante Branche im jeweiligen Staat finanzielle Unterstützung erfährt. Sollte dies der Fall sein, so ist im Falle eines Angebotes durch den Lieferanten unbedingt darauf zu achten, daß das Angebot ohne Berücksichtigung dieser Beihilfe zustande kommt. Nur so kann eine langfristige erfolgreiche Zusammenarbeit gewährleistet werden, damit eine Änderung der staatlichen Subventionspolitik keine unliebsame Überraschung für den Einkäufer nach sich zieht.

2) Unternehmensbesteuerung

Als Maßgabe für die Besteuerung der Unternehmen gilt meist die Besteuerung von Gewinnen. Befindet man sich auf der Suche nach neuen Geschäftspartnern, so sollte man beachten, daß es sowohl auf Staatenebene, als auch innerhalb der Branchen sehr große Unterschiede des Steuersatzes gibt. So beläuft sich zum Beispiel die Steuerbelastung des nicht ausgeschütteten Gewinns in der Bundesrepublik von 70% im Vergleich zu Großbritannien (35%) auf die doppelte Höhe. Die Unterschiede innerhalb der Branchen sind zwar nicht so

gravierend, geben aber vielen Unternehmen Anlaß, ihre Fertigung in steuerfreundlichere Gebiete zu verlagern. Ein Beispiel hierfür ist die Bekleidungsindustrie. Sie muß in der Bundesrepublik derzeit 77,7% ihres einbehaltenen Gewinnes abgeben.[60]
Der vorausblickende Einkäufer wird deshalb schon im Vorfeld versuchen, seine Aufträge in für die jeweilige Branche steuerlich attraktiveren Gebieten zu plazieren, falls die Qualität und die übrigen Anforderungen erfüllt werden können.
Letztendlich bleibt anzumerken, daß es im Zuge von Nachweispflichten gegenüber dem Kunden oft entscheidend ist, welches Image das Zulieferland hat. Man kann sich in diesem Zusammenhang gut vorstellen, daß eine Bremsanlage aus Südafrika weniger Vertrauen erweckt, als es eine aus den USA kommende tut. Solche Aspekte sind nur schwer zu erklären, da sie meist irrational begründet sind. Man sollte sie jedoch nicht unterschätzen und sich deshalb mit dem Kunden bezüglich seiner Vorstellungen abstimmen.

Infrastruktur

Ohne sichere und schnelle Verkehrsanbindung für Flugzeug, Bahn und LKW-Verkehr kann ein Zulieferunternehmen zum Problemfall werden. Es gilt also, auch diesen Umstand unter dem Aspekt der Lieferzuverlässigkeit und Wiederbeschaffungszeit genau zu untersuchen. Eine Hilfestellung bei der Länderbewertung bieten hierbei Kennzahlen, die sich aus dem jeweiligen Verhältnis zwischen den Straßenkilometern, der Anzahl Flughäfen oder den Bahnkilometern und der Gesamtfläche des Landes ergibt. Abhängig von der Art des geplanten Zulieferkonzeptes sollte dieser Punkt eine starke oder weniger starke Gewichtung erhalten. Ist zum Beispiel geplant, den Lieferanten in ein Just-in-time Konzept einzubinden, so wird die Güte der Infrastruktur zu einem entscheidender Faktor bei der Auswahl der in Frage kommenden Ländern.

3.3.4 Währung

> Ziel des Einkäufers muß sein, Auslandsgeschäfte möglichst in einer schwachen Währung abzuwickeln.

60 Vgl. O. Jetter: Einkaufsmanagement: Qualitätsprodukte kostengünstig einkaufen in Europa und weltweit, a.a.O., S. 216 ff.

Sollte dieser Wunsch nicht durchzusetzen sein und ist der Einkäufer gezwungen, das Geschäft in einer Währung abzuwickeln, bei der die Gefahr besteht, daß sie in der Zeit zwischen Vertragsabschluß und Bezahlungstermin steigt, so empfiehlt es sich, bestimmte, von Banken und Versicherungen angebotene Möglichkeiten zur Sicherung des Kursrisikos auszunutzen. Die gebräuchlichsten sind sogenannte Devisentermingeschäfte, Währungskredite oder Wechselkursversicherungen des Bundes (Hermes Versicherung). Auf diese Möglichkeiten wird aber im Kapitel D-4.3.1.1 näher eingegangen.

3.3.5 Weiteres Vorgehen

Mit der Entscheidung für einige wenige Länder, die als "Zulieferstaaten" in Frage kommen, hat man sich die wichtigste Grundlage für eine erfolgversprechende Beschaffungsmarktforschung geschaffen. Nun gilt es Adressenmaterial über Zulieferfirmen in diesen Ländern in Erfahrung zu bringen. Dabei findet man sehr gute Unterstützung bei verschiedenen, auf diese Aufgabe spezialisierten Organisationen und Verbänden.
Es empfiehlt sich jedoch, vor der Kontaktaufnahme mit diesen Instanzen, präzise ausgearbeitete Unterlagen über das zu beschaffende Produkt zu erstellen. Damit ist eine Zusammenstellung sämtlicher Konstruktionsunterlagen, Stücklisten, Materialanforderungen, Qualitätsanforderungen, Funktionsbeschreibungen und der geforderten Fertigungsverfahren gemeint. In vielen Fällen ist zusätzlich eine Übersetzung dieser Unterlagen in die jeweilige Landessprache notwendig. Auf Grundlage dieser Unterlagen ist es jetzt möglich, aus den umfangreichen, den zuständigen Stellen zur Verfügung stehenden Datenbanken, aussagekräftiges Adressmaterial über Zulieferfirmen zu erhalten. Auf der Basis dieser Adresslisten steht dann einer Kontaktaufnahme mit den in Frage kommenden Lieferanten nichts mehr im Wege.

4. Lösungsansätze zur Prozessoptimierung nach ISO 9000-9004

Wie im Kapitel C 2.2.3 angesprochen soll in diesem Abschnitt auf die Möglichkeiten eingegangen werden, welche sich der Materialwirtschaft auf der Grundlage der ISO-Norm 9000-9004 bieten. Im Kapitel C 2.2.3 wurde auch darauf hingewiesen, daß sowohl die die innerbetrieblichen Abläufe betreffende Aspekte dieser Norm zu beachten sind, als auch das Hinzuziehen des Gesamtwerkes neue Möglichkeiten bei der Lieferantenauswahl eröffnet.

Innerbetriebliche Abläufe

Dieses Kapitel soll einen Ausblick geben auf die Anforderungen, die seitens der ISO-Norm an die zukünftige Materialwirtschaft gestellt werden. Diesen Anforderungen zu genügen muß klar definiertes Mindestziel der Materialwirtschaft sein. Mindestziel deshalb, weil die ISO-Norm in ihrer derzeitigen Fassung nicht alle Prozesse innerhalb der Materialwirtschaft abdeckt. Sie wird jedoch ständig ergänzt und ausgeweitet. Eine neue Fassung der ISO-Norm befindet sich zur Zeit in Bearbeitung und wird aller Voraussicht nach 1996 veröffentlicht.
Die die innerbetrieblichen Abläufe betreffenden Aspekte der ISO 9000-9004 sind im Kapitel A 4.3 in Form eines Fragenkataloges zusammengestellt.
Die für die Materialwirtschaft entscheidenden Elemente dieses Fragenkataloges umfassen vor allem die Bereiche der Vertragsprüfung, der Beschaffung, der Wareneingangsprüfung, der Handhabung und Lagerung.
Grundlage innerhalb der **Vertragsprüfung** ist das Beschreiben jedes der zu beschaffenden Teile hinsichtlich der Qualitätsanforderungen, der damit verbundenen Prüfmethoden und eventuell mit dem Teil zusammenhängende Dienstleistungen wie z.B. Wartung. Damit ist es möglich, die Auftragsbestätigung des Lieferanten genau zu überprüfen und damit sicherzustellen, daß sie mit den eigenen Anforderungen übereinstimmt. In diesem Zusammenhang sollte auch sichergestellt werden, daß eventuelle Änderungen hinsichtlich der Qualitätsanforderungen oder der Fertigungsart in den Beschaffungsunterlagen ergänzt oder abgeändert werden.
Das Normelement 6 betrifft die **Beschaffung** und fordert vor allem ein System zur Lieferantenbewertung. Im Rahmen dieser Beurteilung der Lieferanten sollte dokumentiert sein, welche Bewertungskriterien die Güte eines Zulieferes bestimmen.

Dies können neben der Wiederbeschaffungszeit auch die Termintreue, der Preis oder die Flexibilität des Lieferanten sein. Expilizit gefordert wird auf der Qualitätsseite das Eingehen der Ergebnisse der Wareneingangsprüfung in die Lieferantenbewertung. Auf Grundlage dieser Bewertung sollte dann versucht werden, diese Kriterien in Zusammenarbeit mit dem Lieferanten Schritt für Schritt zu verbessern. Bei der Festlegung der Bewertungskriterien und deren Gewichtung kann auf Kapitel C 3.1 zurückgegriffen werden. In diesem Kapitel wurde die Auswirkung der einzelnen Faktoren bereits hinlänglich beschrieben. Eine weitere Forderung bezieht sich auf die Überprüfung vor der Auftragserteilung, ob ein Lieferant fähig ist, die in den Beschaffungsunterlagen festgeschriebenen Anforderungen zu erfüllen. In diesem Zusammenhang ist auch ein für die Festlegung der Anforderungen und deren Einhaltung verantwortlicher Mitarbeiter zu bestimmen.
Das Element 10 geht auf die **Wareneingangsprüfungen** ein. Hier wird ein System gefordert, welches sicherstellt, daß nur qualitativ gute Teile verwendet oder verarbeitet werden. Dies setzt neben der Schulung des verantwortlichen Personals hinsichtlich Prüfmethoden und statistischer Kenntnisse auch die Zurverfügungstellung der Beschaffungsunterlagen für die bestellten Waren voraus. Neben einer Kennzeichnung der für gut befundenen Ware sollte auch festgelegt werden, wie Produkte ohne Eingangsprüfung im Falle dringender Fertigung gehandhabt und bezeichnet werden. Wie bereits im Element Beschaffung erwähnt, muß sichergestellt sein, daß die Ergebnisse der Wareneingangsprüfung an die für Lieferantenbewertung verantwortliche Stelle weitergegeben werden. Grundsätzlich sollten alle diese Ergebnisse schriftlich dokumentiert sein, um auf ihrer Grundlage in Zusammenarbeit mit dem Lieferanten die Qualität zukünftiger Lieferungen sicherzustellen. Denn es gilt nach wie vor:

> Qualität sollte beim Lieferanten entstehen und nicht am Wareneingang.

Voraussetzung für eine effektive Wareneingangsprüfung ist die Qualität der verwendeten Prüfmittel. Auf die in diesem Zusammenhang bestehenden Forderungen aus der ISO-Norm wurde bereits im Kapitel A näher eingegangen. Grundsätzlich ist aber anzustreben, die Beschaffungsqualität in Zusammenarbeit mit dem Lieferanten so zu gestalten, daß es möglich ist, den Umfang der Wareneingangsprüfungen auf ein Minimum zu beschränken.

Ein weiteres Element der ISO-Norm bezieht sich auf die **Handhabung und Lagerung** der Ware. Hierbei gilt es vor allem sicherzustellen, daß beim Transport und der Lagerung der Ware Beschädigungen oder sonstige Beeinträchtigungen ausgeschlossen sind. Eine solche Beeinträchtigung kann z.B. Flugrost sein, der bei der Lagerung von Gußteilen außerhalb der Werkshalle entsteht.
Eine weitere Forderung innerhalb des Elementes 15 lautet:
Sind Material und Produkte derart gekennzeichnet, daß diese eindeutig identifiziert werden können und Verwechslungen ausgeschlossen sind? Dies bedeutet, daß sämtliche Produkte, die sich in verschiedenen Verarbeitungsstufen befinden, getrennt gelagert und bezeichnet werden müssen.

FALLBEISPIEL:

Ein Kegelrad, Teil des Endproduktes Fleischwolfgetriebe, durchläuft mehrere Fertigungsstufen. Innerhalb der Istanalyse wurde festgestellt, daß dieses Kegelrad in allen Bearbeitungszuständen vorrätig war und vermischt in einem Behältnis gelagert wurde. Dies zieht im Falle einer Weiterverarbeitung einen immensen Sortieraufwand nach sich und macht es zusätzlich nahezu unmöglich, eine objektive Bewertung der Lagerbestände durchzuführen. In solchen Fällen ist es auf jeden Fall sinnvoll, das Lagerpersonal dahingehend anzuhalten, die einzelnen Bearbeitungsstufen zu trennen und den Bestand separat fortzuschreiben.

Abschließend sei darauf hingewiesen, daß das im Zuge des Zertifizierungsprozesses geforderte Erstellen eines Qualitätshandbuches jeden Mitarbeiter dazu zwingt, die von ihm zu erledigenden Aufgaben genau zu beschreiben und schriftlich festzuhalten. Erfahrungsgemäß treten bereits in diesem Stadium Probleme der Ablauforganisation zutage, da diese Maßnahme den Mitarbeiter zwingt, seine bisherige Vorgehensweise zu hinterfragen.

Lieferantenauswahl

Es ist nicht alles Gold was glänzt.

Seit bestehen der ISO-Normen bieten Gesellschaften die Möglichkeit zur Zertifizierung an. Dabei kann sich jedes Unternehmen einem qualifizierten Begutachtungsverfahren unterziehen. Bei Erfüllung der Vorstellungen des Zertifizierers wird dem jeweiligen Unternehmen ein entsprechendes Zertifikat ausgestellt, das, abhängig von der Unternehmensstruktur, dem Unternehmen bescheinigt, den Anforderungen der ISO 9001, -2, -3 zu entsprechen. Ziel dieses Zertifizierungsprozesses ist es, sich beim Einkäufer des Kunden eine bessere Ausgangssituation zu verschaffen.

Man kann sich sehr gut vorstellen, daß die Vorlage eines solchen Zertifikats bei der Auswahl von Lieferanten eine gewichtige Rolle einnimmt. Hierbei sollte der jeweilige Einkäufer jedoch bedenken, daß die Zertifizierung von privat geführten Unternehmen vorgenommen wird. Dies, gemeinsam betrachtet mit der Tatsache, daß es innerhalb der Normvorschriften neben "Muß"-Kriterien auch "elastische" Elemente gibt, gibt Anlaß zu der Vermutung, daß es hinsichtlich der Qualität des Zertifikates zu Unterschieden kommt.

Liegen vergleichbare Angebote zwischen einem zertifizierten und einem nicht zertifizierten Lieferanten vor, so ist die Entscheidung relativ einfach. Problematisch für den Einkäufer wird es jedoch, wenn beide Lieferanten ein Zertifikat vorweisen können. In diesem Fall ist der Einkäufer gezwungen, sich näher mit den jeweiligen Zertifikaten auseinanderzusetzen. Eine Möglichkeit hierzu wäre ein Vergleich der Zertifikate über den Aussteller. Dies ist aber im Moment noch sehr schwierig, da in diesem Bereich noch kein Mindeststandard festgeschrieben wurde. Es wird aber zur Zeit versucht, eine internationale Akkreditierung der Zertifizierer zu organisieren, um im Rahmen dieser Maßnahme gewisse Mindestanforderungen zu verankern.

Im Moment bleibt anzumerken, daß die deutschen Zertifizierer im Vergleich zu ihrer ausländischen Konkurrenz sehr gut abschneiden. Dies bedeutet, daß sich der Einkäufer sicher sein kann einen leistungsfähigen Lieferanten vor sich zu haben, wenn dieser ihm ein deutsches Zertifikat vorlegen kann.

Diese Bewertung sollte jedoch nicht dazu führen, die Beschaffungsmarktforschung unter dem Aspekt der Zertifikatsqualität auf deutsche Zulieferunternehmen zu beschränken. Vielmehr soll es dazu dienen, sich nicht ausschließlich auf den Nachweis einer Zertifizierung zu verlassen, sondern auch in Zukunft den persönlichen Kontakt zum Zulieferer zu suchen, um sich auf diese Weise einen vertieften Einblick in die Struktur und die Organisation des zukünftigen Geschäftspartners zu verschaffen.

5. Fazit

Das abschließende Kapitel soll dem interessierten Leser einen Überblick über die Ergebnisse vermitteln, die im Rahmen unserer Untersuchungen im Bereich Materialwirtschaft erarbeitet wurden.

Die erste der aufgeführten Darstellungen zeigt nochmals anschaulich die Erfolgsfaktoren der Unternehmung, für die die Materialwirtschaft in entscheidender Weise verantwortlich ist.

Abb. C-13: Erfolgsbeitrag der Materialwirtschaft

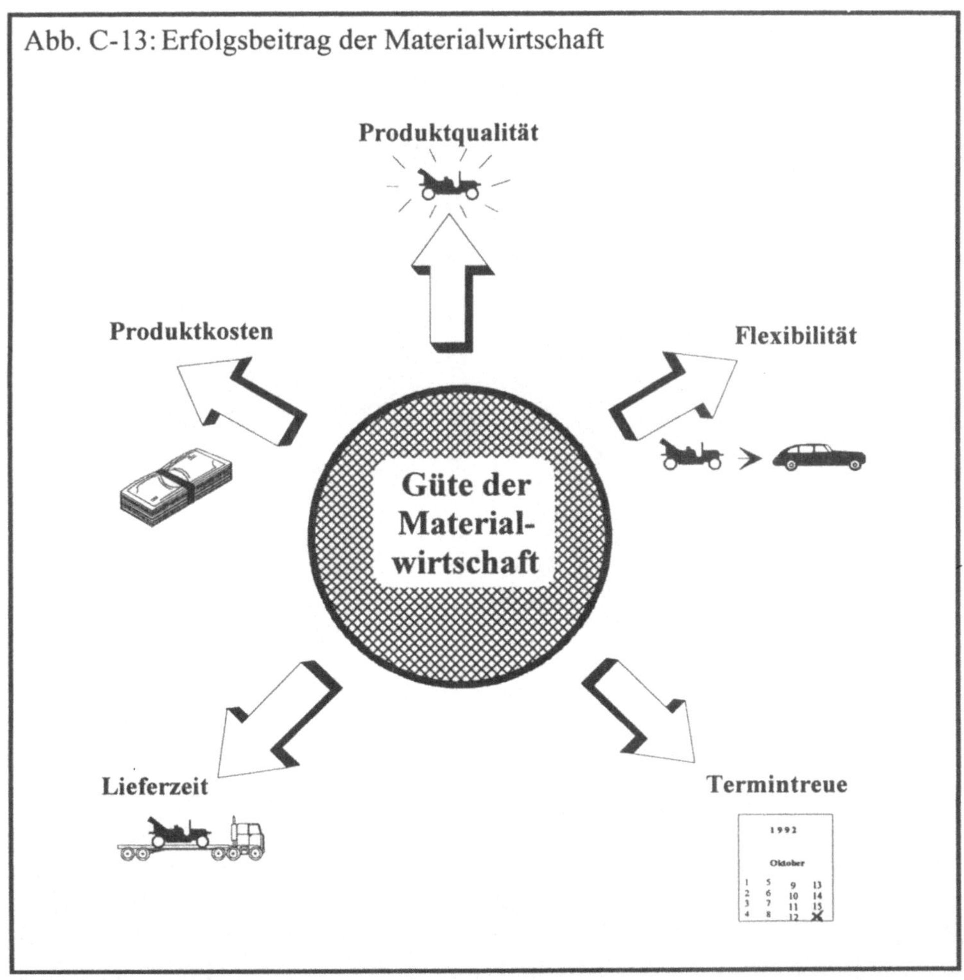

Die Güte der Materialwirtschaft wird unserer Meinung nach durch die Ausprägung der Meßgrößen Bestände, Beschaffungsqualität und Materialkosten bestimmt. Diese Merkmale lassen sich stellvertretend für die Größen TIME, QUALITY und MONEY sehen.

Abb. C-14: Die Güte der Materialwirtschaft

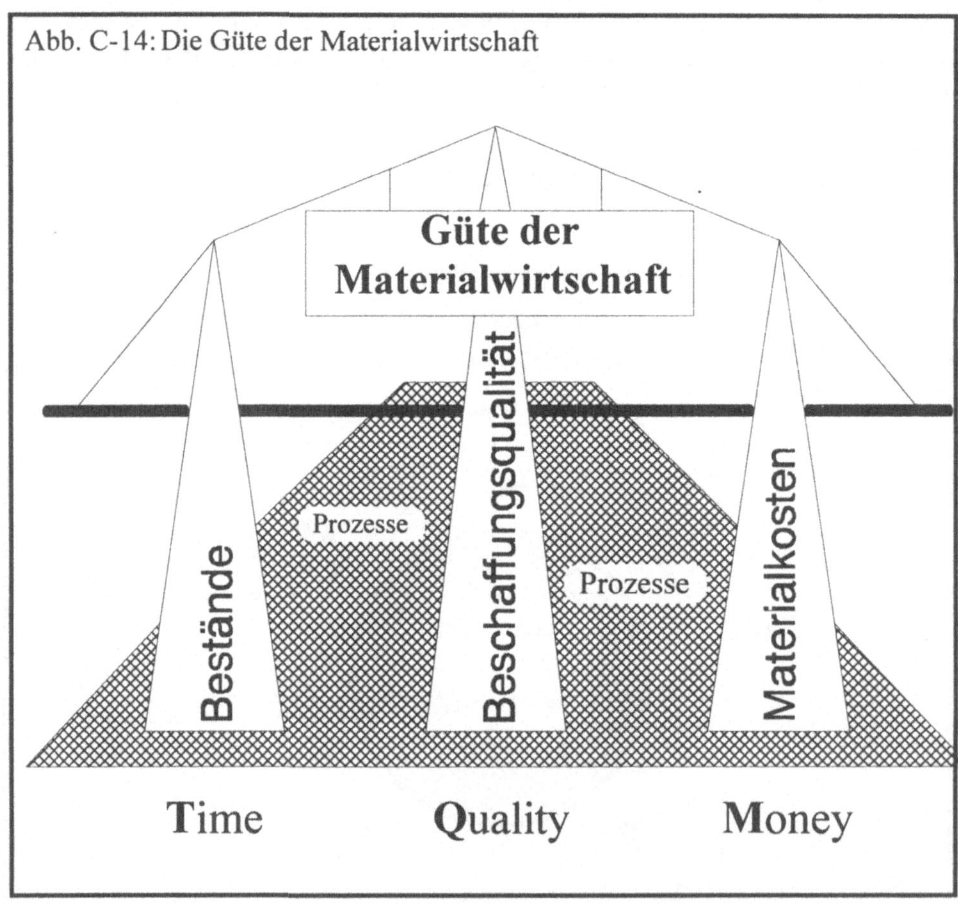

Mit der Senkung der Bestände, der Erhöhung der Beschaffungsqualität und der Senkung der Materialkosten kann die Materialwirtschaft einen entscheidenden Beitrag zur Verbesserung der Unternehmensqualität und damit zur langfristigen Erfolgssicherung der Unternehmung leisten (siehe Kapitel C-2.2).
Wie aus der Abb. C-14 hervorgeht, werden die Gütemerkmale der Materialwirtschaft von einer großen Anzahl Prozesse direkt oder indirekt beeinflußt. Dabei liegen eine Vielzahl dieser Prozesse nicht im Verantwortungsbereich der

Materialwirtschaft, sondern laufen in den angrenzenden Bereichen wie der Entwicklung , der Absatzplanung und der Unternehmensplanung ab.
Aus dieser Tatsache ergibt sich aber aus unserer Sicht die Forderung nach einer von der Materialwirtschaft ausgehenden Sensiblisierung der oben genannten Bereiche für die Belange und Ziele der Materialverantwortlichen und nach einer eindeutig festgelegten Regelung des Informationsflusses in den Schnittstellenbereichen.
Abschließen möchten wir das Kapitel Materialwirtschaft mit einem Wort des schon anfangs zitierten Ervin Laszlo, der sagt:

"Erst wenn sich alle Menschen innerhalb einer Organisation ihres Beitrages zum Ganzen bewußt werden, können sie in ihrer Tätigkeit einen Sinn und die Motivation finden,"...[61] Wir möchten dem ergänzend hinzufügen, daß dies die Grundlage für die Verbesserung der Unternehmensqualität und damit für die langfristige Erfolgssicherung einer Unternehmung darstellt.

61 E. Laszlo: Evolutionäres Management, a.a.O., S. 220

D. Unternehmensqualität - Vertrieb

Wie bereits in Kapitel A dargestellt, ist das Ziel dieses Buches, ein Unternehmen über Meßgrößen und Prozesse umfassend zu beschreiben. Ausgehend von der Unternehmensqualität als zentralem Prozeß werden dabei in jedem Unternehmensbereich die Abhängigkeiten der einzelnen Prozesse und Meßgrößen dargestellt, um die wichtigsten Vorgänge, die große Auswirkungen auf den Gesamterfolg der Unternehmung haben, herauszufiltern. Für diese entscheidenden Erfolgsfaktoren werden dann in einem zweiten Schritt Lösungsansätze zur Optimierung aufgezeigt. Analog zum Prozeß der Unternehmensqualität wird nachfolgend mit Hilfe der Größen Time, Quality und Money versucht, die Güte des Prozesses Vertrieb zu beschreiben.

1. Auswirkungen des veränderten wirtschaftlichen und politischen Umfeldes auf den Vertrieb

1.1 EG-Binnenmarkt

Die tiefgreifenden wirtschaftlichen und politischen Veränderungen der letzten Jahre stellen den Vertrieb vor neue Anforderungen.
Durch die Verwirklichung des EG-Binnenmarktes wird 1993 der größte einheitliche Wirtschaftsraum der Welt entstehen. Anbieter aus 12 EG-Ländern ringen dann um die Gunst von 324 Millionen Verbrauchern.
Dieser verschärfte Wettbewerb bedeutet für den Vertrieb, daß er alte Erfolgsrezepte in Frage stellen und Strategien entwickeln muß, um die Verbraucher verschiedener Länder mit seinen Produkten zufriedenstellen zu können. Aufgrund der hohen Lohn- und Standortkosten sehen sich vor allem deutsche Unternehmen künftig verstärkt der Konkurrenz anderer EG-Länder ausgesetzt.
Da es neben dem Preis, wie in Kapitel A dargestellt, jedoch noch weitere erfolgsbestimmende Faktoren gibt, gilt es, durch die Ausnutzung dieser Faktoren eventuelle Preisnachteile wettzumachen.
Durch den Aufbau von Vertriebsstützpunkten, Unternehmensübernahmen oder Kooperationen in den einzelnen Ländern kann auf die unterschiedlichen Mentalitäten und Einkaufsgewohnheiten durch gezielte Produktgestaltung, Preispolititk und Werbung eingegangen werden.

1.2 Globale Konjunkturschwäche

Die momentane weltweite Konjunkturabschwächung trifft ein vorwiegend exportorientiertes Land wie Deutschland besonders stark.
Vor allem die lahmende Konjunktur in den USA, einem der Haupthandelspartner Deutschlands, hat zu erheblichen Exporteinbußen in verschiedenen Hauptindustriezweigen geführt.
Aber auch in Ländern der dritten Welt, die bislang einen sehr hohen Bedarf an Exportgütern aus Deutschland hatten, ist die Nachfrage zurückgegangen, da die Finanzierung aufgrund der hohen Verschuldung dieser Länder nicht mehr sichergestellt werden kann.

Diese globale Konjunkturschwäche wurde in Deutschland in den Jahren 1990 und 1991 noch durch die enorme Inlandsnachfrage aus den neuen Bundesländern überdeckt. Nachdem dieser Boom 1992 jedoch abgeflaut ist, zeigt sich mehr und mehr, daß auch die deutsche Wirtschaft durch die andauernde, weltweite Konjunkturflaute in Mitleidenschaft gezogen wird.

1.3 Kurs der D-Mark

Der starke Kurs der DM im Vergleich zu anderen Währungen hat dazu geführt, daß deutsche Erzeugnisse im Ausland noch teurer werden, als sie es aufgrund der hohen Lohnkosten bereits schon sind.
Vor allem der Kursverfall des Dollars, eine der Leitwährungen im intenationalen Güteraustausch, verursacht durch die enorme Zinsdifferenz zwischen Deutschland und den USA, hat bei den stark exportorientierten deutschen Firmen zu erheblichen Umsatzeinbrüchen geführt.
Auf der Gegenseite senkt ein niedriger Dollarkurs auch die Preise von Importgütern, was dem deutschen Verbraucher zugute kommt. Die deutschen Anbieter laufen damit jedoch Gefahr, neben dem Einbruch im Auslandsgeschäft auch auf dem Inlandsmarkt an Boden zu verlieren.
Kennzeichnend für diese Entwicklung ist die Veränderung der Leistungsbilanz, die erstmals seit acht Jahren wieder einen negativen Saldo aufweist, der in erster Linie auf die verstärkte Einfuhrtätigkeit zurückzuführen ist.[62]
Außerdem führt das hohe deutsche Zinsniveau aufgrund der damit verbundenen hohen Kreditkosten zu einem Rückgang der Inlandsnachfrage. Kritiker behaupten sogar, daß die Bundesbank die deutsche Konjunktur durch ihre Zinspolitik direkt in eine Rezession führt [63].

1.4 Veränderungen in Osteuropa

Die Auflösung der UDSSR, der Zusammenbruch der Planwirtschaft in anderen osteuropäischen Ländern und die Zersplitterung bestehender Ländergemeinschaften hat den osteuropäischen Absatzmarkt zusammenbrechen lassen. Hier ist jedoch absehbar, daß sich nach Klärung der Eigentumsregelungen, Aufbau einer funktionsfähigen Verwaltung und Infrastruktur und durch konvertible Währungen ein starker Nachfragesog entwickeln wird.

62 Vgl. Jahresbericht der dt. Bbk, 1991, S. 36

63 Vgl. Handelsblatt v. 3.9.92, S. 8

Um diesen in Osteuropa entstehenden Absatzmarkt nutzen zu können, müssen deutsche Unternehmen in der Lage sein, reaktionsschnell und flexibel auf sich ändernde Marktanforderungen reagieren zu können. Vor allem bei Berücksichtigung der immer kürzer werdenden Produktlebenszyklen entwickeln sich diese beiden Fähigkeiten zu den Schlüsselelementen, mit denen die oben beschriebenen veränderten politischen und wirtschaftlichen Randbedingungen von einem Unternehmen erfolgreich verarbeitet werden können.
Reaktionsfähigkeit und Flexibilität hängen jedoch nicht nur vom Vertriebsbereich eines Unternehmens ab, sondern sind zusammen mit anderen Faktoren Ausdruck der Unternehmensqualität, die durch alle Bereiche eines Unternehmens beeinflußt wird.

2. Unternehmensqualität - Vertrieb

2.1 Einleitung

Wie bereits in Kapitel A dieser Arbeit dargestellt, ist ein Ziel unseres Buches, ein Unternehmen über Meßgrößen und Prozesse umfassend zu beschreiben.
Ausgehend von der Unternehmensqualität als zentralem Prozeß werden dabei in jedem Unternehmensbereich die Abhängigkeiten der einzelnen Prozesse und Meßgrößen dargestellt, um die wichtigsten Vorgänge, die große Auswirkungen auf den Gesamterfolg der Unternehmung haben, herauszufiltern.
Für diese entscheidenden Erfolgsfaktoren werden dann in einem zweiten Schritt Lösungsansätze zur Optimierung aufgezeigt.
Analog zum Prozeß der Unternehmensqualität wird nachfolgend mit Hilfe der Größen Time, Quality und Money versucht, die Güte des Prozesses Vertrieb zu beschreiben.

2.2 TIME - Auftragsvolumen als entscheidender Zeitfaktor

Der Kundenauftrag ist das erste und wichtigste Glied im Wertschöpfungsprozeß des Unternehmens. Alle weiteren Aktivitäten der einzelnen Funktionsbereiche sind von ihm abhängig.
Die Summe aller sicheren Aufträge wird als Auftragsvolumen bezeichnet. Es kennzeichnet den Zeitraum in Arbeitstagen oder Wochen, mit dem bereits sichere, vorhandene Aufträge das Unternehmen beanspruchen. Als Parallele zur Materialwirtschaft könnte man damit das Auftragsvolumen als "Bestand an Arbeit" bezeichnen. Wie auch die Bestände im Materialwirtschaftsbereich hat das Auftragsvolumen somit Einfluß auf die Zeitfaktoren Flexibilität und Lieferzeit.
Je höher das Auftragsvolumen, desto länger ist der Zeitraum, in dem die Kapazität des Unternehmens ausgelastet ist und desto länger wird die Lieferzeit für neue Aufträge.
Andererseits erhöht ein hohes Auftragsvolumen die Planungssicherheit.
Da das Auftragsvolumen, wie oben bereits erwähnt, die Summe aller sicheren Aufträge darstellt, kann auf dieser Basis die dafür nötige Personal- und Maschinenkapazität sowie der Material- und Finanzbedarf festgelegt werden.
Je höher nun das Auftragsvolumen ist, umso detaillierter ist auch eine genaue längerfristige Planung der oben genannten Größen möglich, so daß Preisvorteile oder Kostendegressionseffekte besser ausgenutzt werden können.

Dies zeigt sich vor allem im Beschaffungsbereich, wo durch die Ausnutzung von Staffelpreisen oder Mengenrabatten teilweise erhebliche Einsparungen erzielt werden können. Aber auch bei Eigenfertigungsteilen bestehen bei einem hohen Auftragsvolumen durch die Bildung geeigneter Losgrößen Einsparungsmöglichkeiten.

Die Grenzen und Gefahren der Ausnutzung dieser Einsparungsmöglichkeiten sowie die Auswirkungen auf die Flexibilität sind in Kapitel C ausführlich dargestellt.

Die Flexibilität wird dort als die Reaktionsgeschwindigkeit auf sich ändernde Anforderungen definiert. Die marktseitige Flexibilität eines Unternehmens kann somit als die Reaktionszeit auf sich ändernde Kundenanforderungen umschrieben werden. Hat nun jedoch ein Unternehmen aufgrund eines konstant hohen Auftragsvolumens langfristige Abnahmeverpflichtungen für Einkaufsteile oder stark in produktspezifische Einrichtungen oder Maschinen investiert, so kann es nur langsam auf geänderte Kundenanforderungen reagieren und weist damit nur eine geringe Flexibilität auf.

Die große Bedeutung des Auftragsvolumens zeigt sich nicht zuletzt darin, daß die Konjunktursituation von Ländern oder Branchen neben dem Umsatz- und dem Produktionsindex durch den Auftragseingangsindex beurteilt wird.

Dieser Index zeigt die Veränderung der Auftragsvolumina einer Branche oder Volkswirtschaft im Vergleich zu einem Basiswert.

Diese Indices können in Veröffentlichungen der Deutschen Bundesbank oder des Statistischen Landes- oder Bundesamtes nachgelesen werden und lassen Rückschlüsse auf die zukünftige Konjunkturentwicklung zu.

In gleicher Weise läßt sich der Auftragseingangsindex auch auf Unternehmensebene einsetzen. Daher ist es für ein Unternehmen von entscheidender Bedeutung, das Auftragsvolumen laufend und regelmäßig zu überwachen, um daraus Rückschlüsse auf die Entwicklung der Unternehmenssituation ziehen zu können.

2.3 QUALITY - Kundenzufriedenheit als entscheidender Qualitätsfaktor

Neben dem Auftragsvolumen ist die Kundenzufriedenheit die zweite Meßgröße, die die Güte des Vertriebsprozesses beschreibt. Langfristig gesehen muß diesem Faktor die größte Bedeutung zugemessen werden, da er ein Indikator für das zukünftige Verhalten von Kunden ist.

Ist der Kunde zufrieden, wird er das Produkt beim nächsten Mal wieder kaufen und sich auch anderen gegenüber positiv über das Produkt und die Herstellerfirma äußern. Außerdem wird er dann auch bereit sein, Preiserhöhungen zu akzeptieren. Ist der Kunden dagegen unzufrieden, wird er sich Konkurrenzprodukten zuwenden und sich in Gesprächen negativ über das Produkt und den Hersteller äußern. Dies kann mögliche Kunden vom Kauf des Produkts abhalten und so aufwendige Verkaufsförderungsmaßnahmen innerhalb kürzester Zeit zunichte machen.

Dabei weiß der Hersteller eines Produkts oft gar nicht, daß Kunden mit seinen Leistungen nicht zufrieden sind und seinem Unternehmen so bewußt oder unbewußt Schaden zufügen.

Deshalb muß eine der Aufgaben des Vertriebs darin bestehen, dem Kunden Gelegenheit zu geben, seine Beschwerden und Probleme anzuzeigen.

Werden diese Beschwerden dann rasch und für den Kunden befriedigend gelöst, kann dies die Kundenbeziehung sogar noch festigen.

Der Kunde empfindet dieses Erlebnis dann als positiv und wird sich trotz der Beschwerde auch anderen gegenüber positiv über Produkt und Hersteller äußern.

Außerdem sind Kundenbeschwerden ein wichtiges Lerninstrument für ein Unternehmen. Anhand dieses Feed-backs vom Markt kann es feststellen, inwieweit ein Produkt die Kundenanforderungen erfüllt und welche Veränderungen noch durchgeführt werden müssen, um ein möglichst kundengerechtes Produkt anbieten zu können.

Auch unter Kostengesichtspunkten ist die Kundenzufriedenheit von entscheidender Bedeutung. Ein Unternehmen lebt von zwei Kundengruppen, den Stammkunden und den Neukunden.

Es ist jedoch immer mit höheren Kosten verbunden, Neukunden zu akquirieren als die momentanen Kunden zu behalten.
Um sich den bestehenden Kundenstamm zu sichern, gilt es, diese Kunden zufriedenzustellen.

Aufgrund all dieser Punkte ist die Kundenzufriedenheit der aussagekräftigste Indikator für die Zukunft eines Unternehmens.

2.4 MONEY - Gewinn als entscheidender Geldfaktor

Der Gewinn, der als Differenz zwischen Verkaufspreis und Selbstkosten definiert werden kann, stellt nicht nur eine Meßgröße für die Güte des Prozesses Vertrieb dar, sondern repräsentiert aus meiner Sicht den Unternehmenszweck schlechthin. Kein Unternehmen ist auf Dauer lebensfähig, wenn es keinen Gewinn erwirtschaftet.
Auch wenn in der Literatur das Unternehmensziel Gewinn nur als eines von mehreren Unternehmenszielen dargestellt wird [64], so glaube ich doch, daß sich diese Ziele nur mit Hilfe von Gewinnen realisieren lassen, die zur Erreichung dieser Ziele investiert werden können.
Ein Beispiel dafür ist die rigorose Kürzung der Fort- und Weiterbildungsetats in großen deutschen Unternehmen aufgrund der momentanen Konjunkturabschwächung [65].
Hier wird die Abhängigkeit anderer Unternehmensziele wie beispielsweise das soziale Ziel Weiterbildung der Mitarbeiter von dem Grund-Unternehmensziel Gewinn deutlich.

64 Vgl. H. Meffert: Marketing, 7., überarb. u. erw. Auflage, Wiebaden, 1991, S. 78

65 Vgl. VDI-Nachrichten vom 25.09.92,Ausgabe 39, S. 24

2.5 Darstellung der Abhängigkeiten und Ermittlung der zentralen Prozesse innerhalb des Vertriebs

Die oben beschriebenen Faktoren Auftragsvolumen, Gewinn und Kundenzufriedenheit beschreiben die Güte des Vertriebsprozesses und haben Einfluß auf die Unternehmensqualität.
Aber auch diese Größen hängen, wie in Abb. D-1 dargestellt, wiederum von zahlreichen Prozessen und Meßgrößen ab. Dabei spielen sowohl die eingangs erwähnten politischen und wirtschaftlichen Faktoren als auch unternehmensinterne Einflußgrößen aus anderen Bereichen wie beispielsweise die Mitarbeiterqualifikation oder die Corporate Identity eine Rolle. Nachfolgend sollen nun die einzelnen Abhängigkeiten kurz beschrieben werden, wobei ich mich auf die vertriebsspezifischen Prozesse und Meßgrößen beschränken möchte, um hier die zentralen Vorgänge herauszufiltern.Bei der Erstellung des Abhängigkeitsmodells zeigte sich, daß auch zwischen den drei Faktoren Auftragsvolumen, Kundenzufriedenheit und Gewinn Abhängigkeiten bestehen.
So hat die Kundenzufriedenheit Auswirkungen auf die Zahl der Auftragseingänge, deren Summe die Höhe des Auftragsvolumens ergibt. Außerdem beeinflussen die Auftragseingänge, die später zur Absatzmenge werden, den Gewinn des Unternehmens.

2.5.1 Einflußgrößen auf den Faktor Auftragsvolumen

Wie bereits erwähnt stellt das Auftragsvolumen die Summe aller sicheren Kundenaufträge dar. Damit sind die Auftragseingänge jedoch auch die einzige Größe, die auf das Auftragsvolumen einwirkt.
Im Gegensatz dazu wirken auf die Anzahl der Auftragseingänge mehrere Komponenten ein. Neben der bereits angesprochenen Kundenzufriedenheit und politisch-wirtschaftlichen Randbedingungen beeinflußt auch die Absatzförderung die Auftragseingänge.
Die Absatzförderung ist, wie die Produktgestaltung, ein Teilprozeß des Marketing-Mix, der sich, wie in Abb. D-2 dargestellt, aus insgesamt vier Prozessen zusammensetzt.

Abb. D-1: Abhängigkeitsmodell Vertrieb

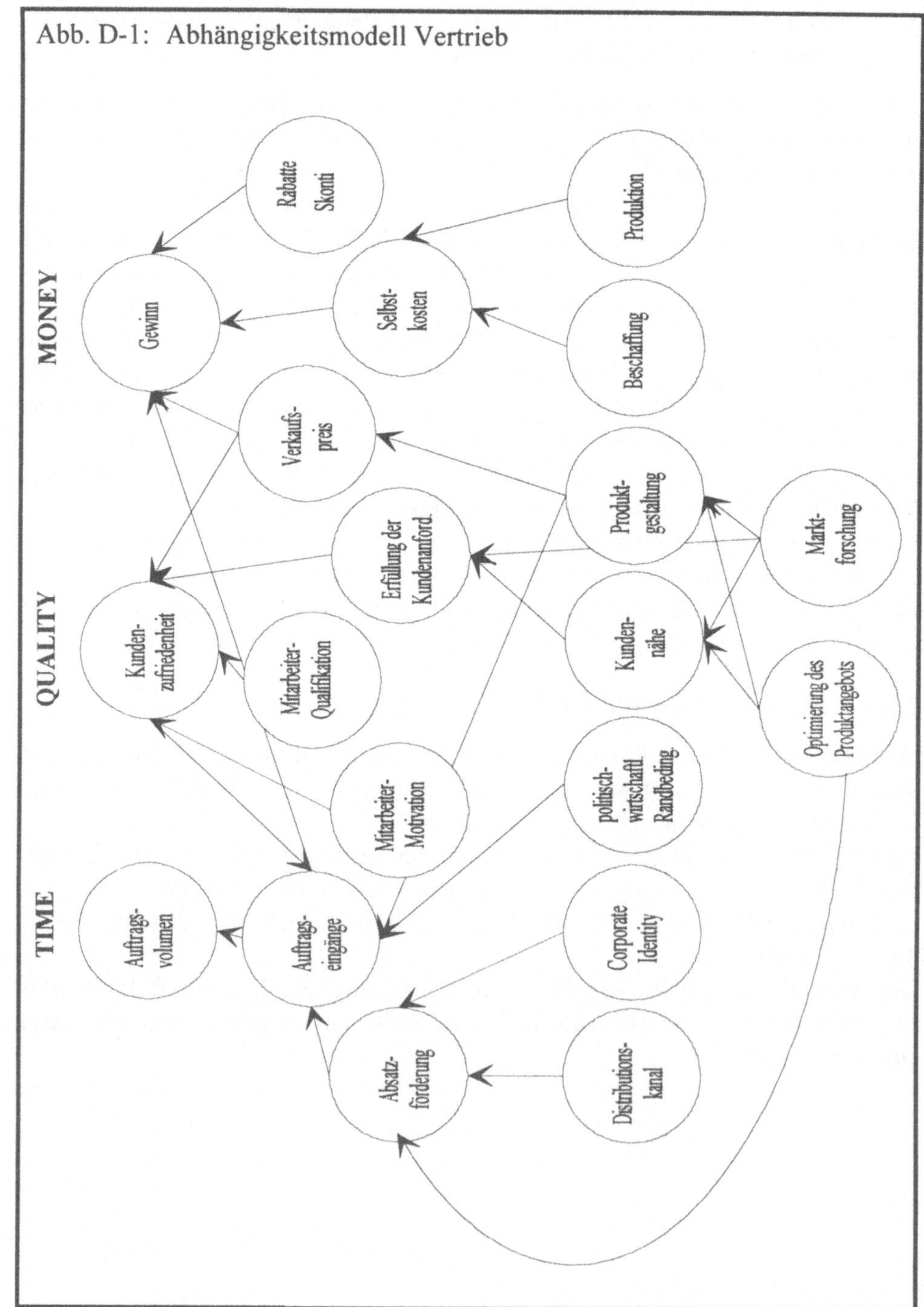

Abb D-2: Elemente des Marketing-Mix

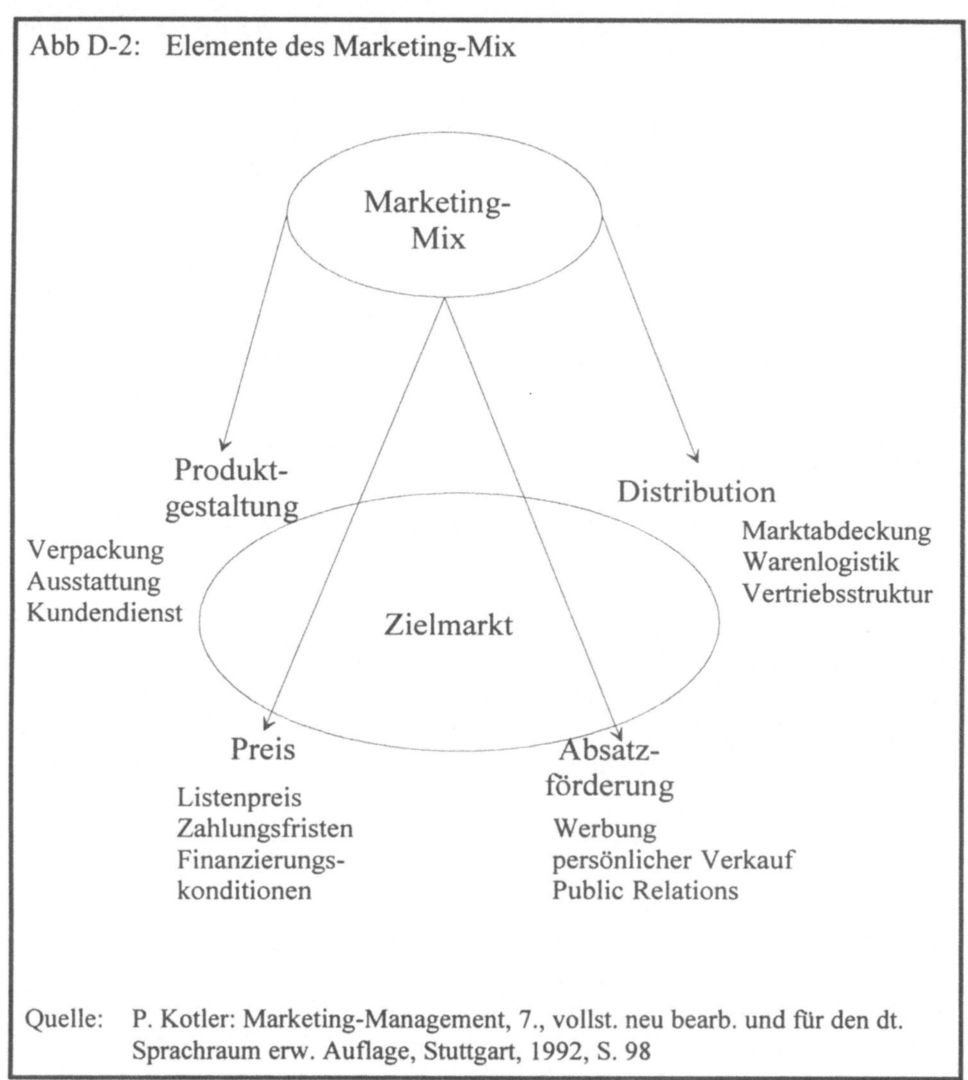

Quelle: P. Kotler: Marketing-Management, 7., vollst. neu bearb. und für den dt. Sprachraum erw. Auflage, Stuttgart, 1992, S. 98

Innerhalb dieses Prozesses werden verschiedene Methoden wie Werbung, Verkaufsförderung, Sponsoring, Direct-Mailing oder persönlicher Verkauf mit dem Ziel höherer Verkaufszahlen eingesetzt.
Auch der zweite Teilprozeß des Marketing-Mix, die Produktgestaltung, hat Auswirkungen auf die Zahl der Auftragseingänge. Das Styling eines Produkts, die Form der Verpackung, Kundendienst- und Garantieleistungen oder be-

stimmte Ausstattungselemente wirken auf den Kunden und beeinflussen seine Kaufentscheidung.
Beide der oben genannten Prozesse, die auf die Auftragseingänge wirken, sind selbst wieder von Größen wie dem Distributionskanal, der Corporate Identity eines Unternehmens oder der Optimierung des Produktangebots abhängig.

2.5.2 Einflußgrößen auf den Faktor Kundenzufriedenheit

Wie aus Abb. D-1 ersichtlich, hängt die Kundenzufriedenheit sowohl von mitarbeiterbezogenen Größen wie Mitarbeiterqualifikation und Mitarbeitermotivation als auch von produktbezogenen Größen wie beispielsweise dem Verkaufspreis ab.

Entscheidend für die Kundenzufriedenheit ist jedoch die Erfüllung der Kundenanforderungen.

Diese sind über verschiedene Instrumente der Marktforschung (Näheres siehe H. Meffert: Marketing, 7., überarb. u. erw. Auflage, Wiesbaden, 1991, S. 177 ff.) und mit Hilfe einer hohen Kundennähe ermittelbar.
Oft sind jedoch gerade Klein- und Mittelbetriebe aufgrund einer langsam gewachsenen, sehr breiten Produktpalette nicht in der Lage, einen engen und intensiven Kontakt zu ihren Kunden aufzubauen.
Aufgrund mangelnder Kundennähe kommt es bei den Kunden zur Unzufriedenheit und damit zu den unter Punkt 2.3 beschriebenen Auswirkungen.
Daher ist es bei Klein- und Mittelbetrieben im Rahmen einer verstärkten Kundenorientierung in einem ersten Schritt notwendig, die bestehende Produktpalette des Unternehmens zu optimieren.
Dadurch werden im Vertriebsbereich freie Kapazitäten geschaffen, die dann gezielt zur Verbesserung der Prozesse Produktgestaltung, Marktforschung und Absatzförderung eingesetzt werden können.
Aufgrund der oben geschilderten Abhängigkeiten ergeben sich damit jedoch auch positive Auswirkungen auf die Faktoren Auftragsvolumen und Kundenzufriedenheit.

2.5.3 Einflußgrößen auf den Faktor Gewinn

Der Faktor Gewinn ist vor allem von dem Verkaufspreis und den Selbstkosten eines Produkts abhängig. Diese werden aus den im Unternehmen anfallenden Kosten gebildet und daher auch von allen Unternehmensbereichen beeinflußt. Dabei haben die im Beschaffungsbereich angefallenen Materialkosten und die in der Produktion entstandenen Fertigungskosten den größten Anteil.
Betrachtet man den Gewinn als Summe aller Erlöse über einen bestimmten Zeitraum, spielt auch die Zahl der Auftragseingänge eine Rolle.
Neben den Selbstkosten wirken sich auch Rabatte und Skonti negativ auf die Höhe des Gewinns aus.
Unter Rabatten versteht man dabei Preisnachlässe, die für bestimmte Leistungen des Abnehmers gewährt werden. Ausgehend von den Leistungen wird zwischen Funktions-, Mengen-, Zeit- und Treuerabatten unterschieden.
Skonto kann als spezielle Rabattform bezeichnet werden und wird Kunden gewährt, die ihre Rechnungen unverzüglich begleichen. Ziel des Anbieters ist es, seine Liquidität zu verbessern und die Kosten für die Eintreibung von Außenständen zu senken.

2.5.4 Zentrale Prozesse

Wie bereits in Kapitel 2.5.2 und Abb. D-1 angedeutet, zeigt sich die **Optimierung des Produktangebots** aufgrund der starken Auswirkungen auf andere Prozesse und Meßgrößen **als ein zentraler Prozess im Vertriebsbereich.** Deshalb soll darauf in Kapitel 3 detaillierter eingegangen werden.
Außerdem möchte ich mich in Kapitel 4 noch mit der **Erschließung neuer Absatzmärkte** im Ausland beschäftigen. Obwohl dieser Prozeß nur ein Teilgebiet der Marktforschung darstellt und deshalb in dem Abhängigkeitsmodell (siehe Abb. D-1) nicht als einzelner Punkt auftaucht, glaube ich doch, daß sich aufgrund der zunehmenden Internationalisierung und Verflechtung der Wirtschaftsbeziehungen auch Klein- und Mittelbetriebe mit diesem Thema auseinandersetzen müssen, um langfristig den Unternehmenserfolg sichern zu können.

3. Straffung der Produktpalette als ausgewählter, zentraler Prozeß innerhalb des Vertriebs

3.1 Einleitung

Zur Erreichung der definierten Vertriebsziele ist es notwendig, seine Stärken und Schwächen zu kennen, so daß eine Konzentration der Vertriebsaktivitäten möglich ist. Gerade diese Kenntnis ist in Klein- und Mittelbetrieben oft gar nicht oder nur teilweise vorhanden, so daß eingeleitete Vertriebsmaßnahmen wirkungslos verpuffen.
Neben einer Analyse der vorhandenen Prokuktpalette muß vor allem der Untersuchung und Einteilung des vorhandenen Kundenstammes eine herausragende Bedeutung zugemessen werden. Speziell für kleinere Unternehmen, die i.d.R. im Vergleich zu Großbetrieben eine geringere Anzahl von Abteilungen und Stäben aufweisen [66] und damit häufig nicht über die Kapazität für groß angelegte Informationsbeschaffungs- und Vertriebsaktivitäten verfügen, öffnen sich so neue Möglichkeiten im Vertriebsbereich.
Dies ist umso bedeutender, da aufgrund des sich verschärfenden Wettbewerbes eine verstärkte Orientierung an den Kundenbedürfnissen sich zum entscheidenden Erfolgsfaktor für das Unternehmen entwickelt [67].

3.2 Bildung von strategischen Geschäftsfeldern

Unabhängig von der später gewählten Analysemethode gilt es in einem ersten Schritt, die oft zahlreichen verschiedenen Produkte zu sinnvollen Einheiten zusammenzufassen.
Neben der gängigen Einteilung in Produktgruppen oder Produktfamilien hat sich hier das 1980 von Derek Abell entwickelte Konzept der strategischen Geschäftsfelder vor allem im Bereich der Portfolio-Analysen durchgesetzt [68].

---

66 Vgl. M. Bruhn: Handbuch des Marketing, München, 1989, S. 192

67 Vgl. H. Dallmer: Einführung in das Marketing, Wiesbaden, 1991, S. 116

68 Vgl. P. Kotler: Marketing-Management, 7., vollst. neu bearb. und für den dt. Sprachraum erw. Auflage, Stuttgart, 1992, S. 54 f.

Zur Abgrenzung von strategischen Geschäftsfeldern werden in der Literatur eine Vielzahl von verschiedenen Kriterien genannt, die sich aus meiner Sicht jedoch auf die Begriffe **hohe Eigenständigkeit, bedeutende Marktstellung und Beitrag zum Erfolg der Unternehmung** konzentrieren lassen. Für jedes der so gebildeten Geschäftsfelder werden in der Folge eigene Ziele und Marktbearbeitungsstrategien entwickelt.
Im folgenden möchte ich nun in einem Überblick die verschiedenen Analysemethoden darstellen.

3.3 Darstellung der verschiedenen Analysemethoden

3.3.1 Lebenszyklusanalyse

Die Lebenszyklusanalyse basiert auf der Annahme, daß der Verlauf eines Produktlebenszyklus einer gesetzmäßigen Entwicklung gehorcht. Dabei wird davon ausgegangen, daß Produkte wie Lebewesen eine begrenzte Lebensdauer haben und während ihres Lebens bestimmte Phasen durchlaufen[69]. Die einzelnen Phasen des Produktlebenszyklus sind in Abb. D-3 erkennbar.

Abb. D-3: Phasen des Produktlebenszyklus

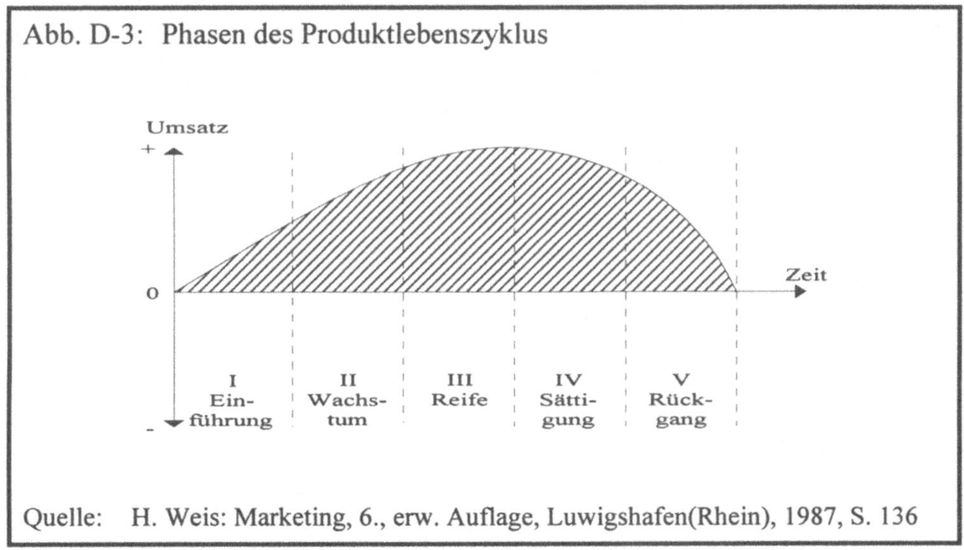

Quelle: H. Weis: Marketing, 6., erw. Auflage, Luwigshafen(Rhein), 1987, S. 136

69 Vgl. H. Schröder: Marketing erfolgreich planen und praktizieren, Planegg/München, 1990, S. 271

Indem man die Produkte einer bestimmten Phase zuordnet, lassen sich entsprechende Strategien ableiten und Schlußfolgerungen für den Einsatz der Marketingsinstrumente ziehen (Näheres siehe H. Weis: Marketing, S. 136 ff.). So wird beispielsweise versucht, Sättigungserscheinungen in der Reifephase durch Produktverbesserungen oder Produktdifferenzierungen aufzufangen (Relaunching).
Auch wenn der Kurvenverlauf meist nur idealtypisch in Form einer Normalverteilung dargestellt werden kann, so lassen sich mit Hilfe der Produktzyklusmethode doch Aussagen über die Altersstruktur der Produktpalette und damit über Stärken und Schwächen des Produktprogramms machen.
Das Ifo-Institut München geht sogar noch einen Schritt weiter und zieht aus den prozentualen Anteilen der einzelnen Phasen Rückschlüsse auf die Unternehmenssituation [70].
Eine weitere Möglichkeit der Produktlebenszyklusmethode besteht darin, durch eine Überlagerung mit dem von Rogers entwickelten Diffusionsmodell Erkenntisse über den Stand der Verbreitung eines Produkts bei den voraussichtlichen Abnehmern zu gewinnen (Näheres siehe J. Becker: Marketing-Konzeption, 3., verb. und erg. Auflage, München, 1990, s. 516 f.).
Das Hauptproblem dieser Methode besteht in der Zuordnung der Produkte zu einer bestimmten Zyklusphase, besonders dann, wenn sich deren Lebensspanne nicht über Jahre, sondern über Jahrzehnte erstreckt. Ein Kennzeichen für den Übergang in eine neue Phase ist häufig eine ausgeprägte Zu- oder Abnahme des Umsatzvolumens [71].

3.3.2 Programmanalyse (A-B-C-Analyse)

Programmanalysen dienen der Bestandsaufnahme des bestehenden Leistungsprogramms und basieren auf Vergangenheitswerten, die im betrieblichen Rechnungswesen zur Verfügung stehen.

70 Vgl. H. Weis: Marketing, 6., erw. Auflage, Ludwigshafen(Rhein), 1987, S. 139 f.

71 Vgl. P. Kotler: Marketing-Management, a. a. O., S. 542

Dabei wird die relative Bedeutung der einzelnen Produktgruppen oder einzelner Kunden im Hinblick auf den realisierten Umsatz oder Deckungsbeitrag zum Ausdruck gebracht (Näheres zum Vorgehen siehe K. Hüttel: Produktpolitik, Ludwigshafen(Rhein), 1988, S. 60 ff.). Die Ergebnisse werden häufig in Form von sog. Konzentrations- oder Lorenzkurven dargestellt (siehe Abb. D-4).

Abb. D-4: Produktstrukturanalyse

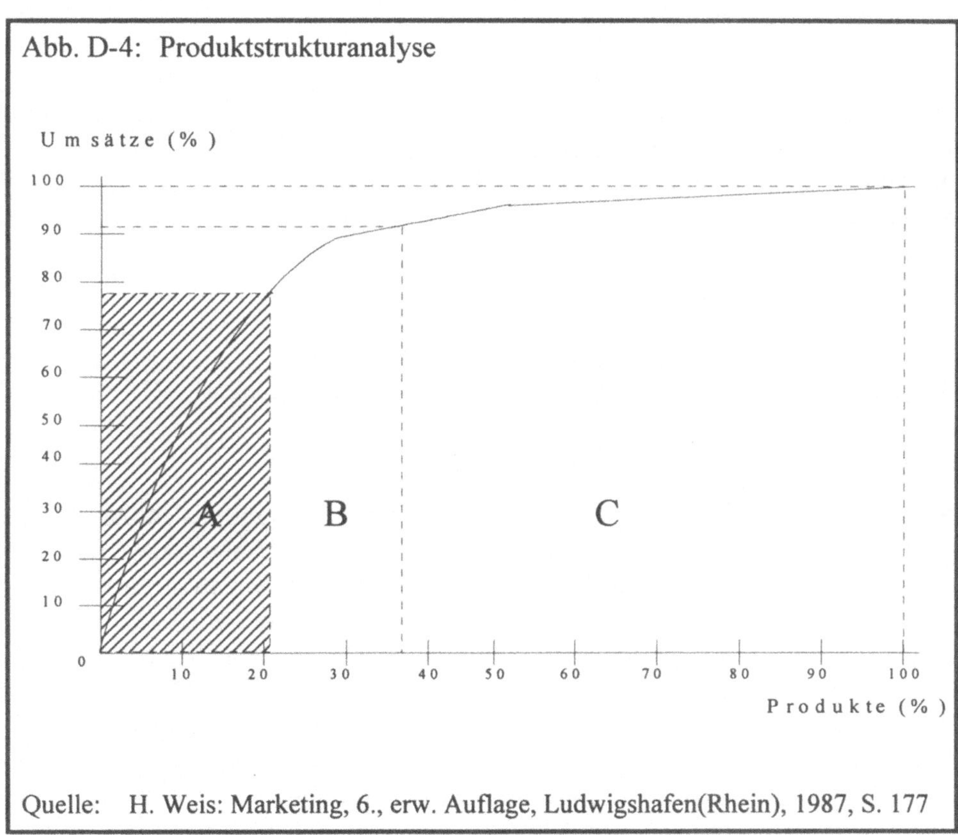

Quelle: H. Weis: Marketing, 6., erw. Auflage, Ludwigshafen(Rhein), 1987, S. 177

Ziel dieser Methode ist es, Ungleichverteilungen oder Konzentrationen innerhalb des Leistungsprogramms festzustellen, um daraus gezielte Marketingaktivitäten abzuleiten.

So kann beispielsweise mit Hilfe der Kundenstrukturanalyse die Abhängigkeit eines Unternehmens von einzelnen Kunden dargestellt werden. Weitere Möglichkeiten sind Hinweise auf eine gefährliche Umsatzkonzentration oder eine mögliche Programmbereinigung.

In diesem Zusammenhang erfolgt oft eine Unterteilung in A-, B- und C-Kategorien. Kunden/Produkte mit einem sehr hohen Umsatz/Deckungsbeitragsanteil werden der Klasse A zugeordnet, Kunden/Produkte mittlerer Bedeutung erhalten das Kennzeichen B und umsatz/deckungsbeitragsschwache Bereiche den Buchstaben C. Die genaue prozentuale Abgrenzung der einzelnen Klassen wird unternehmensspezifisch definiert.

Die Gefahr dieser Einteilung besteht darin, sich voreilig auf A-Kunden und A-Produkte zu konzentrieren und dabei Produkte/Kunden der Kategorien B und C zu vernachlässigen, obwohl diese für die Zukunft bessere Marktchancen und Wachstumsraten aufweisen.

Auffällig ist die im Bereich der Umsatzstrukturanalyse häufig anzutreffende Pareto-Verteilung. Sie wurde von dem Italiener Pareto entdeckt und besagt, daß mit 20 Prozent der Produkte 80 % des Umsatzes erzielt werden.

3.3.3 Portfolio-Analyse

Portfolioanalysen, die mittlerweile zu den in der Marketingpraxis am häufigsten vertretenen strategischen Analyseinstrumenten gehören, haben ihren Ursprung im Bank- und Finanzbereich. Durch eine geeignete Kombination der Vermögenswerte wird hierbei versucht, das Gesamtrisiko zu minimieren.

Dieser Grundgedanke der Risikostreuung wurde auf das strategische Management übertragen. Nach der Erstellung eines Ist-Portfolio wird dabei in einem Plan-Portfolio die zukünftige gewünschte Produkt- oder Kundenzusammensetzung dargestellt. Zur Erreichung des Ziel-Portfolios sind dann auf der Grundlage des Ist-Portfolios die jeweiligen Strategien abzuleiten.

Einen weiteren Ausgangspunkt für zahlreiche Portfolio-Modelle stellen die Ergebnisse des PIMS-Projektes (PIMS = Profit Impact of Market Strategies) des Strategic Planning Institute (Cambridge/Massachusetts) dar [72].

Hierbei wurde untersucht, welche Schlüsselgrößen für die Erfolgsentstehung im Unternehmen verantwortlich sind.

---

72 Vgl. J. Becker: Marketing-Konzeption, 3., verb. und erg. Auflage, München, 1990, S. 333 ff.

Den Ergebnissen der PIMS-Analyse zufolge kommt dem Faktor **Marktanteil** eine herausragende Bedeutung zu. Bei der weiteren Untersuchung ergab sich unter Zuhilfenahme des Erfahrungskurveneffekts eine **zweite Basisgröße, das Marktwachstum** (Näheres siehe J. Becker: Marketing-Konzeption, S. 333 - 338).

Marktwachstum-Marktanteil-Portfolio
Mit Hilfe der externen Basisgröße Marktwachstum und der internen Basisgröße relativer Marktanteil wurde von der Boston-Consulting-Group eine 4-Felder-Matrix entwickelt, wie sie in Abb. D-5 dargestellt ist.

Abb. D-5: Marktanteil-Marktwachstum-Portfolio der Boston Consulting Group

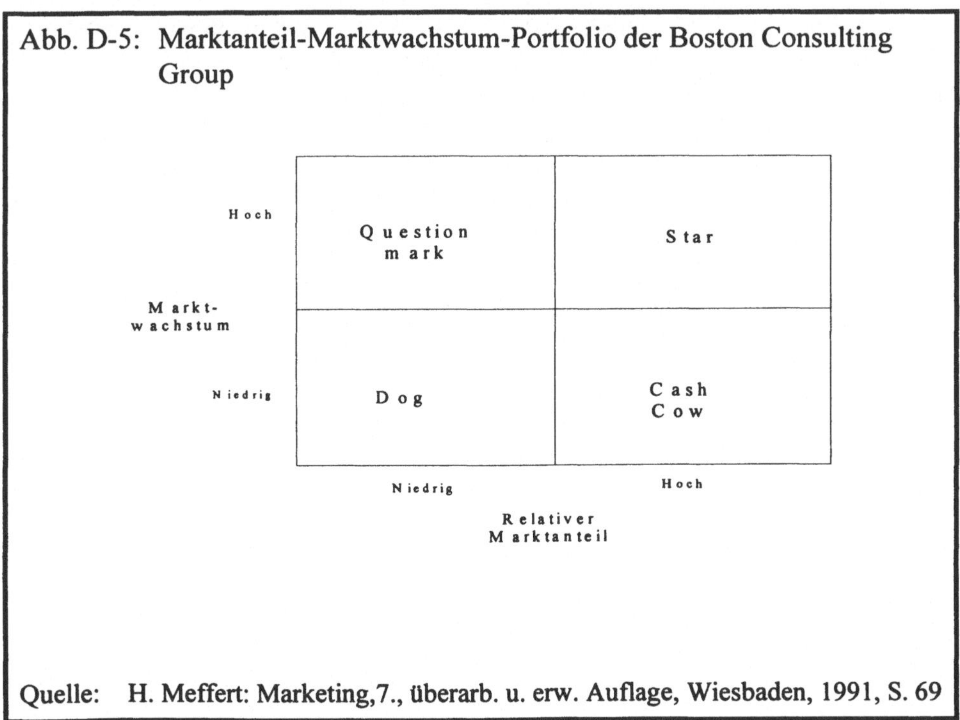

Quelle: H. Meffert: Marketing,7., überarb. u. erw. Auflage, Wiesbaden, 1991, S. 69

Der relative Marktanteil wurde dabei als Verhältnis des eigenen Marktanteils zum Marktanteil des stärksten Konkurrenten definiert. Diese interne Größe dient als Maßstab für die Stärke des Unternehmens im relevanten Markt und ist durch das Unternehmen direkt beeinflußbar (Näheres siehe P. Kotler: Marketing- Management, 7., vollst. neu bearb. und für den dt. Sprachraum erw. Auflage, Stuttgart, 1992, S. 58).

Dagegen ist die externe Dimension Marktwachstum durch Vertriebsaktivitäten kaum oder gar nicht zu beeinflussen.
Nach der Einteilung des Unternehmens in strategische Geschäftseinheiten und der Analyse der einzelnen Einheiten werden diese in Form von Kreisen in der 4-Felder-Matrix positioniert.
Als zusätzliche Information können die Kreise so gestaltet werden, daß ihre Größe den Umsatz der entsprechenden Einheit darstellt.
Aufgrund der Lage der einzelnen Geschäftseinheiten lassen sich nun für bestimmte Positionen Normstrategien ableiten, die in Abb. D-6 dargestellt sind.
Neben der Ableitung von Marketing-Strategien dient das Portfolio-Modell der Beurteilung der bestehenden Produktstruktur. Wie bei den Wertpapier-Portefeuilles sollte auch das Produktportfolio insgesamt in sich ausgewogen sein.
Hier zeigen sich auch Parallelen zu der oben geschilderten Produktlebenszyklus-Methode. Beide Methoden basieren auf der Annahme, daß Produkte während ihres "Lebens" bestimmte Phasen durchlaufen. In Abb. D-7 wurde daher versucht, den einzelnen Lebenszyklusphasen die jeweiligen Felder der Marktwachstum-Marktanteil-Matrix zuzuordnen.

Abb. D-6: Normstrategien im Marktanteils-Marktwachstums-Portfolio

Portfolio-Kategorie	**Question-Mark**	**Star**	**Cash-Cow**	**Dog**
Strategie	Offensiv-S.	Investitions-S.	Abschöpfungs-S.	Desinvestitions-S.
1. Programm-politik	Produkt-Spezialisierung	Sortiment ausbauen, diversifizieren	Imitation	Programm-begrenzung
2. Abnehmer-märkte und Marktanteile	gezielt vergrößern	Basis verbreitern	Position verteidigen	Kundenselektion regionaler Rückzug
3. Preispolitik	Niedrigpreise	Preisführerschaft	Preis-stabilisierung	Hochpreis-politik
4. Absatz-förderung	stark forcieren	aktiver Einsatz von Werbemitteln	Verbesserung des Kundendienstes	abbauen
5. Risiko	akzeptieren	akzeptieren	begrenzen	vermeiden
6. Investitionen	hoch Erweiterungs-investitionen	Reinvestitionen	Ersatz-investitionen	stillegen

Quelle: H. Weis: Marketing, 6., erw. Auflage, Ludwigshafen(Rhein), 1987, S. 361

Abb. D-7: Zusammenhang zwischen Produktlebenszyklen und Portfolio-Kategorien

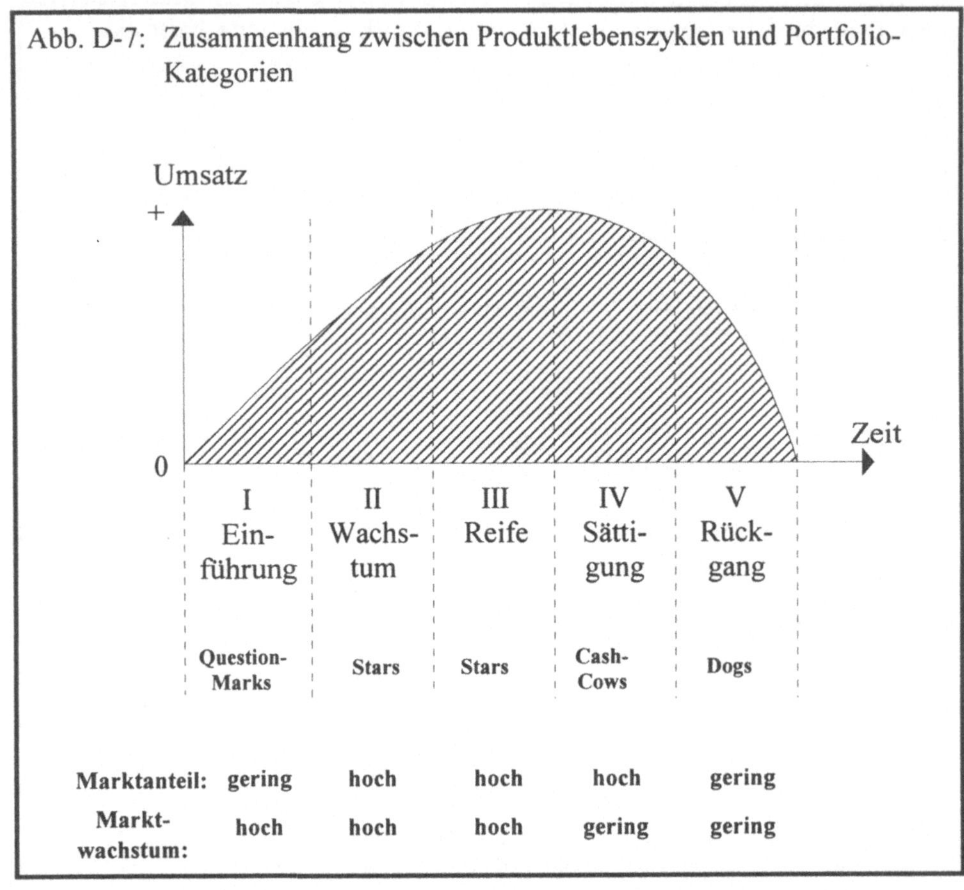

Bei der Bewertung der Portfolio-Methode der Boston Consulting Group treffen verschiedene Meinungen aufeinander. Während einige Autoren (Meffert, Hüttel) kritisieren, daß lediglich zwei Faktoren, nämlich Marktwachstum und Marktanteil, untersucht werden, stellt für andere Autoren (Becker) die höchstmögliche Verdichtung der strategie-beeinflussenden Faktoren einen wesentlichen Vorteil der 4-Felder-Matrix dar [73].

Von allen als problematisch angesehen wird die Nichtberücksichtigung neuer Geschäftsfelder, da lediglich für positionierte Geschäftseinheiten Strategien abgeleitet werden. Potentielle Einheiten, die noch keine Tätigkeitsbereiche der Unternehmung darstellen, werden nicht berücksichtigt.

73 Vgl. J. Becker: Marketing-Konzeption,, a. a. O., S. 341

Marktattraktivtäts-Wettbewerbsvorteil-Portfolio

Aus der oben dargestellten 4-Felder-Matrix der Boston Consulting Group sind eine Reihe von Varianten hervorgegangen, von denen die Marktattraktivitäts-Wettbewerbsvorteil-Matrix die größte Bedeutung erlangt hat. Sie wurde in den USA von den Firmen General Electric und der Beratungsfirma Mc Kinsey entwickelt und verarbeitet die an der 4-Felder-Matrix vorgebrachte Kritik.

Dem Kritikpunkt, daß die Schlüsselfaktoren, die den Erfolg eines Unternehmens bestimmen, nicht durch zwei Globalgrößen ausgedrückt werden können, trägt dieses Modell durch eine sehr detaillierte Analyse der Achsenbezeichnungen Marktattraktivität und Wettbewerbsvorteil Rechnung. Jede dieser Dimensionen wird durch eine Reihe von Hauptkriterien beschrieben, die sich wiederum aus mehreren Subkriterien zusammensetzen. Da sämtliche Indikatoren im Vergleich zum stärksten Konkurrenzunternehmen gemessen werden, erfordert diese Methode umfangreiche interne und externe Datenerhebungen.

Abb. D-8: Marktattraktivitäts-Wettbewerbsvorteil-Portfolio

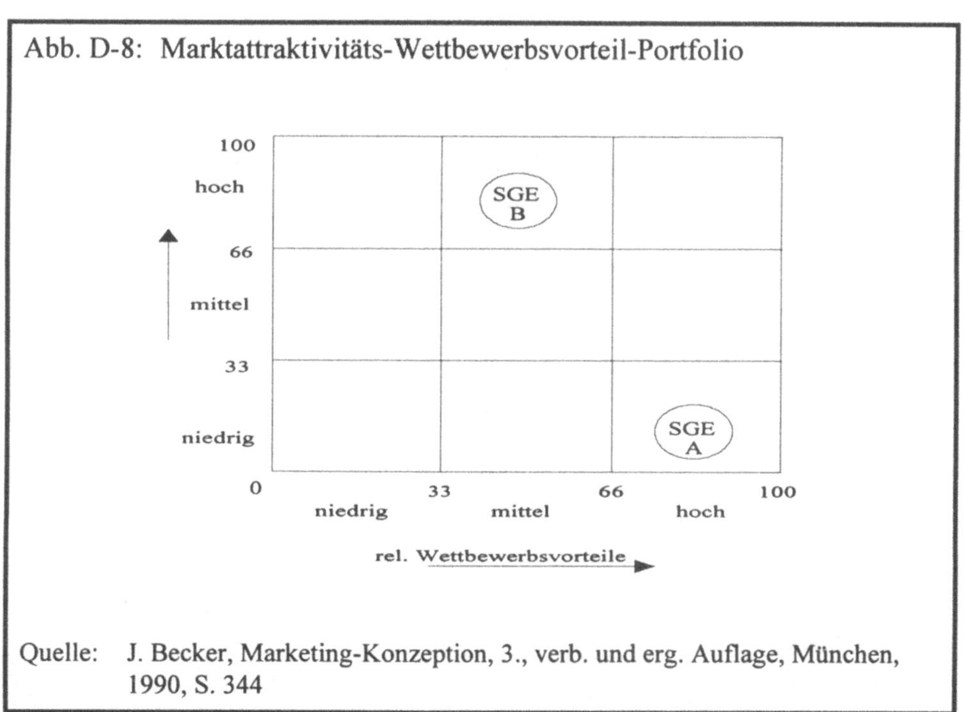

Quelle: J. Becker, Marketing-Konzeption, 3., verb. und erg. Auflage, München, 1990, S. 344

Probleme ergeben sich neben der Erfassung des feingliedrigen Datenmaterials bei der Verarbeitung und vor allem bei der Gewichtung der Kriterien.

Hier werden häufig Scoring-Verfahren verwendet, bei denen die Kriterien mit Punkten bewertet und gewichtet werden (Näheres siehe P.Kotler: Marketing-Management, 7., vollst. neu bearb. und für den dt. Sprachraum erw. Auflage, Stuttgart, 1992, S. 60 ff.).
Über die Summe der Punktzahlen der Einzelindikatoren erhält man je Geschäftseinheit für jede Dimension einen bestimmten Zahlenwert. Damit lassen sich die Einheiten in der im Gegensatz zum Boston Consulting Group-Portfolio aus neun Feldern bestehenden Matrix positionieren (siehe Abb. D-8).
Wie bereits bei der 4-Felder-Matrix können aus der Position der einzelnen Geschäftseinheiten typische Normstrategien abgeleitet werden. Diese sind schematisch in Abb. D-9 dargestellt.

Abb. D-9: Normstrategien im Marktattraktivität-Wettbewerbsvorteil-Portfolio

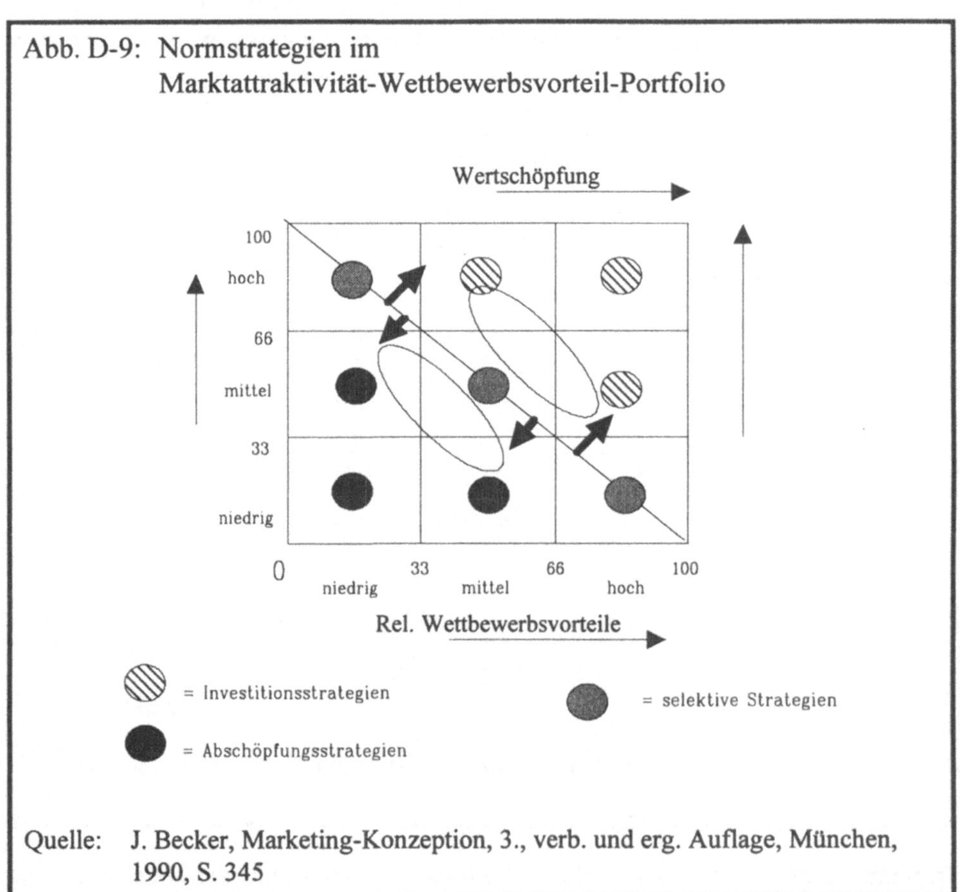

Quelle: J. Becker, Marketing-Konzeption, 3., verb. und erg. Auflage, München, 1990, S. 345

Kunden-Portfolio

Wie bei den Programmanalysemethoden ist auch bei der Portfolio-Methode neben der Produktuntersuchung eine Analyse der Kundenstruktur möglich. Aufbauend auf der oben erläuterten Kundenstrukturanalyse werden dabei für einige Kunden (i.d.R. A- und B-Kunden) je nach Portfolio-Variante unterschiedliche externe und interne Faktoren untersucht. (Näheres siehe Elke Böing/Dietmar Barzen: Kunden-Portfolio im Praktiker-Test, In: Absatzwirtschaft, 2/92, S. 85 ff.).
Variantenabhängig werden dabei auch die externe und interne Achse der Matrix mit unterschiedlichen Dimensionen bezeichnet. In Abb. D-10 sind wesentliche Merkmale verschiedener Kunden-Portfolio-Varianten in einem Vergleich dargestellt.
Analog zu dem oben geschilderten Vorgehen werden abhängig von der Position der Kunden innerhalb der Matrix unterschiedliche Kundenstrategien abgeleitet.

Ziel ist es, die begrenzten Mittel des Unternehmens auf die Kunden zu konzentrieren, bei denen sich der materielle, finanzielle, zeitliche und persönliche Einsatz am meisten lohnt.

Da bei der Kundenstrukturanalyse in der Regel die zukunftsorientierte Betrachtung von externen und internen Erfolgsfaktoren unberücksichtigt bleibt, stellt das Kundenportfolio hierzu eine sinnvolle Ergänzung dar, da hier auch zukünftige Erfolgspotentiale der Kunden mit berücksichtigt werden.
Insgesamt gesehen hängen die Ergebnisse, die die Portfolio-Methode liefert, stark von den zwangsläufig subjektiven Bewertungen und Gewichtungen der einzelnen Faktoren ab, so daß eine Geschäftseinheit auf jede gewünschte Position innerhalb der Matrix positioniert werden kann.
Dennoch stellt die Portfolio-Methode aufgrund ihrer hohen Anschaulichkeit und dem nachgewiesenen praktischen Erfolg ein sinnvolles Instrument innerhalb der strategischen Marketingplanung dar.

Abb. D-10: Kunden-Portfolio-Varianten im Direktvergleich

Portfolio-Variante / Bewertungs-kriterien	K.nwachstum-rel. Lieferanteil-Portfolio	K.attraktivität-rel. Lieferanten-position-Portfolio	Kunden-Gewinn-Portfolio	Abschlußwahr-scheinlichkeit-Marktposition-Portfolio
Zielsetzung	Effizienter Außen-diensteinsatz und Vertriebsaktivitäten-zuteilung	Effizienter Außen-diensteinsatz und Vertriebsaktivitäten-zuteilung	Erreichung einer optimalen Kunden-zusammensetzung	Effizienter Außendienst-Einsatz
Interne Achse	Relativer Lieferanteil	Relative Lieferanten-position	Aktueller Gewinnbeitrag Zukünftiger Gewinnbeitrag	Marktposition
Externe Achse	K.wachstum	K.attraktivität	-	Abschlußwahr-scheinlichkeit
Felder-Einteilung	4-Felder-Matrix	9-Felder-Matrix	4-Felder-Matrix	9-Felder-Matrix
Betitelung der Strategiefelder	Fragezeichen, Star, Abbau- und Melk-Kunden	K.-Investition K.-Desinvest. K.-Selektion	Unentwickelte, Entwickelte, Erwünschte und Unerwünschte K.	Segment I, Segment II, Segment III, Segment IV-K.
Handhab-barkeit	Relativ gut	Komplex	Komplex	Relativ gut
-Anpassungs-fähigkeit	Gering	Hoch	Relativ Hoch	Gering
Vorteile	Kontrolle durch Aufstellen von Ziel-Portfolios	Berücksichtigung vieler Kriterien	Förderung des Gewinn- und Kosten-bewußtseins	Berücksichtigung mehrerer Kriterien
Nachteile	Monovariabler Beurteilungsr-ahmen	Überschneidung der Kriterien	Konkurrenz unberücksichtigt	subjektive Punktvergabe

Quelle: E. Böing/D. Barzen: Kunden-Portfolio im Praktiker-Test, In: Absatzwirtschaft, 2/92, S. 107

FALLBEISPIEL:

Prämissen
Am Beispiel eines Kleinbetriebes soll nun versucht werden, die Möglichkeiten und Grenzen für den Einsatz strategischer Planungsinstrumente in Klein- und Mittelbetrieben darzustellen. Eine Vorgabe der Unternehmensleitung bestand dabei darin, nur solche Instrumentarien im Unternehmen zu implementieren, die trotz der eingeschränkten Personalkapazität von den Mitarbeitern nach Abschluß der Untersuchung weiterbetreut werden können.

Bildung von strategischen Geschäftsfeldern
Der zielgerichtete Einsatz von Marketingaktivitäten setzt ein Mindestmaß an Informationen voraus. Für eine Produkt- oder Kundenanalyse bedeutet dies vollständige, aktuelle Produkt- und Kundenaufstellungen. Da diese Informationen in dem o.g. Unternehmen nicht oder nur lückenhaft zur Verfügung standen, wurden in einem ersten Schritt alle relevanten Daten mit Hilfe geeigneter Software aufgenommen.
Als Grundlage dienten Rechungsdurchschläge und bestehende Auswertungen. Dabei stellte sich heraus, daß mangels eines Kalkulationssystems Herstellkosten und damit Gewinnbeiträge einzelner Produkte und Kunden nicht zu ermitteln waren.
Aufgenommen wurden daher Absatzmengen, Verkaufspreise und Umsätze vergangener Perioden. Parallel dazu wurde der Aufbau eines Vor- und Nachkalkulationssystems gestartet, um die fehlenden Daten zu erhalten und eine Entscheidungsgrundlage für künftige Unternehmensentscheidungen bereitzustellen.
Mit Hilfe der so gewonnenen Informationsgrundlage wurde nun versucht, die bestehende Produktpalette in sinnvolle Einheiten einzuteilen. Im Hinblick auf eine mögliche Portfolio-Analyse wurden aus den insgesamt 105 verschiedenen Produkten sechs strategische Geschäftseinheiten gebildet, die im weiteren mit SGE 1 bis 6 bezeichnet werden sollen.

Durchführung der in Kapitel 3.3 dargestellten Analysemethoden
Im Kundenbereich wurde aufgrund der oben geschilderten Vorteile ebenfalls eine Portfolio-Analyse angestrebt. Dazu wurde im Vorfeld eine Kundenstrukturanalyse erstellt, deren Ergebnis in Abb. D-11 dargestellt ist.

Abb. D-11: Kundenstrukturanalyse

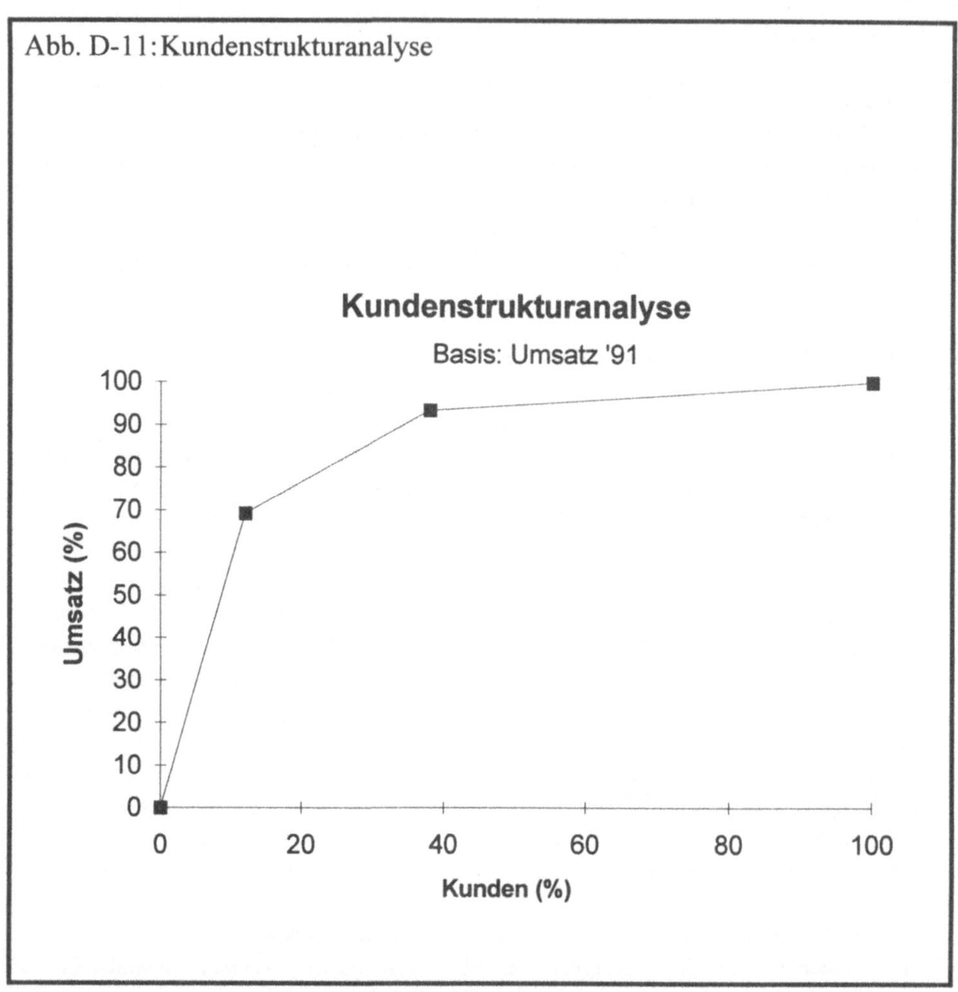

Interessanterweise ergibt sich auch bei der konkreten Anwendung der Programmanalyse eine vergleichbare Verteilung wie in der Literatur dargestellt. So erzielen bei dem von uns untersuchten Unternehmen 12 Prozent der Kunden 69 Prozent des Umsatzes, mit insgesamt 38 Prozent der Kunden werden 93 Prozent des Umsatzes erzielt. Der Großteil der Kunden (62 %) trägt nur mit 7 Prozent zum Umsatz bei.

Unabhängig von dem als Erweiterung geplanten Kundenattraktivitäts- Lieferantenposition-Portfolio ließ sich aus dieser Analyse bereits eine sehr starke Abhängigkeit des Unternehmens von einzelnen Kunden ableiten.

Aufgrund der noch unvollständigen Herstellkosten konnte die wesentlich aussagekräftigere Kundenstrukturanalyse auf Deckungsbeitragsbasis noch nicht durchgeführt werden.

In einer zweiten Phase sollten nun sowohl im Kunden- als auch im Produktbereich mittels verschiedener Portfolio-Methoden Diagramme erstellt werden, um daraus in Zusammenarbeit mit der Geschäftsleitung die einzelnen Strategien für die jeweiligen SGE oder Kunden abzuleiten. Eine Durchführung dieses Vorhabens ließ sich aus folgenden Gründen nicht realisieren:

1. zu aufwendige Informationsbeschaffung

Wie bereits in Kapitel 3.3.3 beschrieben, sind zur Durchführung von Portfolio-Analysen zahlreiche Daten nötig, die teilweise nur sehr schwierig oder gar nicht beschafft werden können.

Bei unseren Bemühungen zeigte sich auch, daß Faktoren wie Marktwachstum, Attraktivität der Branche oder Abschlußwahrscheinlichkeit nur durch Schätzungen bestimmt werden konnten.

Außerdem erfordert die Ausarbeitung einer Portfolioanalyse einen erheblichen Zeit- und Personalaufwand, so daß die oben angesprochene Vorgabe der Unternehmensleitung bei Einsatz der Portfolio-Methode nicht zu verwirklichen gewesen wäre.

2. Einflußgrößen zu dominant

Neben den oben angedeuteten Schwierigkeiten bei der Informationsbeschaffung zeigte sich, daß durch die starke Dominanz externer und interner Einflußfaktoren die weiteren Aktivitäten für die einzelnen SGE stark vorgegeben waren.

In Abb. D-12 sind die verschiedenen Einflußfaktoren schematisch dargestellt.

Abb. D-12: Außerbetriebliche Einflußgrößen

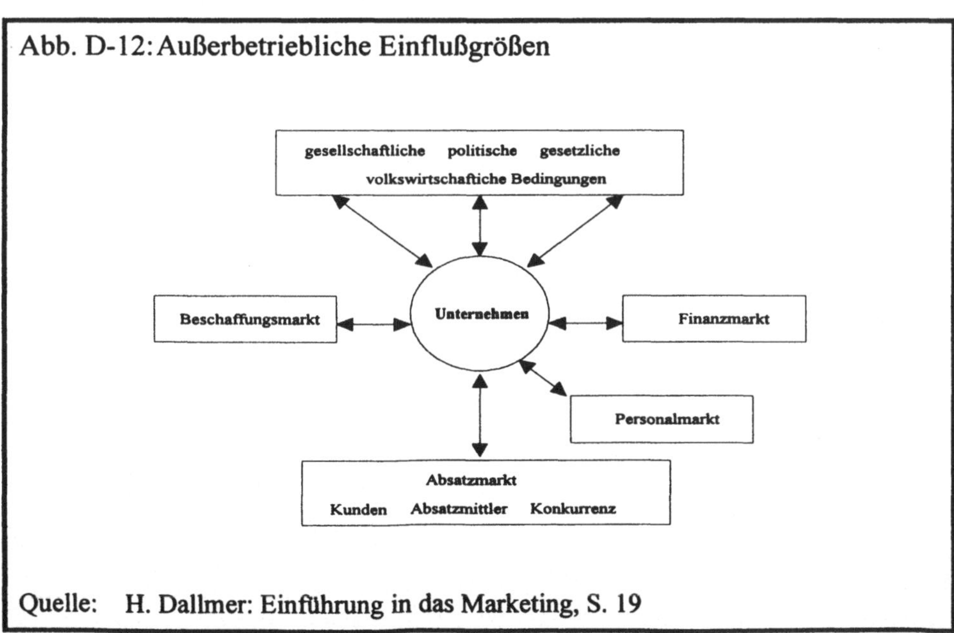

Quelle: H. Dallmer: Einführung in das Marketing, S. 19

Zusammen mit der Geschäftsleitung wurden für die einzelnen SGE's folgende Strategien festgelegt:

-**SGE 1**: Die SGE wird aufgegeben, da der Hauptkunde aufgrund einer durchgeführten Lieferantenkonzentration lokale Lieferanten bevorzugt

-**SGE 2**: Die SGE wird veräußert, da diese Neuentwicklung sich nicht in die bestehende Fertigungsstruktur integrieren läßt

-**SGE 3**: Der Marktanteil dieser SGE soll durch Erschließung neuer Absatzmärkte vergrößert werden, um nach dem Wegfall der SGE 1 ein weiteres Standbein aufzubauen

-**SGE 4**: Der Marktanteil dieser SGE soll durch Erweiterung der Einsatzmöglichkeiten und dem dadurch möglichen Eindringen in Zusatzmärkte verbessert werden

-**SGE 5**: Der Marktanteil soll auf dem gegenwärtigen Niveau gehalten werden

-**SGE 6**: Der Marktanteil soll auf dem gegenwärtigen Niveau gehalten werden

Bewertung

Unserer Meinung nach lassen sich die bei unserer Untersuchung aufgetretenen Probleme allgemein auf Klein- und Mittelbetriebe übertragen.

Aufgrund der in diesen Unternehmen knapperen Ressourcen in den Bereichen Personal und Kapital ist der Einsatz der aufwendigen Portfolio-Methode nicht sinnvoll.

Im Gegensatz dazu kann durch Zugriff auf die i.d.R. bestehenden Produkt- und Kundendaten sehr einfach und schnell eine Produkt- oder Kundenstrukturanalyse durchfgeführt werden, durch die bereits ein gezielter Einsatz der bei Klein- und Mittelbetrieben oft knappen Vertriebskapazität möglich ist.

Eine andere Möglichkeit ist der Einsatz zusätzlicher Personalkapazität und Know-Hows durch externe Berater oder die Einstellung eines Assistenten der Geschäftsleitung.

4. Erschließung internationaler Absatzmärkte als ausgewählter, zentraler Prozeß innerhalb des Vertriebs

4.1 Definition und Aufgaben der Absatzmarktforschung

Wie bereits im Kapitel A ausgeführt, hat sich Information heute neben den klassischen fünf Produktionsfaktoren als neuer, strategischer Produktionsfaktor etabliert. Vor allem im Marketing, das die Schnittstelle zwischen dem Markt und dem Unternehmen darstellt, ist Information die Voraussetzung für ein zielgerichtetes Marketingverhalten.
Obwohl in der Literatur teilweise versucht wird, Absatzforschung, Marktforschung und Marketingforschung begrifflich gegeneinander abzugrenzen, halte ich eine Differenzierung aus der Sicht von Klein- und Mittelbetrieben nicht für sinnvoll und möchte daher die o. g. Begriffe im folgenden synonym verwenden.
Damit kann Marketingforschung als systematische Anlage und Durchführung von Datenerhebungen sowie die Analyse und Weitergabe von Daten, die in bestimmten Marketingsituationen vom Unternehmen benötigt werden, definiert werden [74].
Aufgrund dieser weiten Begriffsdefinition kann auch die nachfolgend durchgeführte Länderauswahl in diesen Bereich eingeordnet werden.
Zu den klassischen Feldern der Marketingforschung zählen jedoch Aktivitäten, die nach der Entscheidung für ein bestimmtes Land anstehen. Dazu zählen beispielsweise Marktstrukturanalysen, Werbemittelforschung und Untersuchungen von Konkurrenzprodukten.

4.2 Einleitung

Deutschland ist von je her auf den Export angewiesen. Dies spiegelt sich auch am Anteil des Exports am Bruttosozialprodukt wieder, der mit rund 33 Prozent im Vergleich zu anderen Industriestaaten sehr hoch liegt [75].
Dieser Anteil ist jedoch in erster Linie auf die Auslandsaktivitäten größerer Unternehmen und Konzerne zurückzuführen, die mit Hilfe geeigneten Fachpersonals und über weitreichende Verbindungen international tätig sind.

---

74 Vgl. P. Kotler: Marketing-Management, a. a. O., S. 143

75 Geschäftsbericht der Deutschen Bundebank für das Jahr 1991, S. 15 u. 36

Aufgrund der oben beschriebenen Auswirkungen der globalen wirtschaftlichen und politischen Umwälzungen auf den Vertrieb müssen sich nun jedoch auch kleinere und mittlere Unternehmen, die bisher nur regional oder national tätig waren, mit dem Einstieg in das internationale Geschäft befassen.
Dabei sind eine Vielzahl von Punkten zu berücksichtigen, die von einem Geschäftsführer oder Eigentümer eines mittelständischen Unternehmens nicht zu überblicken sind. Deshalb stellen unterschiedliche Institutionen dem Entscheidungsträger umfangreiches Informationsmaterial und auch Beratungsleistung zur Verfügung.
Dies stellte sich in Gesprächen heraus, die wir in diesem Zusammenhang mit Vertretern von Banken, der IHK und der Landeszentralbank geführt haben.
Vorausgesetzt wird dabei jedoch, daß sich das Unternehmen bereits für ein bestimmtes Land entschieden hat. Gerade dieser erste Selektionsvorgang ist aber von entscheidender Bedeutung, da hier zahlreiche Kriterien wie beispielsweise geographische Faktoren, Mentaliät, das politische Klima oder die Devisenstabilität berücksichtigt werden müssen.
Großkonzerne engagieren für diese Aufgabe Spezialunternehmen oder unterhalten sogar eigene Abteilungen, die sich ausschließlich mit dieser Thematik beschäftigen [76].
Unser Ziel war es, auch kleinen und mittleren Unternehmen Kriterien an die Hand zu geben, um in dieser 1. Phase zu einer strukturierten, fundierten Entscheidung zu gelangen. Aus Gründen der Allgemeingültigkeit haben wir uns dabei auf branchenunabhängige Kriterien beschränkt.
Bei der Ausarbeitung der Kriterien wurden gemeinsame Einflußfaktoren auf Auslandsaktivitäten in den Bereichen Vertrieb und Beschaffung festgestellt. Aufgrund dieser Überschneidungen wurden die einzelnen Kriterien zur Vermeidung von Redundanzen auf beide Bereiche aufgeteilt.
Unabhängig davon erschien es uns wichtig, innerhalb des jeweiligen Bereichs alle relevanten Kriterien anzusprechen und gegebenenfalls auf Ausführungen in anderen Kapitel zu verweisen.

---

76 Vgl. P. Kotler: Marketing-Management, a. a. O., S. 596 f.

Im Rahmen der gemeinsamen Erarbeitung der Kriterien kristallisierte sich heraus, daß im Bereich der Auslandsmarktforschung gemeinsame Aktivitäten von Beschaffung und Vertrieb durchaus sinnvoll erscheinen. Gerade für Klein- und Mittelbetriebe mit ihren oftmals beschränkten finanziellen und personellen Ressourcen könnten so erste Schritte beim Eintritt ins Auslandsgeschäft kostengünstig realisiert werden.

4.3 Kriterien zur Bewertung des Länderrisikos

4.3.1 Kapital

Währung

Beim Verkauf oder Kauf von Waren liegen Vertragsabschluß und Zahlungszeitpunkt oft Wochen oder Monate auseinander. Während dieser Zeit kann sich die Währung eines Landes positiv oder negativ entwickeln.
Vor allem hohe Staatsschulden und politische Instabilität sowie hohe Inflationsraten können zur Abwertung einer Währung oder zu starken Wechselkursschwankungen führen.

> Um diesem Risiko zu entgehen, ist es das Ziel des Exporteurs, Auslandsgeschäfte in einer stabilen, wertvollen Währung durchzuführen.

Dies ist in der Regel eine harte Weltwährung wie DM, Yen, Franken oder US-Dollar.
Die Freiheit der Währungswahl wird jedoch häufig durch Devisenverkehrsbeschränkungen des Importlandes eingeschränkt. Diese legen die Währung oder den Wechselkurs gegenüber anderen Währungen fest.
Ist dies der Fall, so ist von entscheidender Bedeutung, ob das Land Mitglied in einem internationalen oder europäischen Währungsfond ist, so daß die Wechselkursschwankungen durch übergeordnete Institutionen innerhalb einer bestimmten Bandbreite gehalten werden.
Sollte dies nicht der Fall sein, gibt es verschiedene Möglichkeiten, um sich gegen Wechselkursschwankungen abzusichern.

-Devisentermingeschäfte: Das Devisen-Termingeschäft ist das am häufigsten benutzte Instrument zur Währungs- und Kurssicherung, da es im Normalfall die günstigste und wirksamste Form der Absicherung darstellt.
Devisentermingeschäfte können mit jedem größeren Kreditinstitut für alle konvertiblen Währungen abgeschlossen werden. Dabei wird dem Exporteur für einen in der Zukunft liegenden Zahlungseingang in Devisen von der Bank ein bestimmter Wechselkurs bereits bei Vertragsabschluß garantiert.
Damit entfällt für den Exporteur das Kursrisiko und er hat eine sichere Grundlage für seine Kalkulation.

-Währungskredite: Beim Währungskredit gewährt die Bank dem Exporteur einen Kredit in der Höhe und der Währung des zu erwartenden Forderungseingangs. Der Exporteur kann nun zum aktuellen Wechselkurs diesen Betrag in DM umtauschen. Nach geleisteter Zahlung kann er dann mit diesen Devisen den Währungskredit zurückzahlen.
Der Vorteil für den Exporteur besteht darin, daß er die Devisen zu einem bekannten Kurs umtauschen kann. Damit wird das Exportgeschäft für ihn kalkulierbar und es entfällt das Kursrisiko.

-Wechselkursversicherung des Bundes: Die Wechselkursversicherung des Bundes ist unter dem Namen HermesVersicherung besser bekannt. Sie bietet Wechselkursgarantien und Wechselkursbürgschaften für Exportgeschäfte in bestimmten Währungen und mit einer Mindestlaufzeit von zwei Jahren. Vertragspartner des Exporteurs ist hier nicht eine Bank, sondern der Bund, vertreten durch die Hermes Kredtiversicherungs-AG.

Neben den erwähnten Absicherungsmöglichkeiten können Exportforderungen unter bestimmten Voraussetzungen auch im Rahmen der Forfaitierung oder des Export-Factoring verkauft werden.
In Gesprächen mit speziellen Außenhandelsberatern der Banken muß hier für den jeweiligen Einzelfall die optimale Absicherungsalternative gewählt werden.
Es gibt aber auch Länder, bei denen durch immense Inflationsraten oder andere Faktoren überhaupt kein Wechselkurs zustande kommt. Diese Währungen, bei denen die Tauschfunktion des Geldes außer Kraft gesetzt ist, werden als nicht konvertibel bezeichnet.

Vor allem die Nachfolgestaaten der ehemaligen Sowjetunion befinden sich momentan in dieser Situation und kehren deshalb zum Tauschhandel Ware gegen Ware zurück. Obwohl dies sicherlich für den Exporteur die ungünstigste Zahlungsform darstellt, ist dies oft die einzige Möglichkeit, um die Wirtschaft eines Landes überhaupt in Gang zu bringen.
Dieser als Kompensationshandel bezeichnete Tausch kann verschiedene Formen annehmen.

-Bartergeschäfte: Bartergeschäfte sind direkte Tauschgeschäfte, ohne daß Geld oder eine dritte Partei beteiligt ist.

-Kompensationsgeschäfte: Kompensationsgeschäfte sind eine Mischung aus Bartransaktion und Tauschhandel. Der Verkäufer erhält dabei einen bestimmten Prozentsatz des vereinbarten Preises in bar und den Rest in Form von Waren.

-Rückkaufvereinbarung: Der Exporteur verkauft hierbei eine Maschine oder Anlage und akzeptiert die auf dieser Maschine hergestellten Produkte als Zahlungsersatz.

-Gegenkauf: Der Exporteur erhält hierbei die volle Zahlung in Geld, verpflichtet sich jedoch, mit diesem Geld Gegenkäufe im Importland zu tätigen.

Jüngste Erfahrungen zeigen jedoch, daß diese Kompensationshandelsgeschäfte für den Exporteur so unrentabel sind, daß sie sich nur mit Hilfe massiver staatlicher Unterstützung überhaupt realisieren lassen [77].

Einkommensverteilung

Die Einkommensverteilung eines Landes gibt Aufschluß darüber, ob in einem Land die Kaufkraft vorhanden ist, um das gewünschte Produkt überhaupt absetzen zu können. Dabei reicht es nicht, das freie verfügbare Einkommen je Einwohner zu kennen, sondern die Verteilung der Einkommen ist entscheidend.
Es gibt Länder mit sehr niedrigem Einkommen, sehr niedrigem und sehr hohem Einkommen, überwiegend mittlerem Einkommen und niedrigem, mittlerem und hohem Einkommen.
Abhängig vom jeweiligen Einkommensverteilungsmuster lassen sich dann Aussagen über die Größe des Absatzmarktes machen.

---

77 Vgl. VDI-Nachrichten vom 28.08.92, Der Rubel rollt nicht mehr,Ausgabe Nr. 35, S. 6

Absicherung des Warengeschäfts

Im Inland ist es üblich, die Ware ohne besondere Absicherung dem Kunden zuzustellen. Nach Erhalt der einwandfreien Ware und der Rechnung überweist dieser den Rechnungsbetrag an den Hersteller.
Bei der Erschließung neuer Absatzmärkte im Ausland kennt man in der Regel die neuen Geschäftspartner noch nicht. Um als Exporteur der Gefahr zu entgehen, daß der Importeur die Ware weiterverarbeitet, ohne zu bezahlen, muß das Warengeschäft abgesichert werden.
Hier haben sich in der Praxis zwei Instrumente, das Dokumenten-Akkreditiv und das Dokumenten-Inkasso, durchgesetzt. Der Grundgedanke beider Instrumente besteht darin, daß durch zwischengeschaltete Banken die Verfügung über Geld und Ware kontrolliert wird.
Importeur und Exporteur können erst über die Ware bzw. das Geld verfügen, wenn sie der Bank entsprechende Dokumente vorlegen, die die Zahlung des Kaufpreises oder den Versand der Ware beweisen.
Da diese Instrumente der Warenabsicherung in einigen Ländern nicht eingesetzt werden können oder dürfen, in anderen dagegen gesetzlich vorgeschrieben sind, sollte dieser Punkt bei der Auswahl internationaler Absatzmärkte in jedem Fall berücksichtigt werden.
Wertvolle Informationen liefern hier Publikationen von Banken über die Importbestimmungen anderer Länder.

4.3.2 Staat

Rechtliche Situation

Es gibt Länder, die ausländischen Unternehmen gegenüber sehr aufgschlossen sind, aber auch Nationen, die sich ausländischen Firmen gegenüber sehr ablehnend verhalten.
Für ein Unternehmen, daß künftig international aktiv werden will, ist es wichtig zu wissen, ob man in einem Land willkommen ist oder nicht und inwieweit man mit staatlicher Unterstützung rechnen kann. Die Einstellung eines Landes gegenüber ausländischen Unternehmen läßt sich anhand der folgenden Punkte feststellen.

- **Zölle:** Zölle können als Steuer der ausländischen Regierung auf Importgüter bezeichnet werden.
  Dabei kann der Zoll zur Erhöhung der Steuereinnahmen oder zum Schutz inländischer Unternehmen gedacht sein. Die Höhe der Zölle läßt Rückschlüsse auf das Interesse des Landes am Importgut zu.

-Importkontingentierung: Bei einem Importkontingent ist die Menge eines Produkts, die in ein Land von einem Exporteur eingeführt werden darf, nach oben begrenzt. Sie dient ebenfalls zum Schutz der einheimischen Industrie und damit der Erhaltung der Arbeitsplätze.
Als extremste Form der Kontingentierung kann das Embargo gesehen werden, das den Import eines Produkts völlig untersagt.

-sonstige Handelshemmnisse: Hier gibt es eine Vielzahl von staatlichen Maßnahmen, die einem Exporteur das Leben schwer machen. Ein häufiges Mittel ist die Festlegung von Produktnormen, die sich gezielt gegen Leistungsmerkmale ausländischer Produkte richten.
Will der Exporteur sein Produkt in dem betreffenden Land dennoch verkaufen, muß er entsprechende Anpassungen vornehmen.
Eine weitere Möglichkeit ist die Benachteiligung ausländischer Anbieter bei Ausschreibungen oder Vorschriften, erzielte Gewinne im Land reinvestieren zu müssen.

-Investitionsanreize: Wenn ein Land an ausländischen Investoren interessiert ist, wird es versuchen, diese über staatliche Investitionsanreize ins Land zu holen. Beispiele hierfür sind Mexiko oder Nepal, das die Förderung von Auslandsinvestitionen sogar in der Verfassung verankert hat [78].

Industriestruktur

Die Industriestruktur gibt Aufschluß über die Hauptwirtschaftszweige eines Landes und läßt damit Rückschlüsse zu, ob ein Land zur Aufnahme eines bestimmten Produkts geeignet ist oder nicht.
Dabei lassen sich vier Arten von Industriestrukturen unterscheiden.

-Bedarfsdeckungswirtschaft: In der Bedarfsdeckungswirtschaft ist der weitaus größte Teil der Menschen mit einfacher Landwirtschaft beschäftigt. Die Menschen verbrauchen die meisten der erzeugten Güter selbst und tauschen den Rest gegen einfache Waren und Dienstleistungen ein. Diese Struktur ist in vielen Entwicklungsländern vorherrschend und bietet Exporteuren nur wenig Chancen.

78 Vgl. Handelsblatt vom 10.9.92 Deutsche Firmen sind als Partner sehr begehrt, S. 9

-Rohstoffexportierende Wirtschaft: Hier ist das Land reich an einem oder mehreren Rohstoffen, deren Export einen Großteil der Einnahmen ausmachen. Diese Länder sind aufnahmenfähige Märkte für Geräte zur Rohstoffgewinnung, Ausrüstungen und Transport- und Fördermittel.

-Wirtschaft in der Industrialisierungsphase: Aufgrund eigener industrieller Fertigung stützen sich diese Länder mehr auf Importe von Rohstoffen und weniger auf die Einfuhr von Fertigwaren. Die Industrialisierung führt häufig zur Bildung einer reichen Oberschicht und einer kleinen Mittelschicht. Beide haben Bedarf an Gebrauchs- und Luxusgütern westlicher Prägung.

-voll industrialisierte Wirtschaft: Durch eigene, umfangreiche und vielfältige Fertigungsaktivitäten beziehen sie vor allem Rohstoffe und Halbbfertiggüter. Sie besitzen eine breite Mittelschicht und sind so ein aufnahmefähiger Markt für alle Arten von Gütern.

Ein Hilfsmittel, um einzelne Länder einer bestimmten Industriestruktur zuzuordnen, ist der Export- und Importanteil einzelner Branchen des Landes. Diese Informationen sind in OECD-Länder-Berichten, die bei der Landeszentralbank einsehbar sind, enthalten.

Politische Stabilität

Auf die Bedeutung der politischen Stabilität eines Landes für die Beschaffung wurde in Kapitel C bereits detailliert eingegangen.
Aber auch für den Vertrieb spielt dieser Punkt bei der Auswahl internationaler Absatzmärkte eine wichtige Rolle.
Regierungswechsel können zur nationalen und internationalen Umorientierung eines Landes führen. National kann die neue Regierung durch Veränderung der unter Punkt 4.3.2 beschriebenen Instrumente die Einfuhr von Importgütern erschweren. Durch die Änderung der staatlichen Subventionspolitik oder einer höheren Steuerbelastung können sich beispielsweise negative Auswirkungen für den Exporteur ergeben.
International können der Aus- oder Eintritt des Landes in internationale Wirtschaftsgemeinschaften die Importbestimmungen des Landes beeinflussen und damit zu höheren Kosten für den Exporteur führen.
Durch Unzufriedenheit und einer schlechten Versorgungslage der Bevölkerung kann es jedoch auch zu gewaltsamen Regierungswechseln in einem Land kommen.

Diese Putschversuche führen häufig zu einer Zerstörung oder Beschlagnahme der importierten Ware. Bei unstabilen politischen Verhältnissen sollte der Exporteur daher versuchen, den Warenbestand in diesem Land möglichst niedrig zu halten. Da bei diesen gewaltsamen Umwälzungen oft auch internationale Gesetze und Vereinbarungen verletzt werden, wird gegen dieses Land dann auf internationaler Ebene ein Handelsembargo ausgesprochen, daß dem Exporteur die weitere Ausfuhr seines Produkts in dieses Land untersagt.
Daher sollte der Exporteur bei der Länderauswahl der politischen Stabilität eines Landes einen hohen Stellenwert einräumen.

4.3.3 Mensch

Kultur

Jedes Land hat seine eigene Kultur. Damit verbunden sind oft spezielle Werte, Bräuche und Tabus. Der Exporteur muß daher untersuchen, wie sein Produkt in dem jeweiligen Land aufgenommen wird und ob es nicht durch Form, Funktion oder Verpackung solche ungeschriebenen Regeln verletzt.
Oft gibt es auch historisch bedingte Vorurteile oder Abneigungen gegen andere Länder. Kommt das abzusetzende Produkt aus einem dieser Länder und ist dies sichtbar, kann dies zu erheblichen Absatzschmälerungen oder sogar zum totalen Kaufboykott führen.
Länderspezifische Informationen hierzu liefern die unter Punkt 4.3.2 bereits erwähnten OECD-Länder-Berichte, die in den Bibliotheken der Landeszentralbanken eingesehen werden können.

Mentalität

Neben den kulturellen Unterschieden muß auch die Mentalität der Bevölkerung des Importlandes berücksichtigt werden. Begriffe wie Zuverlässigkeit, Pünktlichkeit und Genauigkeit haben hier oft einen anderen Stellenwert. Auch bei Verhandlungen muß auf länderspezifische Geschäftspraktiken Rücksicht genommen werden.

Sprache

Um einfache Verhandlungen mit dem Geschäftspartner und damit die schnelle Abwicklung von Geschäften zu ermöglichen, müssen Exporteur und Importeur sich mittels einer internationalen Geschäftsprache verständigen können.

Aus der Bankenpublikation Importbestimmungen anderer Länder ist u.a. die Geschäftsprache der einzelnen Länder ersichtlich.
Sprachliche Barrieren können neben Mißverständnissen bei Verhandlungen auch zu erheblichen Kosten für die Erstellung geänderter Bedienungsanleitungen, Handbücher u.s.w. führen.

4.4 Weiteres Vorgehen

Die Auswahl eines geeigneten Ziellandes aufgrund der oben genannten Kriterien ist natürlich nur ein erster Schritt auf dem Weg, internationale Absatzwege zu erschließen.
Als Nächstes muß sich das Unternehmen nun über die Art des Markteinstiegs Gedanken machen.
Hier gibt es die Möglichkeit, über direkten oder indirekten Export, über Lizenzerteilung, Joint Ventures oder Direktinvestitionen im Zielland aktiv zu werden. Welche Form des Markteinstiegs sich anbietet ist von Land zu Land verschieden. Wie bereits in Kapitel D-4.2 angedeutet, gibt es zu diesem Punkt jedoch eine Vielzahl von Institutionen, die Beratungsleistung und Informationsmaterial zur Verfügung stellen.
Deshalb möchte ich mich abschließend darauf beschränken, die wichtigsten Institutionen aufzuzählen, die Unternehmen bei Auslandsaktivitäten unterstützen.
Die wichtigste Informations- und Beratungsquelle stellt sicherlich die IHK dar. Hier existieren einzelne Stellen oder Abteilungen, deren einzige Aufgabe es ist, kleine und mittlere Unternehmen bei der Aufnahme internationaler Geschäftsbeziehungen zu unterstützen und vorhandene staatliche Förderungsmöglichkeiten aufzuzeigen.
Auf Bundesebene können Informationen wie beispielsweise die Mittelstandsberichte des Wirtschaftsministeriums über die Bundesstelle für Außenhandelsinformation angefordert werden.
Daneben unterhält jedes Bundesland eine Wirtschaftsförderungsgesellschaft, denen jeweils Außenhandelskammern angegliedert sind. Auch sie sind in der Lage, bei der Vermittlung von länderspezifischem Export-Know-how behilflich zu sein und Unternehmen bei der Suche nach geeigneten ausländischen Investitions-, Kooperations- und Handelspartnern zu unterstützen.

Außer den genannten staatlichen Institutionen gibt es natürlich auch zahlreiche private Unternehmen, die sich auf die Vermittlung von Auslandskontakten spezialisiert haben. Aufgrund hoher Vermittlungsgebühren und Ausschließlichkeitsklauseln ist hier jedoch Vorsicht geboten.
Im Gegensatz dazu bieten Banken neben umfangreichem Informationsmaterial wie beispielsweise die o.g. Importbestimmungen oder regelmäßig erscheinenden Außenhandelspublikationen auch umfassende Beratungsdienste an.

5. Lösungsansätze zur Prozeßoptimierung nach ISO 9000-9004

5.1 Einleitung

Neben dem Preis hat sich die Qualität in den letzten Jahren zum entscheidenden Verkaufsargument entwickelt. Nachdem in den vergangenen Jahren die Produktqualität den Bewertungsmaßstab bei der Auswahl eines Lieferanten darstellte, wird heute zunehmend ein Qualitätssicherungssystem als Voraussetzung für die Aufnahme von Geschäftsbeziehungen gesehen.
Dabei wird neben der Produktqualität die festgelegte Aufbau- und Ablauforganisation zur Durchführung der Qualitätssicherung sowie die Anwendbarkeit und Nachvollziehbarkeit der Qualitätssicherungsmaßnahmen bewertet. Für den Vertrieb bedeutet dies jedoch, daß er bei Kundenverhandlungen das Vorhandensein eines Qualitätssicherungssystems möglichst mittels Zertifikat nachweisen muß, um überhaupt in weitere Verhandlungsphasen eintreten zu können.
Damit entwickelt sich dieser erweiterte Qualitätsbegriff jedoch zu einem entscheidenden Erfolgsfaktor für den Vertrieb.
In diesem Zusammenhang haben sich die 1987 erschienenen ISO-Normen 9000 - 9004 zum weltweit anerkannten Standard für den Aufbau und Betrieb von Qualitätssicherungssystemen entwickelt.
Innerhalb dieser modulartig aufgebauten Normen werden die in Kapitel A bereits beschriebenen 25 Normelemente genannt, die zum Aufbau eines Qualitätssicherungssystems realisiert werden müssen. Da sich diese Normelemente auf alle Unternehmensbereiche beziehen, lassen sich auch für den Vertriebsbereich einzelne relevante Normelemente herausgreifen, die ich nachfolgend kurz erläutern möchte.

5.2 Normelement Vetragsüberprüfung

Betrachtet man den Lebenszykklus eines Produkts, so lassen sich diesem Zyklus die in Abb. D-13 aufgeführten qualitätsrelevanten Tätigkeiten zuordnen.

Abb. D-13: Qualitätskreis

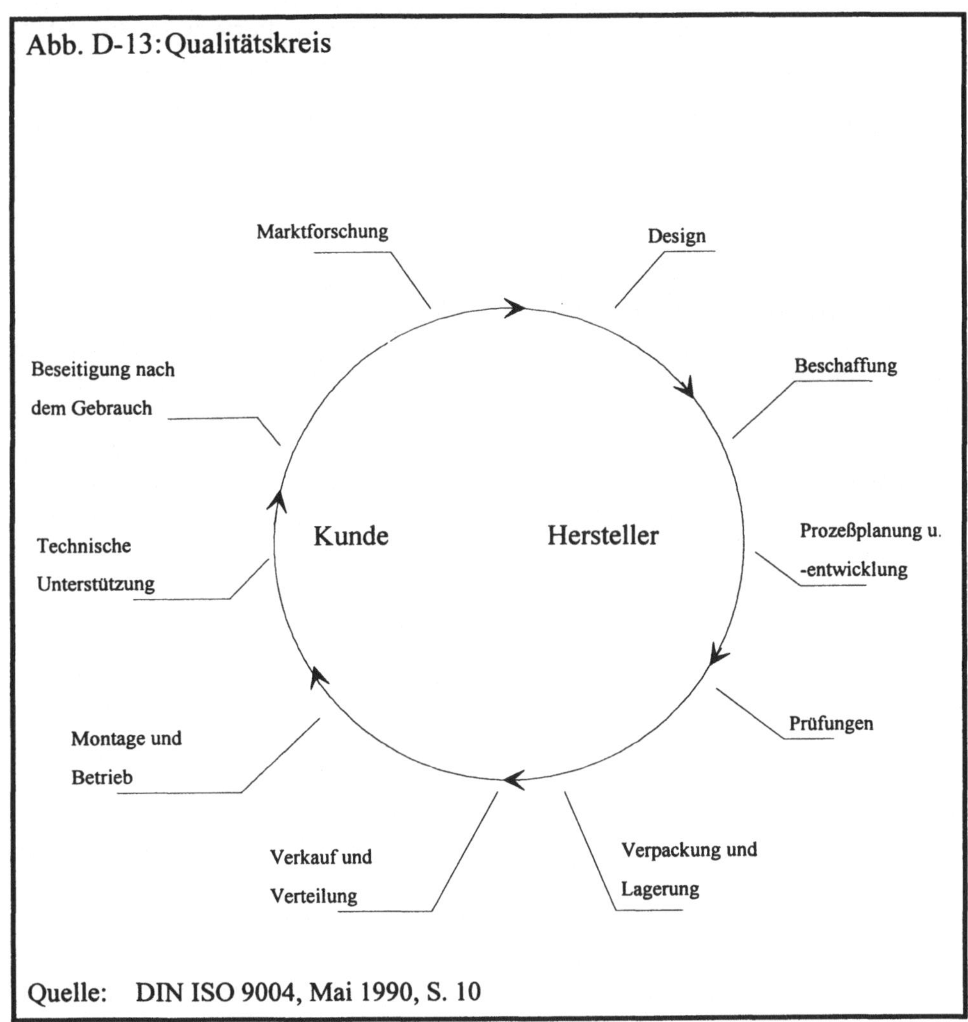

Quelle: DIN ISO 9004, Mai 1990, S. 10

Am Anfang eines Produktzyklus steht die Produktplanung. Dabei ist es die Aufgabe des Vertriebs, durch Marktforschungsaktivitäten die Erfordernisse und Erwartungen der Kunden an das Produkt zu ermitteln.
Dieser Punkt ist auch Bestandteil des Normelements Vertragsprüfung.

Die so gewonnenen Produktanforderungen sind dann in Form eines Pflichten- oder Lastenheftes zusammenfzufassen und den übrigen Unternehmensbereichen zuzuleiten, so daß die Kundenanforderungen innerhalb des gesamten Unternehmens bekannt sind.
Nur dann können die Anforderungen anderer Normelemente, wie beispielsweise die des Normelements Kundendienst, verwirklicht werden.
Das Pflichtenheft dient außerdem als Grundlage für die nachfolgende Designtätigkeit und enthält Angaben über Leistung, Einsatzbedingungen, Zuverlässigkeit, Umweltbedingungen, Farbe, anzuwendende Normen und die Verpackung.
Weitere wichtige Bestandteile des Pflichtenheftes sind Informationen über die vom Kunden geforderte Darlegung der Qualitätssicherungsmaßnahmen oder die Möglichkeit nachträglicher Änderungen. Dabei müssen in den Angaben des Pflichtenheftes neben den durch die Marktforschung ermittelten Daten auch nicht ausgedrückte Erwartungen und Neigungen der Kunden enthalten sein.
Neben der Erstellung des Pflichtenheftes anhand der Kundenanforderungen muß der Vertrieb in dieser 1. Phase bereits die Zielgruppe und den voraussichtlichen Marktbedarf schätzen, weil dies für die Ermittlung der Menge, des Preises, der erforderlichen Kapazitäten und des Zeitplans von Bedeutung ist.

5.3 Normelement Design-Lenkung

In enger Zusammenarbeit mit dem Entwicklungs- und Konstruktionsbereich muß der Vertrieb in dieser 2. Phase des Produktzyklus (siehe Abb. D-13) die Kundenerfordernisse auf ein Produkt übertragen.
Zum Abschluß der Designphase muß dabei ein sog. Review der Designergebnisse vorgenommen werden. Bei diesem Review sind alle qualitätsbeeinflussenden Bereiche vertreten, um das Produkt unter unterschiedlichen Gesichtpunkten wie Erfüllung der Kundenerfordernisse, Erfüllung von Produktspezifikationen oder Kundendienstforderungen oder hinsichtlich der Prozeßfähigkeit zu prüfen.

5.4 Normelement Markt- und Produktbeobachtung

Dieses Normelement bezieht sich im Gegensatz zum Normelement Vertragsüberprüfung auf Aktivitäten, die für bereits im Markt befindliche Produkte gelten.
Es untersucht, ob es innerhalb des Vertriebsbereichs Instrumente gibt, um Reklamationen oder Gewährleistungsfälle aufzunehmen und zu analysieren.

Mittels dieser Verfahren sollen dann gezielt Korrekturmaßnahmen vorgenommen werden, um die Schwachstellen eines Produkts auszumerzen und den Kundenanforderungen gerecht zu werden.
Daneben soll über regelmäßige Marktbeobachtungen und Fragebogenaktionen bei Abnehmern ein Rückkopplungssystem entstehen, das Auskunft über das Leistungsverhalten des Produkts gibt. Damit kann analysiert werden, inwieweit das Produkt die Kundenanforderungen noch erfüllt und in welcher Zyklusphase es sich befindet (Näheres siehe Kapitel 3.3.1 und 3.3.3).

6. Fazit

Ausgehend von dem eingangs beschriebenen Unternehmenskonzept wurde in diesem Kapitel der Unternehmensbereich, der sich mit dem Verkauf und Absatz der Produkte beschäftigt, näher untersucht. Dabei wurden die gesamten Verkaufs- und Marketingaktivitäten unter dem Begriff Vertrieb zusammengefaßt. Dieser Bereich wurde nachfolgend als Prozeß betrachtet, der sich wie auch die anderen Prozesse des Unternehmens durch die Faktoren TIME, QUALITY und MONEY beschreiben läßt.

Wie in Abb. D-14 dargestellt, wurde diesen Faktoren innerhalb des Vertriebsbereichs die Größen Auftragsvolumen, Kundenzufriedenheit und Gewinn zugeordnet.

Abb. D-14: Unternehmensqualität - Vertrieb

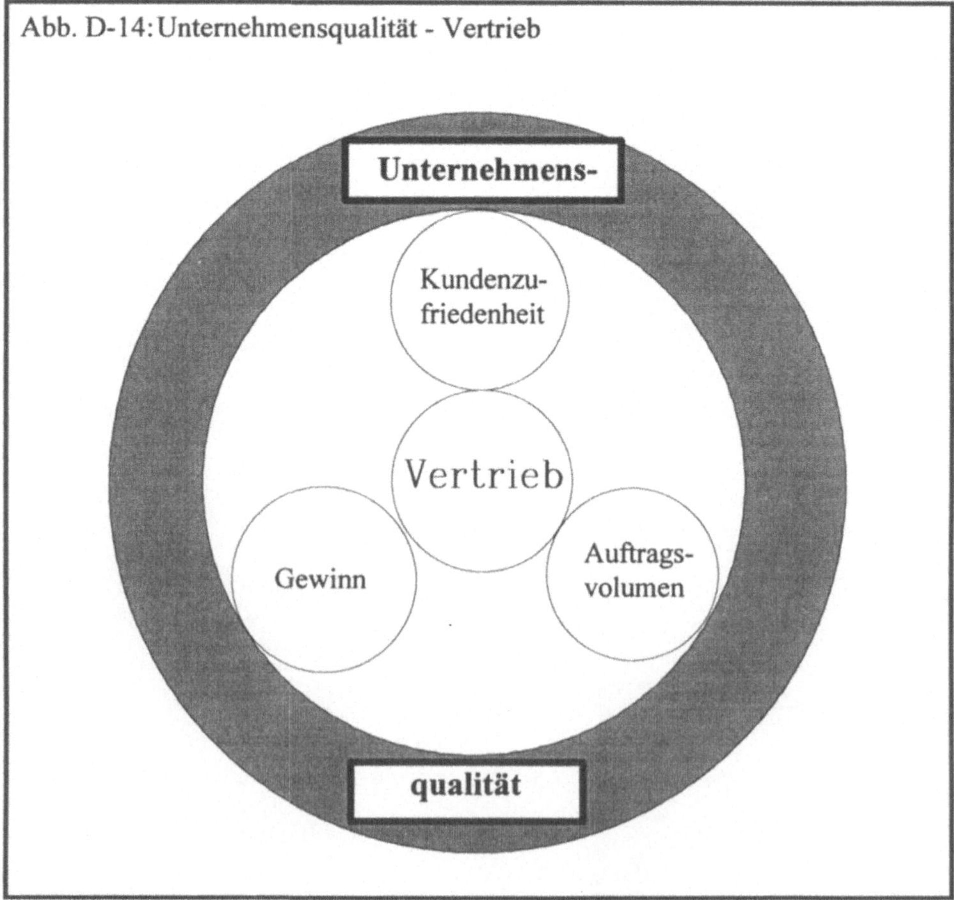

In einem zweiten Schritt wurde dann die Abhängigkeit dieser Größen von weiteren Prozessen und Meßgrößen untersucht. Dabei stellte sich heraus, daß hier starke Abhängigkeiten zu anderen Unternehmensbereichen und auch externen Faktoren bestehen, so daß der Vertriebsbereich nicht als isolierter Prozeß innerhalb des Unternehmens betrachtet werden darf.
Unabhängig davon wurden innerhalb des Vertriebs Ansatzpunkte und Möglichkeiten aufgezeigt, um die Größen Auftragsvolumen, Kundenzufriedenheit und Gewinn positiv zu beeinflussen.
Abschließend läßt sich jedoch sagen, daß nur durch einen intensiven Informationsaustausch zwischen den einzelnen Unternehmensbereichen die Unternehmensqualität aufgrund der o.g. Interdependenzen nachhaltig verbessert werden kann.

E. Unternehmensqualität - Produktion

Ziel dieses Teils ist es, abgeleitet aus den für diesen Bereich wesentlichen Meßgrößen, die Merkmale und Prozesse in der Entwicklung und der Fertigung zu definieren, an denen angesetzt werden muß, um die Unternehmensqualität insgesamt durch die Verbesserung der Teilkomponenten Entwicklungs- und Fertigungsqualität zu erhöhen. Hierzu sollen die Abhängigkeiten und Lösungsansätze in den Bereichen Entwicklung und Fertigung erarbeitet und aufgezeigt werden.

1. Auswirkungen des veränderten politischen und wirtschaftlichen Umfeldes auf die Produktion

Die Lebenszyklen von Produkten und Technologien werden in vielen Bereichen mit zunehmender Geschwindigkeit immer kürzer. Die Folge daraus ist, daß das Zeitfenster für die Reinvestition ebenfalls immer kürzer wird und dadurch das unternehmerische Risiko besonders bei neuen Produkten stark zunimmt. Gleichzeitig steigt die Anzahl an Produktvarianten und Produktkomponenten. Dies hat unter anderem eine sehr hohe Komplexität des Teilehandlings zur Folge. Auch besteht eine hohe Komplexität vieler Produkte in Anwendungs- und Technologievielfalt.

Immer mehr Unternehmen werden international tätig, nicht nur bei der Beschaffung und beim Vertrieb, sondern immer häufiger wird ein wichtiger Auslandsabsatzmarkt auch zum Produktionsstandort für Zweigwerke. Weiteren Auftrieb hat diese Entwicklung der Internationalisierung aller Geschäftstätigkeiten durch die Öffnung des europäischen Binnenmarkt erhalten.

Besonders bei Großunternehmen spricht man schon nicht mehr von Internationalisierung sondern bereits von der Globalisierung der Geschäftstätigkeiten.

Unabhängig davon, ob ein Unternehmen national, international oder global tätig wird ergeben sich die Forderungen nach einer ständigen Verbesserung der Unternehmensqualität, die sehr wesentlich auch durch die Produktentwicklung und durch die Fertigung der Produkte geprägt wird.

Die derzeitige gegebene Standardsituation läßt sich folgendermaßen umschreiben: Die Fertigungsunternehmen sehen sich einem zunehmenden Wettbewerbsdruck ausgesetzt, der durch die Öffnung des europäischen Binnenmarktes weiter steigt. Sie sollen flexibler agieren, die Innovationszeiten verkürzen, ihre Lieferbereitschaft beschleunigen und ihre Durchlaufzeiten verkürzen - all dies zu reduzierten Kosten bei gleichzeitig steigender Qualität[79].

---

79 J. Ewe: Qualitätssicherung schließt Lücken in CIM-Konzepten, VDI-Nachrichten Nr. 41, Düsseldorf, 1992, S. 34

2. Unternehmensqualität - Produktentwicklung

> Die Qualität einer Entwicklung bestimmt maßgeblich die erreichbare Produktqualität und die im Verlauf der Fertigung entstehenden Kosten.

In Kapitel A hat sich gezeigt, daß die Entwicklungsqualität eine 'aktive Meßgröße' darstellt. D.h. die Entwicklungsqualität nimmt auf viele anderen Größen der Unternehmensqualität einen starken Einfluß, wird jedoch selbst nur durch wenige Größen beeinflußt, so daß mit der Entwicklungsqualität die Unternehmensqualität direkt verbessert werden kann.
Die wesentlichen Merkmale der Entwicklungsqualität sind:

Time --->	Entwicklungsdauer
Quality --->	Qualität der entwickelten Produkte
Money --->	Kosten der Entwicklung

Die Abbildung E-1, in der die Entwicklungsqualität in die drei Bestandteile TIME - QUALITY - MONEY unterteilt dargestellt ist, soll die wesentlichen Einflußgrößen und Prozesse, welche auf die Entwicklungsqualität wirken darstellen.
In den folgenden Abschnitten sollen, abgeleitet aus der Abbildung E-1, die einzelnen Einflußgrößen und die Form ihrer Einflußnahme auf die Entwicklungsqualität beschrieben werden.
So beeinflussen z.B. die Mitarbeiter als die geistige Väter einer Entwicklung die Entwicklungsqualität in besonderen Maße, weil eine Vielzahl der Merkmale an denen die Entwicklungsqualität gemessen wird von ihnen abhängen. Sie legen nicht nur Form und Aussehen fest, sie definieren die Toleranzen und somit den technischen Aufwand der zur Herstellung der Teile erforderlich ist, sie legen die zu verwendenden Materialien fest und alle diese Punkte sind häufig Problemfelder im nachfolgenden Produktionsprozeß, wie in den weiteren Ausführung noch deutlich werden wird.

Abb. E-1: Einflußgrößen auf die Entwicklungsqualität

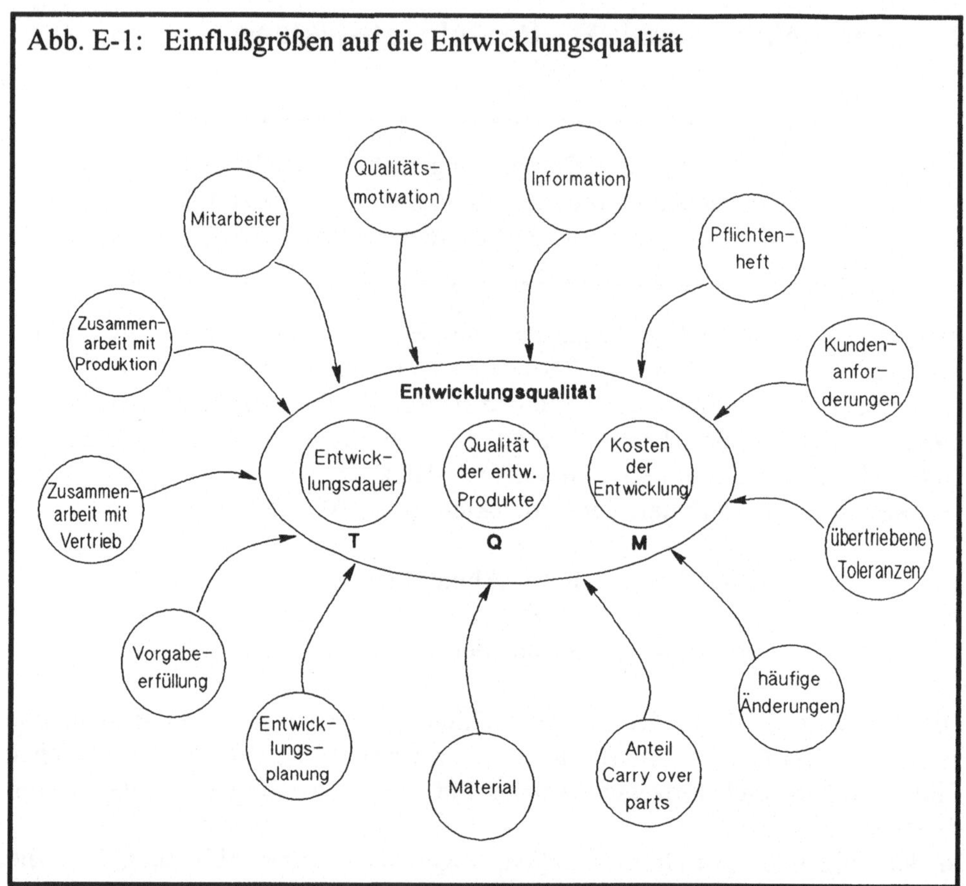

Eine weitere Einflußgröße sind die Kundenanforderungen. Sie müssen der Maßstab sein, an dem sich eine Entwicklung ausrichtet. Ihnen gilt es zu entsprechen, sie gilt es zu erfüllen. Denn...

> ...Qualität ist wenn der Kunde wieder zu uns zurückkommt und nicht das Produkt.

Voraussetzung hierfür ist das Kennen dieser Kundenanforderungen. An dieser Stelle muß eine enge Zusammenarbeit zwischen Entwicklung und Vertrieb erfolgen, wobei dies nur dann Aussicht auf Erfolg hat, wenn dem Vertrieb diese Kundenanforderungen bekannt sind und diese dann zusammen mit der

Entwicklung in einem Pflichtenheft zu beginn eines Entwicklungsprojektes festgehalten werden. Aus dieser Zusammenarbeit ergibt sich ein Schnittstellen übergreifendes Qualitätsmerkmal, die Zusammenarbeit zwischen Vertrieb und Entwicklung.
Eine weitere wichtige Schnittstelle zur Entwicklung stellt die Fertigung dar. Denn durch die Entwicklung werden ca. 70 % der in der Fertigung entstehenden Kosten eines Produktes, z.B. durch Toleranzvorgaben, durch vorbestimmte Fertigungsverfahren, durch verwendete Materialien und auch durch die Anzahl von Carry-Over-Parts, d.h. Teile die bereits in anderen Produkten verwendet werden und ohne aufwendige Neukonstruktion und zusätzliche Fertigungsverfahren übernommen werden können, vordefiniert.
Von besonderer Bedeutung sind die in diesem Zusammenhang erwähnten Toleranzangaben, bei denen sich jeder Entwickler und Konstrukteur vor Augen halten sollte:

So gut wie nötig, nicht so gut wie möglich !

Prozeßwertanalysen zeigen, daß die Art und die Anzahl und besonders das Gewicht der gemeinkostentreibenden Faktoren in starkem Maße durch die Qualität der Konstruktion beeinflußt werden. Total-Quality-Management drückt sich auch in der Fähigkeit aus, gemeinkostenfreundlich zu konstruieren und damit von vornherein Herstellung und Auftragsdurchsteuerung der Produkte mit möglichst wenig gemeinkostentreibenden Prozessen zu belasten.[80]
Dies kann jedoch nur erreicht werden, wenn absatzorientiert und produktionsgerecht entwickelt und konstruiert wird. Nur so können auch eine Vielzahl von nachträglichen Änderungen vermieden werden, die nicht nur das innerbetriebliche Klima zwischen Vertrieb und Entwicklung, bzw. Produktion und Entwicklung belasten, sondern sehr oft erst durch Kundenreklamationen angeregt werden und somit die Unternehmensqualität im Aussenverhältnis belasten.

80 D. Wäscher: Produktivitätsmanagement durch Verbindung von qualitätskosten- und prozeßkostenorientierten Gemeinkostenmanagement - am Beispiel eines Maschinenbauunternehmens in W. Masing: IIR Tagungsbericht der Qualitätskosten-Tagung 21.Mai 1992, Frankfurt 1992, S. 6

3. Unternehmensqualität - Fertigung

Die wesentlichen Meßgrößen der Fertigung sind Flexibilität, Maschinenqualität, Liefertermintreue, Durchlaufzeit, Produktivität und Produktqualität. Sie beeinflussen in starkem Maße die Unternehmensqualität und somit den Erfolg des Unternehmens als Ganzes.
Wobei z.B. Flexibilität unter anderem die Fähigkeit beschreibt, am Markt und im innerbetrieblichen Geschehen, möglichst spät Entscheidungen und Pläne bei geringem zusätzlichen Aufwand verändern zu können und dabei gleichzeitig zu wissen, welcher prozeßorientierte Aufwand eine solche Flexibilität im Einzelfall kostet.

3.1 Über Qualität-Produktivität-Wirtschaftlichkeit-Rentabilität und Erfolg

Am Beispiel der Fertigung soll der Einfluß der Produktqualität auf den Unternehmenserfolg dargestellt werden.
Qualität wird in dieser Darstellung als die Basis und als Voraussetzung für eine gute Wirtschaftlichkeit und eine gute Produktivität bezeichnet. Denn es gilt ...

...Produktivität ist nicht wieviel man macht, sondern wieviel man **gut** gemacht hat.

Also Ausschuß und Nacharbeit infolge mangelnder Produktqualität innerhalb der Fertigung erhöhen nicht nur die Kapitalbindung, weil die Auslieferung verzögert wird, sondern erhöhen unmittelbar die Kosten für die Fertigung der Teile und vermindern dadurch die Wirtschaftlichkeit, die Produktivität und die Rentabilität.
In diesem Zusammenhang kann also von infolge mangelnder Qualität entstandenen Kosten gesprochen werden, also Qualitätskosten.

Abb. E-2: Darstellung der Zusammenhänge zwischen Qualität-Wirtschaftlichkeit-Produktivität-Rentabilität und Erfolg als Meßgrößen der Produktion

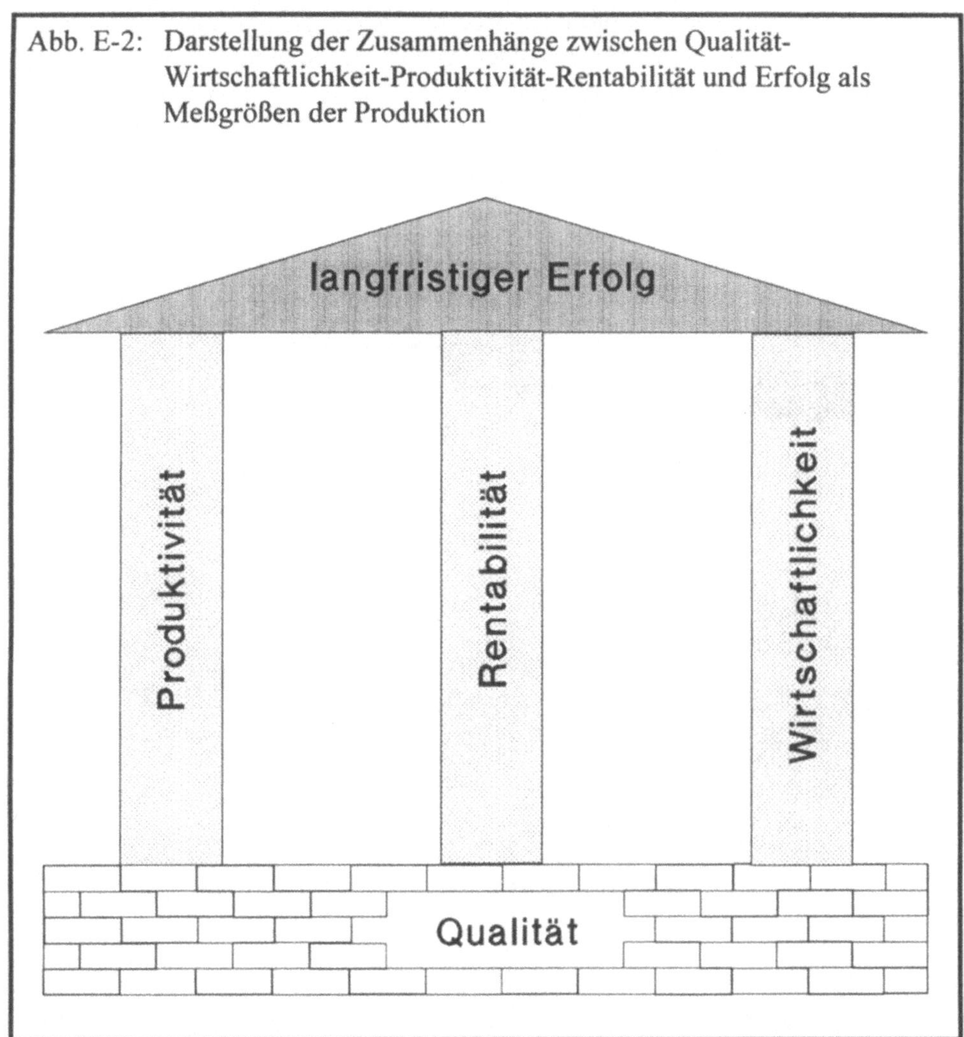

In der folgenden Darstellung sollen mögliche Einflüsse, Ursachen und Kosten welche die Qualitätskosten in die Höhe treiben aufgezeigt werden. Diese Einflußgrößen können in einen sichtbaren Anteil und einen nur schwer ermittelbaren Anteil aufgeteilt werden. Aus diesem Grund bietet sich für die Darstellung das 'Eisbergmodell' an. Denn beim Eisberg verhält es sich ebenso. Ein Teil des Eisberges ist sichtbar oberhalb der Wasserlinie und der Rest des Berges befindet sich unter Wasser und kann in seinem Umfang nur erahnt werden. Besonders deutlich wird in dieser Darstellung auch, daß sich unter den

Größen die im schwer ermittelbaren Bereich liegen auch viele Einflußgrößen befinden, die nur in einer umfassenden Qualitätsbetrachtung erkannt werden und als Qualitätskostentreiber enttarnt werden können (vgl. hierzu Kapitel A).

Abb. E-3: Der Eisberg der Unwirtschaftlichkeit

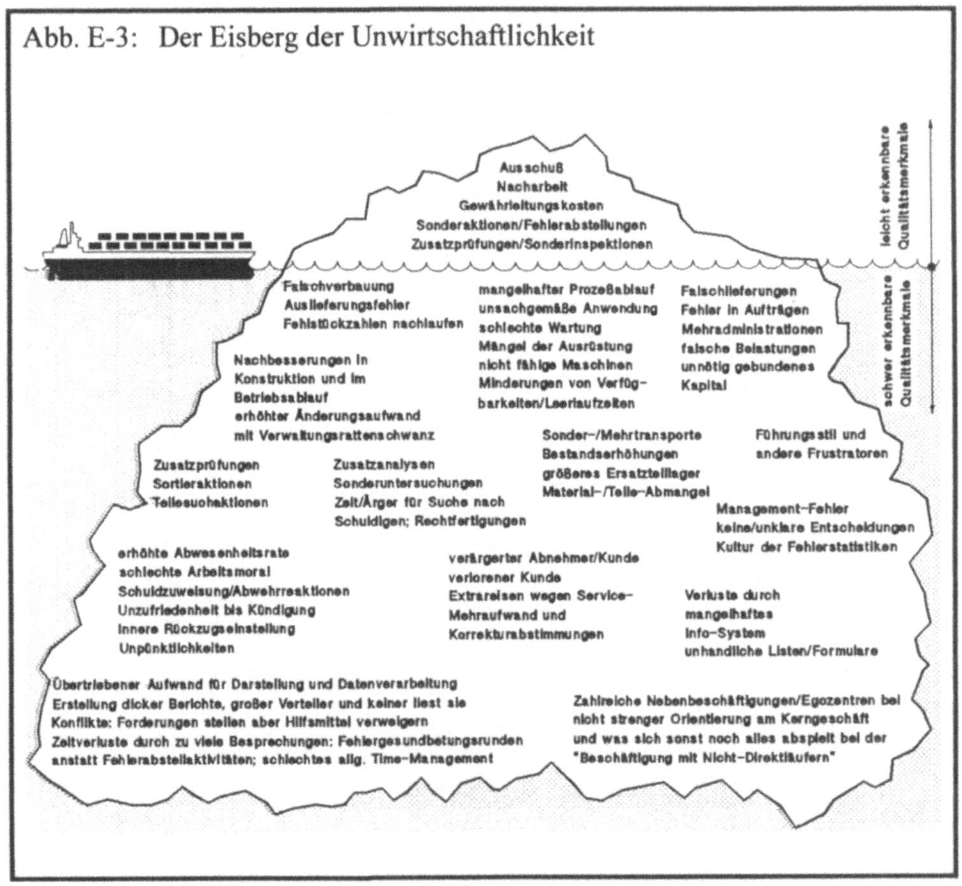

Das Eisbergmodell zeigt sehr deutlich, welche möglichen Ursachen die Unwirtschaftlichkeit eines Unternehmens verursachen. Und immer wieder stößt man auf die Produktqualität die letztlich für eine Vielzahl der Ursachen verantwortlich ist. Aus diesem Zusammenhang und aus dem Einflußdiagramm in Abbildung A-4 wird deutlich, daß die Produktqualität eine 'kritische' Meßgröße ist, die nicht direkt verbessert werden kann, sondern eine Verbesserung der Produktqualität kann nur durch die Beeinflussung der, die Produktqualität beeinflussenden Prozesse erfolgen.

Die wesentlichen Merkmale der Produktqualität sind:

Time --->	Durchlaufzeit, Termintreue
Quality --->	Qualität der Produkte
Money --->	Kosten der Herstellung

In der folgenden Abbildung sollen die Einflußgrößen, welche auf diese Merkmale der Produktqualität wirken, dargestellt werden. Dabei ist zu beachten, daß eine Einflußgröße oder ein Prozeß auch auf mehrere Merkmale der Produktqualität Einfluß nehmen kann.

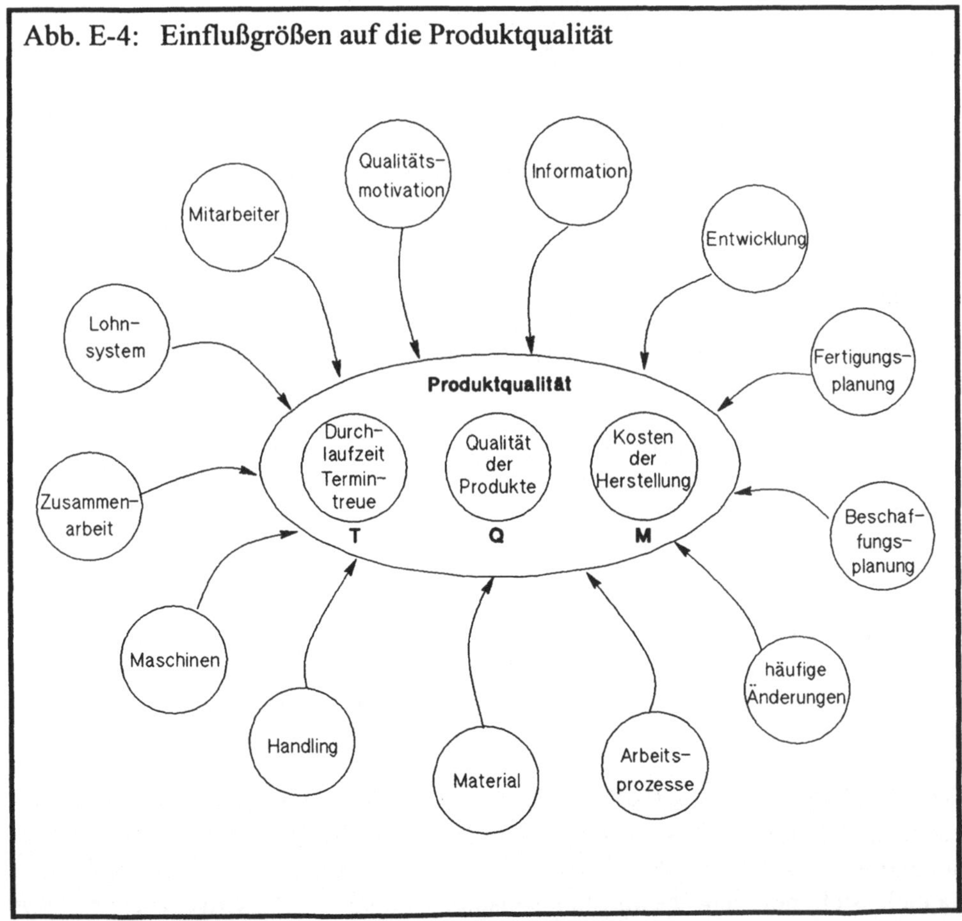

Abb. E-4: Einflußgrößen auf die Produktqualität

Es sei an dieser Stelle nochmals darauf hingewiesen, daß es besonders die Mitarbeiter und deren Qualitätsmotivation sind, die die Qualität der Produkte in starkem Maße beeinflussen. Geprägt z.B. durch das Lohnsystem, geht Stückzahl vor Qualität (speziell bei Akkordlohn) oder Qualität vor Stückzahl. Auch das Qualitätssicherungssystem nimmt in erheblichem Maße Einfluß auf die Qualitätsmotivation der Mitarbeiter (vgl. Kapitel E-3.2).
Aber auch die Maschinen und die Betriebsmittel beeinflussen die Produktqualität bei der Durchlaufzeit und Termintreue, wenn die Maschinen in Folge von mangelnder Wartung ausfallen und bei der Qualität der Produkte wenn z.B. durch den Verschleiß an Maschinenteilen der Toleranzbereich zunimmt, d.h. die Prozeßfähigkeit der Maschine dadurch beeinträchtigt wird.

3.2 Die Fertigung von Qualität

Durch prüfen entsteht keine Qualität.

FALLBEISPIEL:

In diesem Beispiel geht es um die Fertigung von Schnellschlußhahnen, die in Verbindung von Tauchpumpen z.B. zum Umfüllen von Flüssigkeiten verwendet werden. Dieser Schnellschlußhahn besteht im wesentlichen aus einem Auslaufrohr und dem Messingkörper. Zu einem recht frühen Zeitpunkt wird das Auslaufrohr in diesen Messingkörper eingelötet. Hierbei kann es vorkommen, daß durch die große Hitze die dünne Wand des Auslaufrohres durchbrennt. In diesem Fall ist das Teil nicht mehr zu gebrauchen.
Weil sich die Mitarbeiter der Fertigung und Montage nicht für die Qualität der von ihnen hergestellten Produkte verantwortlich fühlen, sondern die mangelnde Qualität in einem zusätzlichen Prüfschritt später aussortiert wird, war es für die Mitarbeiter nicht von Bedeutung ob das Auslaufrohr durchgebrannt war und so war es möglich das fehlerhafte Teile durch den gesamten Produktionsprozeß durchgeschleust und zu guter Letzt auch noch an den Kunden geliefert wurden, weil es bei der Qualitätprüfung der Teile übersehen wurde.

Das Problem besteht hier offensichtlich darin, daß dem Mitarbeiter durch die nachfolgende Qualitätskontrolle jegliche Verantwortung für die Produktqualität abgenommen wird und sich dieser voll und ganz darauf verläßt. Zugegeben, es handelt sich bei dem gewählten Beispiel um eine sehr extreme Form von mangelndem Qualitätsbewußtseins. Bei genauerem Hinsehen können jedoch

ähnliche Probleme, wenn auch kleineren Ausmaßes in vielen Firmen beobachtet werden.
Zurück zum Beispiel, selbst wenn bei der Endprüfung das fehlerhafte Teil aussortiert worden wäre, so müßte man sich noch immer die Frage stellen, wieso es durch den gesamten Produktionsprozeß, bei dem es mehrfach durch die Mitarbeiter in die Hand genommen werden mußte, nicht aussortiert wurde. In diesem Fall liegt noch ein sehr einfach zu erkennendes Qualitätsmerkmal vor, welches durch das einfache anschauen erkannt werden hätte können. Wie mag es hier jedoch um Qualitätsmerkmale stehen, bei denen das Teil extra gemessen oder geprüft werden muß, um seine Güte zu erkennen ?
Das Beispiel zeigt deutlich auf, daß durch prüfen keine Qualität entsteht, man kann an dieser Stelle sogar noch einen Schritt weiter gehen und sagen 'prüfen ist qualitätsschädlich'. Denn nur durch die nachfolgenden Prüfschritte ist das mangelnde Qualitätsbewußtsein vieler Mitarbeiter zu erklären.
Die Forderung, die sich aus dem vorstehend dargestellten Beispiel (und vielen ähnlichen, die an dieser Stelle aufgeführt werden könnten) ergibt, ist also die Übertragung von Qualitätsverantwortung an den Mitarbeiter der Teile produziert und/oder montiert. Nur wenn sich alle Mitarbeiter in der Fertigung und Montage für die Qualität ihrer Produkte verantwortlich fühlen wird es Qualität geben. Alle anderen Maßnahmen wie Prüfungen und Kontrollen können lediglich dazu dienen schlechte Teile auszusortieren. Dadurch wird aber nicht die Qualität der Fertigung verbessert, sondern nur der Anteil guter Teile in einem Fertigungslos. Die Kosten für die schlechten Teile sind jedoch bereits entstanden und werden immer entstehen, wenn das Problem der Produktqualität nicht an die Stellen hingetragen wird, an denen man etwas bewegen kann. Beim Mitarbeiter.

3.3 Taylorismus und Qualität

> Wer etwas zerteilt, um etwas ganzes zu erreichen,
> wird dieses früher oder später, mehr oder weniger gut
> wieder zusammenfügen müssen.[81]

---

[81] vgl. C. Deutsch: Die Zeitbombe: Teamarbeit vermeidet Liegezeiten, in: Wirtschaftswoche Nr. 7, Düsseldorf, 1992, S.79.

"Verbesserung der Unternehmensqualität durch Durchlaufzeitverkürzung um 50-70 %, Erhöhung der Termintreue um 45-60 % binnen weniger Monate." Hinter solchen Zeitwundern steckt im Kern ein einfaches Prinzip: Anstatt eine Aufgabe zu zerhacken und die Einzelstücke an dafür spezialisierte Abteilungen zu geben, wird ein Team mit der ganzen Aufgabe betraut und soll diese möglichst in einem Rutsch durchziehen. In der Produktion führt dieses Prinzip zu "Fertigungsinseln". Um ein bestimmtes Teil herzustellen, hat man die notwendigen Maschinen zu einer Gruppe zusammengerückt.

FALLBEISPIEL:

Schon vor einigen Jahren nahm die Maschinenfabrik Trumpf GmbH & Co. in Dietzingen Abschied von der herkömmlichen Fertigung, bei der ein Produkt eine Reihe von Werkstätten (Dreherei, Fräserei, etc.) durchlief. Den Alltag bestimmten damals Wartezeiten vor den Maschinen, was selbst aufwendige Abstimmungen nicht verhindern konnten. In weiten Bereichen, in denen heute auf Inseln produziert wird, sind diese Wartezeiten entfallen. "Wir haben die Durchlaufzeit um über die Hälfte reduziert", berichtet der Direktor für die zentrale Produktionsplanung Mathias Kammüller.

Dem entsprechend ist es im Sinne einer ganzheitlichen Qualitätsbetrachtung zwingend erforderlich, daß sich die Unternehmen von der strikten Arbeitsteilung lösen und unter Förderung der Flexibilität und Qualifikation aller Mitarbeiter bis hin zur Bildung von Fertigungsinseln bzw. kleinen flexiblen Mitarbeiter-Netzwerken entscheiden.
Als besonders erfolgreiches Beispiel im Bereich flexibler Mitarbeiter-Netzwerke wurde von Thomas J. Peters, einem amerikanischen Bestsellerautor und Marketing-Berater, auf einem Managersymposium in Neuss der Softwareriese Microsoft angeführt. In dieser Firma wird nicht etwa in Gruppen von 7000 oder 700 Menschen gearbeitet, sondern in kleinen Netzwerken mit fünf, höchsten zehn Personen. Dadurch kommt es zu einer reinen Anwendung von Wissen und Phantasie. Das Unternehmen hat eine Norm aufgestellt und vermarktet. Es arbeitet bescheiden und - wie alle Netzwerk-Firmen - effektiver.[82]
Begründung für diese hohe Effizienz ist, die Kompetenz ist in der Gruppe, bzw. im Mitarbeiter-Netzwerk. Oder anders: am Punkt der Wertschöpfung, dort nämlich wo gearbeitet wird, wo also - auch im übertragenen Sinn - die "Späne

82 E. Liliensiek: Wenn der Markt zu Treibsand wird, brauchen wir keine Pyramiden, VDI-Nachrichten Nr. 41, Düsseldorf, 1992, S. 22

fliegen", um wieder zu den mehr technisch orientierten Fertigungsinseln zurück zu kommen.
Die Gruppe organisiert sich selbst. Die Tätigkeiten des Rüstens, der Qualitätssicherung. des Reparierens und der Terminsteuerung werden von der Gruppe durchgeführt. Die ehemaligen Spezialabteilungen dafür wie Rüstmannschaft, Qualitätssicherung, Reparatur bzw. Betriebswerkstatt oder Fertigungssteuerung gibt es nicht mehr.[83]

83 Ch. Helfrich: Produktionsplanung lebt von unscharfen Steuergrößen, VDI-Nachrichten Nr. 41, Düsseldorf, 1992, S. 41

4. Lösungsansätze zur Prozeßoptimierung - ISO 9000-9004

> Nicht das Dokumentieren der Abläufe bringt den Erfolg, sondern das im Rahmen der Dokumentation erforderliche Darübernachdenken aller Beteiligten !

Warum ergeben sich aus der ISO 9000 ff bzw. EN 29000 ff Lösungsansätze zur Prozeßoptimierung ? Zunächst besteht die Aufgabe beim Aufbau eines Qualitätssicherungssystems nach ISO 9000 ff nur im Festschreiben der IST-Situation und IST-Abläufe. Aber genau hieraus ergeben sich schon erste Lösungsansätze. Das Dokumentieren der bestehenden Abläufe setzt das Darübernachdenken voraus und hierbei sollten sich schon bei der Dokumentation eines Qualitätssicherungshandbuches viele Lösungsansätze geben. Z.B. wie Abläufe besser, bzw. einfacher und somit rationeller und kostengünstiger gestaltet werden können.
Aber Vorsicht, denn nur bei einer überzeugten Einführung der ISO 9000 ff mit der vollen Unterstützung und dem vollen Einsatz aller Beteiligten, Management wie Mitarbeiter, wird es möglich sein durch Einführung der ISO die Unternehmensqualität nachhaltig zu verbessern. Und so schreibt die Lufthansa, 'der Schlüssel zur Professionalität liegt nicht in der Dienstvorschrift, sondern im täglichen, situationsbezogenen Denken ...'[84] und Handeln.
Das Ziel mit dem die Ausrichtung des Unternehmens auf die ISO 9000 ff also verfolgt werden muß, besteht darin, daß die Mitarbeiter ihr Qualitätsverhalten ändern und sich in den einzelnen Situation des täglichen Betriebsablaufes im Sinne der Unternehmensqualität richtig verhalten und dadurch die Unternehmensqualität langfristig verbessert wird.

---

84 H. Breuer: Qualitätsmanagement in einem Dienstleitungsunternehmen, in B. Stauss: Erfolg durch Service-Qualität, gfmt Tagungsbericht der Service & Qualitäts-Tagung 7. - 8. Oktober 1991 in Bad Homburg, S. 220

Lösungsansätze aus den einzelnen Normelementen

Am Beispiel der in Kapitel A aufgeführten Normelemente eines Qualitätssicherungshandbuches sollen an dieser Stelle die sich aus den einzelnen Normelementen ergebenden Lösungsansätze aufgezeigt werden.

4 Designlenkung

Dieses Normelement bezieht sich auf die Entwicklung von Produkten sowie den Ablauf dieser Entwicklung, wobei innerhalb dieses Elementes der grundsätzliche Designablauf festzulegen ist.
Aber auch die bereits in Kapitel A-2 angesprochenen Schnittstellen zwischen den verschiedenen Gruppen des Unternehmens, speziell Vertrieb, Fertigung, Montage, Kundendienst, AVOR und Qualitätswesen, sind in diesem Element zu beschreiben und dadurch exakt zu definieren.
Als weiterer Punkt, der im Hinblick auf den umfassenden Qualitätsbegriff aus Abbildung A-6 eine wichtige Rolle spielt ist die Berücksichtigung der Sicherheits- und Umweltaspekte bei der Designlenkung.

9 Prozesslenkung in Fertigung und Montage

Innerhalb dieses Normelementes müssen die Unterlagen zur Prozesslenkung in der Fertigung und der Montage dokumentiert werden. Voraussetzung für die erfolgreiche Fertigung und Montage von Produkten ist die Vollständigkeit der Ausführungsunterlagen und die Kenntnis der wichtigen Prozeß- und Produktmerkmale, die es geplant festzulegen und zu prüfen gilt. Durch prüfen entsteht zwar keine Qualität, aber es ist der Anfang des Weges, um zu einem Total-Quality-Management zu gelangen und dem entsprechend müssen die Prüfungen und Prüfspezifikationen (Prüfmerkmale, Prüfmethoden, Prüfmittel, Prüfbedingungen, Prüfumfang, Annahmekriterien, Toleranzgrenzen) geplant festgelegt werden.
Zur Vermeidung von Fertigungsfehlern infolge mangelnder Informationsqualität ist sicherzustellen, daß den an der Herstellung beteiligten Stellen nur gültige und freigegebene Ausführungsunterlagen zur Verfügung stehen. Es kann nur derjenige Qualität fertigen, der weiß was Qualität ist und wodurch sie am einzelnen Produkt bestimmt wird.
Es heißt Fehler sind dazu da, um aus ihnen zu lernen und ein Fehler ist erst dann ein wahrer Fehler, wenn man nach Erkennen des Fehlers sein erneutes auftreten dadurch verhindert, daß man die Ursache des Fehlers beseitigt. Hierzu ist aber die Dokumentation der Prüfergebnisse

erforderlich. Nur so können sich häufende Fehler erkannt und auf ihre Ursache hin untersucht werden, um sie letztlich abzustellen (siehe hierzu auch EN 29004 Kapitel 15.6 Vorbeugende Maßnahmen).

11 Prüfmittel

Speziell die Verwaltung von Prüfmitteln und Meßmitteln ist ein Punkt der in Unternehmen nicht immer einwandfrei abläuft, besonders bei kleineren Unternehmen in denen die Prüfmittel nicht einer zentralen Stelle unterstehen und diese mehr oder weniger als Hilfsmittel der Fertigung gesehen und von jedem kurz benutzt und wieder weggelegt werden. Aber gerade dort wo jeder Mitarbeiter für die Pflege der Prüf- und Meßmittel verantwortlich ist, sollten diese in regelmäßigen Abständen geprüft und ihre Genauigkeit dokumentiert werden, um die Eignung der Prüf- und Meßmittel für den Nachweis der Annehmbarkeit eines Produktes garantieren zu können.

13 Lenkung fehlerhafter Produkte

Ein wichtiger Ansatz zur Verbesserung der Qualität im Bereich des Warenhandlings ist die Definition des Umgangs mit fehlerhaften Einheiten. Speziell die Festlegung einer Kennzeichnung und wenn möglich einer getrennten Lagerung, um eine falsche Verwendung, also die Verarbeitung von schlechten Teilen sicher ausschließen zu können. Oft genügen einfache Vordrucke, die den Mitarbeitern zur Verfügung gestellt werden und welche zur Kennzeichnung der Lose dienen.

23 Produktionsicherheit u. Produkthaftung

Ein wichtiger Aspekt an dieser Stelle ist die Mitteilung der Grundsätze der Produkthaftung an die Mitarbeiter, damit diesen die Bedeutung der Produktqualität deutlich vor Augen geführt wird.

24 Instandhaltung

Besonders bei der Wartung und Instandhaltung von Maschinen ist sorgfältige Planung hilfreich, denn wenn Maschinen immer erst dann gewartet werden, wenn ein Ausfall der Maschine dies erzwingt, sind Wartezeiten, Auslastungsrückgänge und längere Durchlaufzeiten die Folge. Eine andere Möglichkeit die besonders bei Verschleißteilen an Maschinen häufig auftritt ist, daß die Maschinentoleranz größer wird und

die Teile somit nicht mehr maßhaltig sind. Unter Umständen ist Ausschuß die Folge. Ein Lösungsansatz besteht darin, einen Wartungsplan für alle Maschinen zu erstellen, so daß die Wartung an Maschinen rechtzeitig in der Kapazitätsplanung berücksichtigt werden kann, wie dies bei Leitständen heute schon gehandhabt wird.
Aber nicht nur bezogen auf Maschinen sondern auf alle Betriebsmittel ist die Art und Weise das Umgangs zu klären.

5. Qualität muß selbstverständlich sein - Zusammenfassung

Qualitätssicherung im Sinne einer nachträglichen Überprüfung dessen, was der Produktionsprozeß erbracht hat, ist überholt. Denn in dieser Form ist sie schlicht zu teuer und stellt dem Anwender nicht die Informationen zur Verfügung, auf deren Grundlage er frühzeitig steuernd eingreifen kann.[85]

Die Sicherung von Qualität bedeutet vor allem auch in der Entwicklung, Konstruktion und der Produktion mehr als Maße und Toleranzen zu definieren und zu kontrollieren. Auch die Produktqualität als Teil einer Unternehmensqualität ist mehr als die Einhaltung von Spezifikationen, auch Produktqualität heißt heute erfüllen von Kundenwünschen und entsprechen von Kundenerwartungen durch die Verbesserung der Unternehmensqualität. Aus diesem Grund müssen alle Prozesse und Tätigkeiten in diesen Bereichen auf die Verbesserung der unternehmensqualitätsrelevanten Meßgrößen ausgerichtet werden und im Interesse dieser Verbesserungen muß auch der Anspruch auf Machtpositionen aufgeben werden, wie dies z.B. häufig in der Entwicklung noch der Fall ist.

Die Denk- und Handlungsweise aller Mitarbeiter muß weg vom bereichsbezogenen Teildenken, hin zu einem ganzheitlichen, prozeßorientierten Qualitätsdenken, wobei auch an dieser Stelle ein umfassender Qualitätsbegriff gemeint ist.

Zusammenfassend heißt dies: Qualität kann nicht länger nur Aufgabe der Qualitätssicherung sein, sondern muß in Zukunft als umfassendes betriebliches Konzept ausgehend von der Geschäftsleitung in allen Abteilungen und Bereichen eines Unternehmens gelebt werden.

> Der Weg zu einer hohen Produktqualität führt über den Menschen, seine Denk- und seine Handlungsweise !

85 J. Ewe: Qualitätssicherung schließt Lücken in CIM-Konzepten, VDI-Nachrichten Nr. 41, Düsseldorf, 1992, S. 34

F. Unternehmensqualität - Personal

An nahezu allen im Unternehmen ablaufenden Prozessen ist der Mensch in irgendeiner Weise beteiligt. Dadurch nimmt der Personalbereich im Rahmen der Betrachtung der Unternehmensqualität eine besondere Stellung ein. Im folgenden Kapitel soll aufgezeigt werden, welche Abhängigkeiten zwischen den für diesen Bereich relevanten Prozessen und Meßgrößen existieren. Damit soll eine Basis geschaffen werden, um gezielt Ansatzpunkte zur Verbesserung der Unternehmensqualität im Personalbereich zu finden.

1. Auswirkungen des politischen und wirtschaftlichen Umfeldes auf den Personalbereich

Die Entwicklung des betrieblichen Personalbereiches hat in den letzten Jahren einen deutlichen Wandel durchleben müssen. Während sich die Personalarbeit früher in erster Linie verwaltungstechnischen Fragen widmete, so erfordern heute rasche Veränderungen der Umweltfaktoren und sonstige Einflüsse eine immer schnellere Anpassung der Personalarbeit. Voraussetzung dafür ist, daß der Personalbereich zunehmend in volkswirtschaftlichen, betriebswirtschaftlichen, organisatorischen, psychologischen und soziologischen Dimensionen denkt[86].

Die dafür relevanten Umweltfaktoren sind:

- technologischer Fortschritt
- Internationalisierung der unternehmerischen Tätigkeit
- wachsender Konkurrenzkampf
- Wertewandel der Mitarbeiter

Technologischer Fortschritt

Durch die hohe Geschwindigkeit, mit der sich in jüngerer Vergangenheit der technologische Fortschritt entwickelt, werden an die Arbeitnehmer erhöhte Anforderungen bezüglich der Kenntnisse und Fertigkeiten gestellt. Von der betrieblichen Personalarbeit wird in diesem Zusammenhang verlangt, daß sie durch Aufbau und Ausbau des betrieblichen Bildungswesens die Voraussetzungen schafft, die es dem Mitarbeiter ermöglichen, seine Kenntnisse und Fertigkeiten parallel zum technologischen Fortschritt zu entwickeln.

Internationalisierung der unternehmerischen Tätigkeit

Die Situation, in der sich die Unternehmen derzeit am Markt befinden, wird zunehmend durch eine fortschreitende Internationalisierung geprägt. Dies zeigt sich deutlich in der Bildung von internationalen Märkten, wie beispielsweise der EG-Binnenmarkt ab 1993 oder die Freihandelszone der Länder Kanada, Mexiko und den USA.

---

86 vgl. U. Stopp: Betriebliche Personalwirtschaft, 12., durchgesehene Aufl., Sindelfingen, 1986, S. 13

Für den Personalbereich der Unternehmen hat dies zur Folge, daß die Mitarbeiter auf die zukünftigen Anforderungen der Internationalisierung vorbereitet werden müssen. Dies muß einerseits durch gezielte Schulungsmaßnahmen innerhalb des Unternehmens geschehen, bedeutet aber auch andererseits, daß die Unternehmen schon bei der Auswahl von neuen Arbeitskräften die Anforderungen der Internationalisierung berücksichtigen müssen.
Insbesondere an Führungskräfte werden neben ausgeprägten Sprachkenntnissen noch eine Reihe weiterer Anforderungen gestellt. In Gesprächen mit Personalleitern werden immer wieder Eigenschaften wie uneingeschränkte Mobilität, auch über die Grenzen der Bundesrepublik Deutschland hinaus, und Flexibilität in den Vordergrund gestellt.

Wachsender Konkurrenzkampf

Durch wirtschaftspolitische Veränderungen, wie zum Beispiel die Einführung des EG-Binnenmarktes, wächst der Konkurrenzdruck für die Unternehmen. In dieser Situation gilt es, sich an diese neuen Rahmenbedingungen anzupassen und sich gegen die steigende Konkurrenz zu behaupten. In diesem Zusammenhang kommt der Qualität der Produkte, wie auch der des gesamten Unternehmens, eine zentrale Bedeutung zu.
Eine wesentliche Einflußgröße auf die Unternehmensqualität stellt der Mensch, d.h. der Mitarbeiter dar. Aufgrund der Tatsache, daß der Mensch unwillkürlich an fast allen im Unternehmen ablaufenden Prozessen beteiligt ist, sind an die Mitarbeiter-Qualität besondere Anforderungen zu stellen. Dies bezieht sich sowohl auf seine Kenntnisse als auch auf die Fertigkeiten. Es ist allerdings auch ein qualitätsorientiertes Bewußtsein im Mitarbeiter zu entwickeln, durch das sein ganzes Tun und Handeln bestimmt wird.

Wertewandel der Mitarbeiter

In den letzten Jahren ist, insbesondere bei den jüngeren Generationen, festzustellen, daß sich ein verändertes Wertebewußtsein entwickelt hat. Dies ist nicht zuletzt den Umwelteinflüssen zuzuschreiben, die sowohl auf den privaten Bereich, aber auch auf das Unternehmen einwirken. So ist erkennbar, daß der neue Mitarbeitertypus dem Unternehmen ungleich kritischer gegenübersteht. Werte wie Pflichterfüllung und Gehalt, bzw. Lohn, stehen für den Mitarbeiter nicht mehr im Mittelpunkt seiner Interessen. Ursache für diese Veränderung ist der Wunsch der Mitarbeiter nach mehr Lebensqualität, der sich immer deut-

licher in einem verstärkten Drang nach Selbstbestimmung und Selbstverwirklichung äußert.
Während in den siebziger Jahren noch Verdienst und Prestige die Säulen der sozialen Anerkennung waren, so verschiebt sich dies in den letzten Jahren deutlich. Aspekte wie Job-Qualität und die Möglichkeit zur Selbstentfaltung drängen in den Mittelpunkt der Arbeitnehmerinteressen. Dadurch werden auch die Unternehmen mit diesen neuen Werten konfrontiert. Die Arbeitnehmer tragen die neue Kritikfähigkeit, basisdemokratische Ideen, Feminismus und nicht zuletzt die Ökologiebewegung in das Unternehmen hinein[87].
Sprenger formuliert diese Veränderung wie folgt[88]:

"Man sucht eine Tätigkeit, deren Zielsetzung man akzeptiert, deren Sinn man erkennen kann und die *sinnvoll* für das eigene Leben ist."

Für die Personalarbeit bedingt diese Entwicklung neue Führungsmethoden, die nicht nur die materiellen Bedürfnisse der Arbeitnehmer, wie beispielsweise Lohn, Sicherheit am Arbeitsplatz, usw., sondern auch die immaterielle Bedürfnisse, wie zum Beispiel Verantwortung, Gruppenkohäsion, Kommunikation, Gruppenharmonie, ökologisches Bewußtsein, usw., befriedigen.

87 R. K. Sprenger: Mythos Motivation, 3. Aufl., Frankfurt a.M./New York, 1992, S. 25

88 ebenda

2. Unternehmensqualität - Personal

2.1 Einleitung

Wie in Kapitel A beschrieben, kann die Güte jedes Bereiches über die Größen TIME, QUALITY und MONEY gemessen werden. Für den Personalbereich werden hierzu folgende Einflußgrößen verwendet, die die oben aufgeführten Kriterien beschreiben:

- **TIME:** Mitarbeiter-Flexibiltät
- **QUALITY:** Mitarbeiter-Qualität
- **MONEY:** Personalkosten

Im Folgenden wird zunächst auf die Bedeutung dieser Meßgrößen eingegangen. Anschließend werden die Abhängigkeiten, die im Personalbereich zwischen Meßgrößen und Prozessen bestehen, aufgezeigt.

2.2 TIME: Mitarbeiter-Flexibilität als entscheidender Zeit-Faktor

Rasche Veränderungen im Umfeld erfordern von den Mitarbeitern die Fähigkeit, sich in kurzer Zeit auf diese einzustellen. Diese Anpassungsfähigkeit des Mitarbeiters wird durch die Mitarbeiter-Flexibilität beschrieben.
Dabei ist die Mitarbeiter-Flexibilität eine wesentliche Größe im Bezug auf die Unternehmensqualität. Der Erfolg eines Unternehmens wird nicht zuletzt durch seine Reaktionsfähigkeit auf die Marktanforderungen bestimmt. Die zentrale Bedeutung des Mitarbeiters ist dabei darin zu sehen, daß an fast jedem im Unternehmen ablaufenden Prozeß zumindest ein Mitarbeiter beteiligt ist. Dadurch wird die Mitarbeiter-Flexibilität zu einer entscheidenden Größe, die überall im Unternehmen in unterschiedlichem Ausmaß zum Tragen kommt. Sei es in der Entwicklung, im Vertrieb, in der Fertigung oder in jedem anderen Bereich; rasches Reagieren auf Veränderungen ist überall nötig. Dies zeigt sich auch im Einfluß-Diagramm, das in Kapitel A beschrieben ist. Die Mitarbeiter-Flexibilität als aktive Größe übt starken Einfluß auf andere Größen aus und ist deshalb von besonderer Bedeutung.

2.3 QUALITY: Mitarbeiter-Qualität als entscheidender Qualitäts-Faktor

Redet man von der Qualität, denkt man dabei in erster Linie an die Produktqualität. Im Rahmen der Betrachtung von umfassender Unternehmensqualität ist

dies jedoch weit von der Wahrheit entfernt. Unternehmensqualität baut auf der Qualität sämtlicher Prozesse auf. Dabei geht es nicht zuletzt um die Qualität des Mitarbeiters, da dieser zu einem nicht unerheblichen Teil die Qualität der Prozesse bestimmt.
Für die Unternehmen bedeutet dies, daß sie Qualität in die Mitarbeiter einfließen lassen müssen, so daß diese ein Qualitätsbewußtsein entwickeln[89].
Konkret heißt dies, daß der Mitarbeiter in Richtung Qualitätsbewußtsein trainiert werden muß, damit er für Probleme oder Schwachpunkte in seiner Arbeitsumgebung sensibilisiert wird und sie als solche erkennen kann und vor allem auch erkennen will. In einem zweiten Schritt müssen die Mitarbeiter geschult werden, die auftretenden Probleme selbständig zu lösen. Dabei sollten Personalentwicklungsmaßnahmen sowohl die Erhöhung der beruflichen Kompetenz, als auch die Optimierung der beruflichen Anforderungen, wie z.B. die Arbeitsplatzgestaltung, umfassen.
Mitarbeiter-Qualität bedeutet schließlich auch, daß der Mitarbeiter seine Arbeitsumgebung kritisch hinsichtlich Verbesserungsmöglichkeiten betrachtet und bestrebt ist, Probleme oder Schwachstellen auszuräumen. Dies hängt jedoch hauptsächlich von der Einstellung des Mitarbeiters zu seinem Arbeitsplatz ab. Aus diesem Grund ist es unerläßlich, die Mitarbeiter zu einer Optimierung der eigenen Arbeitsumgebung aufzufordern.
Mitarbeiter-Qualität bezieht sich auf das ganze Unternehmen. Egal ob Fertigung oder Lohnbüro, ob Hilfsarbeiter oder Abteilungsleiter; überall im Unternehmen laufen Prozesse ab, die von Menschen beeinflußt werden und so das Bild der Unternehmensqualität bestimmen.

2.4 MONEY: Personalkosten als entscheidender Geld-Faktor

Ein wichtiger Faktor, mit dem die Unternehmen in den letzten Jahren zunehmend konfrontiert werden, sind die steigenden Personalkosten. Berücksichtigt man die Tatsache, daß die Arbeitskraft immer teurer wird, müssen die Unternehmen Überlegungen anstellen, wie sie die Arbeitskraft effektiver nutzen können.
Bei vielen Arbeitskräften werden lediglich praktische Tätigkeiten am Arbeitsplatz verlangt, wie beispielsweise bei Maschinenbedienern. Dabei werden die geistigen Fähigkeiten, die unbestritten jeder Mensch in unterschiedlichem Ausmaß besitzt, überhaupt nicht angesprochen.

---

89 vgl. M. Imai: Kaizen, a. a. O., S. 67

Ein Ansatz zur effektiveren Nutzung der Arbeitskraft könnte beispielsweise sein, die geistigen Fähigkeiten der Arbeitskraft zu nutzen und über gezielte Bildungsmaßnahmen zu fördern. Dadurch könnte zum Beispiel erreicht werden, daß die Arbeitskraft vielseitig einsetzbar wird. Oftmals verfügen gerade die Arbeitskräfte, die direkt am Prozeß arbeiten, über Erfahrungen und Kenntnisse, die in vielen Fällen nie genutzt und verarbeitet werden.

2.5 Darstellung der Abhängigkeiten im Personalbereich

Die Abhängigkeiten, die zwischen den Meßgrößen und Prozessen innerhalb des Personalbereiches bestehen, sind in Abbildung F-1 dargestellt. Der Übersichtlichkeit halber wurde die Darstellung auf die internen Abhängigkeiten im Personalbereich beschränkt.

Mitarbeiter-Flexibilität

Das Erfahrungspotential des Unternehmens wird durch die Fluktuation bestimmt. Die Erfahrung, die der Mitarbeiter in seinem Berufsleben gesammelt hat, ist ein bestimmender Faktor der Mitarbeiter-Flexibilität. Durch eine höhere Erfahrung ist der Mitarbeiter viel flexibler einsetzbar, da er die Abläufe im Unternehmen genauer kennt.
Eine andere Einflußgröße ist die Qualifikation, unterstützt durch Weiterbildungsmaßnahmen. Je breiter der Kenntnisbereich des Mitarbeiters ist, desto vielseitiger ist er im Unternehmen einsetzbar. Dies setzt jedoch ein flexibles Personalsystem voraus, das innerbetriebliche Stellenwechsel ermöglicht oder auch einmal andere Aufgabenanforderungen an den Mitarbeiter stellt, wie z.B. Teamarbeit, um zusätzliche Erfahrungen zu erwerben.

Mitarbeiter-Qualität

Die Mitarbeiter-Qualität wird in erster Linie durch die Qualifikation des Mitarbeiters bestimmt. Durch gezielte Schulungsmaßnahmen können Defizite bezüglich Qualifikation und Mitarbeiter-Qualität ausgeräumt, und somit die Mitarbeiter-Qualität zusätzlich gesteigert werden. Dabei ist jedoch zu beachten, daß der Motivation des Menschen eine zentrale Bedeutung zukommt. Der am besten ausgebildete Mitarbeiter kann eine schlechte Mitarbeiter-Qualität besitzen, wenn er demotiviert ist. Die Motivation wird extern durch ein verändertes Wertebewußtsein geprägt. Dies bedeutet für Führungskräfte, daß sie sich in ihrem Führungsstil auf diese Einflüsse aus dem Umfeld des Unternehmens einstellen müssen, um so Demotivation auf Seiten der Mitarbeiter zu vermeiden.

Dazu gehört natürlich ebenso eine angemessene Bezahlung, wobei deren Stellenwert aufgrund des Wertewandels etwas abgenommen hat. Zusätzlich wirken die Integration des Mitarbeiters im Unternehmen und die Optimierung der Arbeitsabläufe motivationssteigernd.

Abb. F-1: Abhängigkeiten innerhalb des Personalbereiches

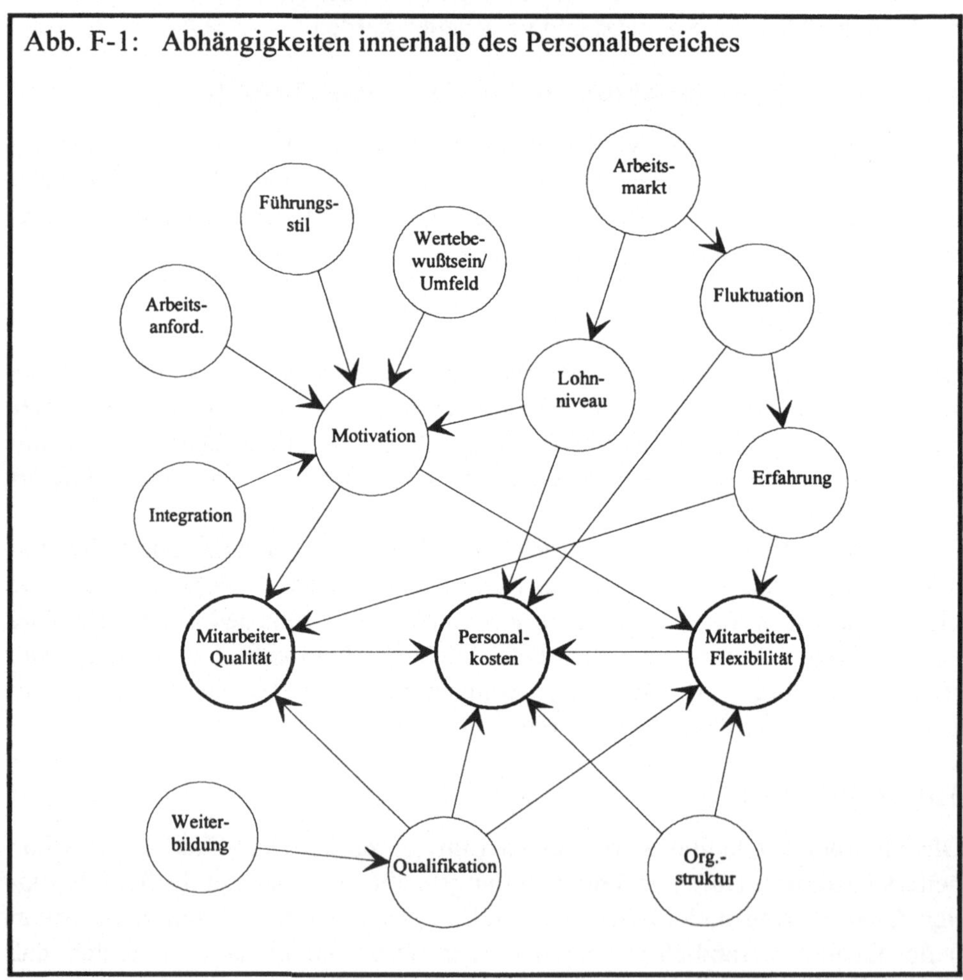

Personalkosten

Eine der wichtigsten Größen im Unternehmensalltag sind die Kosten. Aus diesem Grund kommt den Personalkosten eine besondere Bedeutung zu. Die Personalkosten können in verschiedene Arten aufgeteilt und so direkt den Prozessen zugeordnet werden. In erster Linie fallen Löhne und Gehälter an, die sowohl durch die Qualifikation der Mitarbeiter, aber auch durch das Lohnniveau auf dem Arbeitsmarkt bestimmt werden. Zusätzliche Kosten fallen für die Weiterbildung an. Dabei entstehen einerseits Kosten für die Schulungsmaßnahmen selbst, wie beispielsweise Seminargebühren. Andererseits sind auch Kosten durch die Lohn- und Gehaltsfortzahlung während der Weiterbildungsdauer zu berücksichtigen. Resultierend aus der Fluktuation entstehen Kosten für die Personalbeschaffung, die sich wiederum in Kosten für die Werbung neuer Arbeitskräfte, für die Auswahl von Bewerbern und für die Einarbeitung neuer Arbeitskräfte aufteilen.

2.6 Zentrale Prozesse des Personalbereiches

Wie aus der Darstellung der Abhängigkeiten im Personalbereich hervorgeht, ist den Prozessen Weiterbildung und Motivation besonderer Stellenwert beizumessen und werden daher im Folgenden etwas näher betrachtet.

2.6.1 Weiterbildung

Qualifiziert ausgebildetes Personal ist eine Vorraussetzung für ein funktionierendes Qualitätssicherungssystem, das sich an den Qualitätszielen des Unternehmens orientiert. Dies wird umso wichtiger, wenn das Unternehmen in der Zulieferindustrie zu Hause ist und dadurch in das Qualitätssicherungssystem des Abnehmers eingebunden wird.

Dies erfordert vom Personalbereich ein umfassendes System der Weiterbildung, in dem die Mitarbeiter in allen für die Qualitätssicherung nötigen Komponenten zielgerecht geschult werden. Nur bei durchgängiger Weiterbildung und Information können beim Mitarbeiter Einsicht und Verständnis für die Qualitätssicherung erzeugt und schließlich ein umfassendes Qualitätsbewußtsein geweckt werden.[90]

---

90 vgl. H. Methner: Aus- und Weiterbildung. In: Handbuch der Qualitätssicherung, hrsg. von W. Masing, 2., völlig neubearb. Aufl., München/Wien, 1988, S. 771 - 782, S. 771

Betriebliche Mitarbeiter-Weiterbildung ist in diesem Zusammenhang als "die Gesamtheit aller direkten und indirekten personalpolitischen Maßnahmen zu verstehen, mit deren Hilfe eine Erweiterung oder Veränderung der Fähigkeiten der Mitarbeiter bewirkt werden soll"[91]. Diese Definition sollte aber noch etwas erweitert werden. Ziel der Weiterbildung darf nicht nur der Einfluß auf die Fähigkeiten des Mitarbeiters sein; vielmehr müssen die Kenntnisse und vor allem auch das Bewußtsein des Mitarbeiters durch das Weiterbildungssystem angesprochen werden.
Durch die Erweiterung des Qualitätsbegriffes (siehe Kapitel A) wird es erforderlich, die Aus- und Weiterbildung hinsichtlich der Qualitätsziele über das reine Qualitätswesen in der Produktion hinaus zu erweitern und Mitarbeiter aus sämtlichen Bereichen des Unternehmens, wie z.B. Mitarbeiter aus Entwicklung, Konstruktion, Fertigung, Vertrieb, aber auch Arbeiter, Angestellte und Management in die Schulungsmaßnahmen einzubeziehen.
Ziel eines Weiterbildungssystems muß es daher sein, einerseits den Mitarbeiter mit den geltenden Qualitätsrichtlinien vertraut zu machen, den Umgang mit den erforderlichen Prüfmitteln zu üben und auf der anderen Seite ein allgemeines Qualitätsbewußtsein im Mitarbeiter zu wecken und die Motivation zur Umsetzung dieses Qualitätsbewußtseins zu fördern.

Ermittlung des Bildungsbedarfes

Eine Möglichkeit zur Ermittlung des vorliegenden Bildungsbedarfes liegt in der Erstellung von Anforderungsprofilen. Durch diese Anforderungsprofile werden sämtliche Anforderungen erfaßt, die am jeweiligen Arbeitsplatz von Bedeutung sind.
Dieses Profil stellt somit ein SOLL-Profil dar. Dabei werden die unterschiedlichen Anforderungen gewichtet. Für diese Gewichtung können verschiedene Maßstäbe verwendet werden. Es bietet sich hierbei eine Einteilung in drei Stufen an, die die Dimensionen

Kennen - Können - Beherrschen

umfaßt. Eine weitergehende Unterscheidung in mehr als drei Stufen sollte nicht vorgenommen werden, da darunter die Übersichtlichkeit leiden könnte.

---

91 U. Stopp: Betriebliche Personalwirtschaft, a.a.O., S. 196

Nach Aufnahme eines IST-Profiles besteht die Möglichkeit, über einen SOLL-IST-Vergleich Defizite festzustellen. Das IST-Profil stellt das Ausmaß dar, in dem der Mitarbeiter die Anforderungen des Arbeitsplatzes erfüllt.
Es bietet sich an, das SOLL- und das IST-Profil graphisch übereinanderzulegen. Aus dieser Anordnung gehen deutlich die Defizite hervor, die zwischen SOLL- und IST-Zustand bestehen. Solche Defizite stellen den Ansatzpunkt für gezielte Schulungsarbeit dar.

FALLBEISPIEL:

Als Beispiel soll hier ein Anforderungsprofil für einen Meister einer kleinen mechanischen Fertigung mit sieben Bearbeitungsmaschinen angeführt werden. Dieser Meister hat neben den Aufgaben der Fertigungsleitung auch noch die Aufgabe, Kunden zu betreuen und Angebote zu erstellen. Zusätzlich hat er noch Führungsaufgaben wahrzunehmen, da ihm mehrere Mitarbeiter unterstellt sind. Die Qualifikation gliedert sich in drei Kompetenzbereiche: Sozial-, Führungs- und Fachkompetenz. Zu jedem dieser Bereiche lassen sich Kenntnisse und Fertigkeiten ermitteln und bewerten. Daraus läßt sich das SOLL-Profil ermitteln. Dieses ist in Abb. F-2 dargestellt. Durch Ergänzung um die IST-Werte können gezielt Defizite festgestellt werden.

Die Deutsche Gesellschaft für Qualität (DGQ) hat Anforderungsprofile für systemunabhängige Arbeitsplätze verfaßt, die bei der Formulierung von qualitätsorientierten Anforderungsprofilen als Richtschnur verwendet werden können.
Dabei ist allerdings zu beachten, daß nicht nur fachliche Aspekte in das Anforderungsprofil einfließen sollten. Gerade im Bezug auf umfassende Unternehmensqualität ist es wichtig, die außerfachlichen Qualifikationen zu berücksichtigen. Dazu gehören unter anderem Lernbereitschaft, systemtechnisches Verständnis, Kreativität, Verantwortungsbewußtsein, planerisches Denken und Vorgehen. Diese Qualifikationen lassen sich jedoch nicht isoliert in einem Schulungsprogramm vermitteln. Vielmehr muß das gesamte Schulungssystem so ausgelegt werden, daß diese Qualifikationen innerhalb jeder Schulung als zusätzliches Ausbildungsziel vermittelt werden.

Abb. F-2: SOLL-Anforderungsprofil für einen Meister einer kleinen mechanischen Fertigung

	Qualifikation	Kennen	Können	Beherrschen
Fachkompetenz	NC-Technik		●	
	Fertigungsverfahren			●
	Sicherung der Produktqualität			●
	CAD-Konstruktion		●	
	Betriebsmittelkenntnis			●
	Auftragskalkulation			●
	Kundenbetreuung			●
	Auftragsplanung u. -überwachung			●
	Kenntnis der org. Abläufe			●
Führungs-kompetenz	Formulierung von Arbeitsanweisungen			●
	Erscheinungsbild			●
	Rhetorik		●	
	Überzeugungskraft			●
	Strategisches Denkvermögen		●	
Sozial-kompetenz	Kritikfähigkeit		●	
	Kommunikationsfähigkeit		●	
	Konfliktlösungsfähigkeit			●
	Akzeptanz unter den Mitarbeitern			●

Weiterbildungsmaßnahmen

Es existieren mehrere Möglichkeiten zur Weiterbildung von Mitarbeitern. An dieser Stelle sei auf die Lehrgangssysteme der DGQ und anderer Institutionen, wie z.B. der Technischen Akademien und der IHK's verwiesen. Dabei werden Lehrgänge für die verschiedenen Zielgruppen, beispielsweise für Meister, Techniker, Facharbeiter, usw. unterschieden. Ergänzt werden diese durch Sonderlehrgänge, die sich nur mit einer speziellen Thematik befassen, wie z.B. Wertanalyse, Fehlermöglichkeits- und Einflußanalysen (FMEA) u.a.
Die firmeninterne Weiterbildung kommt vor allem dann zum Tragen, wenn es um die Vermittlung von unternehmensspezifischen Belangen geht. Hierzu bauen Unternehmen ein eigenes Lehrgangssystem auf. Dabei ist allerdings darauf zu achten, daß die innerbetriebliche Weiterbildung von erfahrenen Trainern durchgeführt wird. Von der Qualität der Schulung hängt nicht zuletzt auch die Qualität des Schulungsergebnisses ab.

2.6.2 Motivation

Gemäß dem Einflußdiagramm aus Kapitel A ist die Motivation eine kritische Einflußgröße. Dies bedeutet, daß die Motivation vielfältigen Einfluß auf andere Meßgrößen ausübt, ihrerseits aber ebenfalls besonders stark beeinflußt wird. Dadurch ist es schwierig, direkt an der Motivation anzusetzen, um letzendlich eine Verbesserung herbeizuführen. Es ist daher wichtig, diese Zusammenhänge zu kennen, um gezielt an das Problem heranzugehen. Fehlende Motivation äußert sich meist in einer fehlenden Einstellung zum Arbeitsplatz, die bis zur inneren Kündigung führen kann.

Innere Kündigung

> Ein Gespenst geht um in unseren Unternehmen -
> Das Gespenst der "inneren Kündigung"[92]

Ein großes Mitarbeiter-Problem, das immer wieder in Verbindung mit der Mitarbeiter-Führung entsteht, ist das Auftreten der inneren Kündigung. Der Mitarbeiter befindet sich dabei in einem Zustand, der durch eine negative innere

92 R. K. Sprenger: Mythos Motivation, a. a. O., S. 22

Einstellung zu seinem Arbeitsplatz geprägt ist. Dies äußert sich darin, daß er kein Interesse an Auseinandersetzungen zeigt und die typische Ja-Sager-Mentalität übernommen hat. Er verrichtet Dienst nach Vorschrift und besitzt keine eigene Meinung. Der innerlich gekündigte Mitarbeiter geht Konfrontationen mit dem Chef und den Mitarbeitern aus dem Weg und sieht seine Aktivitäten mehr im privaten Bereich; für das Unternehmen tut er nur noch, was unbedingt nötig ist.
Die innere Kündigung entsteht in erster Linie aus einer inneren Unzufriedenheit heraus, die vielfältige Ursachen haben kann.

Die häufigsten Kündigungsgründe sind:[93]

70 % wegen der Unzufriedenheit mit ihrer beruflichen Entwicklung
40 % wegen der Unzufriedenheit mit der Organisation
32 % wegen der Unzufriedenheit mit den Arbeitsbedingungen
29 % wegen der Unzufriedenheit mit den Vorgesetzten
26 % wegen der Unzufriedenheit mit der Bezahlung
8 % wegen der Unzufriedenheit mit der Arbeitszeit
3 % wegen der Unzufriedenheit mit den Kollegen

Die Ursachen für diese Entwicklung sind in erster Linie durch das veränderte Wertebewußtsein der Mitarbeiter zu begründen. Wie schon in der Einleitung erläutert, werden die Mitarbeiter durch den Wertewandel in ihrer privaten Umgebung beeinflußt. Carl Friedrich v. Weizsäcker beschreibt dies so: "Alles rutscht: die moralischen Standards, die überlieferten Strukturen, die vertrauten Formen von Familien, Religion, Technik, Wirtschaft." Für die Unternehmen bedeutet dies, daß sie sich auf diese veränderte Situation einstellen müssen. Dies bezieht sich sowohl auf organisatorische Gesichtspunkte, wie auch auf die Formen des Führungsstils.

Mitarbeiter-Motivierung

Ein Mittel, um gegen die innere Kündigung anzugehen, ist das Schaffen von Motivation beim Mitarbeiter. Dabei müssen die Begriffe Motivation und Motivierung geklärt werden.
Unter Motivation werden die Beweggründe für das menschliche Verhalten verstanden. Sprenger definiert dies als "Zustand aktivierter Verhaltensbereitschaft"

93 H. C. Altmann: Positives Denken, 6. Aufl., Frankfurt a.M., 1990, S.16

des Mitarbeiters. Die Motivation beschreibt folglich, *warum* ein Mensch in einer bestimmten Weise handelt.
Die meisten Führungskräfte verstehen unter Motivation jedoch das *wie*, um den Mitarbeiter optimal zu motivieren. Um dies eindeutig von der Motivation zu trennen, wird für die Art und Weise, wie der Mitarbeiter zu beeinflussen ist, der Begriff Motivierung verwendet. Dabei ist Motivierung als eine Fremdsteuerung zu verstehen, die manchmal bis hin zur Manipulation reicht. Es wird versucht, das Verhalten eines Menschen zu beeinflussen, ohne direkt dessen Widerspruch zu erzeugen.
In diesem Zusammenhang ist der eigentliche Ursprung der Motivierung zu betrachten. Motivierung wird dann angewandt, wenn die Führungskraft subjektiv eine Lücke zwischen tatsächlicher und möglicher Leistung des Mitarbeiters sieht. Motivierung kann folglich aus einer Mißtrauenshaltung des Vorgesetzten gegenüber der Leistungsbereitschaft des Mitarbeiter entstehen.
Sprenger fordert dagegen in diesem Zusammenhang ein neues Verständnis der Mitarbeiterführung:

Führen ist vor allem das
Vermeiden von Demotivation.[94]

Ein wesentlicher Grundgedanke im Bereich der Motivation ist, daß Motivierung überhaupt nicht nötig ist, wenn der Mitarbeiter nicht demotiviert ist. Zentrale Aufgabe der Führung ist folglich das Vermeiden von Demotivation.
Der Hauptgrund für Demotivation ist darin zu sehen, daß die Mitarbeiter nicht ernst genommen werden und nicht als vollwertige Menschen angesehen werden. Dies äußert sich darin, daß ihnen keine Verantwortung übergeben wird, daß der Vorgesetzte alles selber machen will, bzw. alles überprüfen will.
Der Mitarbeiter will jedoch gefordert werden mit Aufgaben, die er in seinem Verantwortungsbereich erledigen kann, ihn fordern, aber auch nicht überfordern. In diesem Zusammenhang wird dann deutlich, daß die Festlegung von Arbeitsinhalten nicht vom Vorgesetzten in Form einer Arbeitsanweisung dem Mitarbeiter zugeteilt, sondern innerhalb eines Gespräches die anzustrebenden Leistungen vereinbart werden sollten.

---

94 R. K. Sprenger: Mythos Motivation, a. a. O.,S. 172

Zielvereinbarungen

Die Vereinbarung von Arbeitsinhalten kann im Rahmen von Zielvereinbarungen durchgeführt werden. Dabei werden innerhalb eines Vereinbarungsgespräches zwischen Vorgesetztem und Mitarbeiter die zukünftigen Ziele, die aus den Unternehmenszielen abgeleitet werden, vereinbart. Dabei ist besonderer Wert darauf zu legen, daß die Ziele vom Mitarbeiter mitentwickelt werden. Dem Mitarbeiter wird durch die Definition von Zielvereinbarungen der Freiraum eingeräumt, seine Arbeitsinhalte, Kompetenzen und den Verantwortungsbereich selbstverantwortlich zu formulieren, um sie dann mit dem Vorgesetzten abzustimmen. Der Vorgesetzte sollte hierbei das Vereinbarungsgespräch in die gewünschte Zielrichtung steuern. Die so vereinbarten Leistungen werden von beiden Seiten unterschrieben und somit auch vom Mitarbeiter akzeptiert, da er bei der Ausarbeitung beteiligt war. Darüber hinaus kann im Rahmen der Zielvereinbarungen eine Analyse bezüglich der Erreichung der bisher gesteckten Ziele erfolgen, wodurch Stärken und Schwächen des Mitarbeiters festgestellt werden können und der Bedarf an Schulungsmaßnahmen abgeleitet werden kann.

Zielvereinbarungen sollten allerdings nur über einen längeren Zeitraum hinweg formuliert werden, damit sie nicht zur kurzfristigen Terminsetzung mißbraucht werden. Es bietet sich an, Zielvereinbarungen mit einer Laufzeit von einem Jahr zu definieren.

Der große Vorteil der Zielvereinbarung im Vergleich zur Stellenbeschreibung ist, daß sie ständig erneuert und den aktuellen Gegebenheiten angepaßt wird. Die Stellenbeschreibung dagegen ist ein statisches Gebilde, das in der Regel kaum geändert wird, und somit veränderte Bedingungen und den Einfluß des Mitarbeiters nicht berücksichtigt.

3. Fazit

Führt man eine ganzheitliche Betrachtung der Unternehmensqualität durch, so stellt man fest, daß der Personalbereich ein sehr wichtiger Faktor ist. Dieser Bereich erhält seine zentrale Bedeutung innerhalb der Abläufe im Unternehmen dadurch, daß nahezu jeder Prozeß durch den Menschen direkt oder indirekt beeinflußt wird.

Dabei ist den Größen Mitarbeiter-Flexibilität, Mitarbeiter-Qualität und Personalkosten besondere Bedeutung beizumessen. Dieses sind Größen, die über die Faktoren TIME, QUALITY und MONEY einen besonderen Einfluß auf die Unternehmensqualität ausüben.

Abb. F-3: Unternehmensqualität - Personal

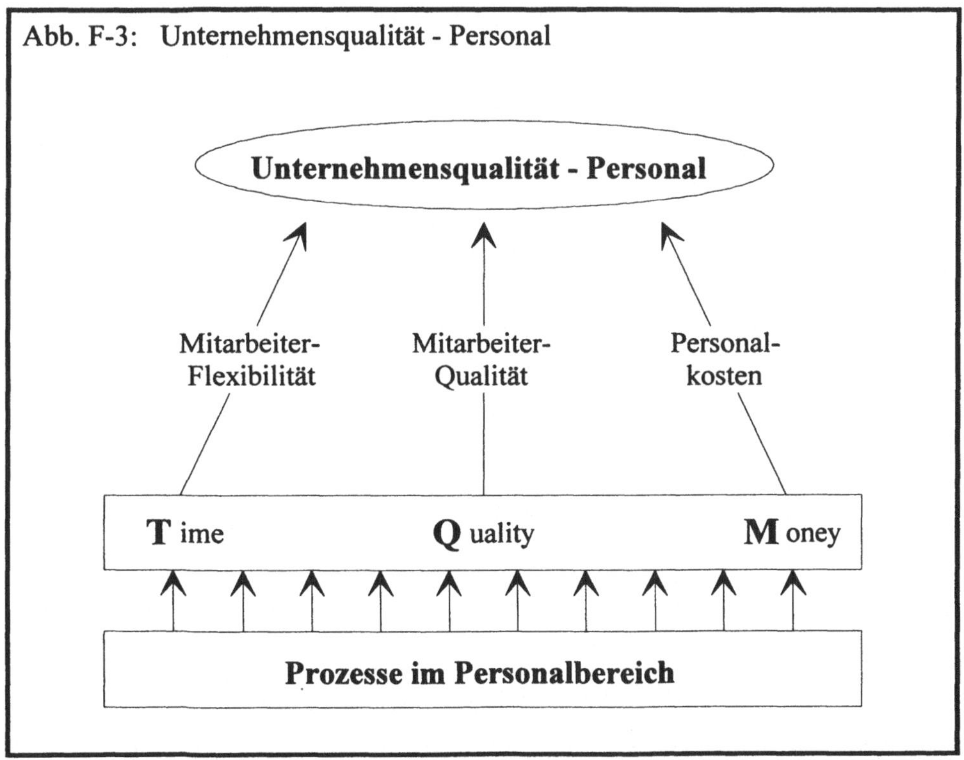

Gelingt es, die Mitarbeiter-Flexibilität und die Mitarbeiter-Qualität zu erhöhen und dabei die Personalkosten in einem vernünftigen Verhältnis dazu zu halten, so ist ein entscheidender Schritt in Richtung Verbesserung der Unternehmensqualität getan.

Hierzu müssen jedoch die Abhängigkeiten, die zwischen den einzelnen Prozessen existieren, berücksichtigt werden. Dabei müssen die Beziehungen zu den anderen Unternehmensbereichen genauso beachtet werden, wie auch die Wechselwirkungen mit der Umwelt ihren Einfluß auf das Unternehmen ausüben.
Es darf jedoch nie außer acht gelassen werden, daß Unternehmensqualität nicht allein durch die Definition von Qualitätsrichtlinien zu erreichen ist. Vielmehr ist es bedeutsam, ein Qualitätsbewußtsein und die Motivation zur Umsetzung dieses Bewußtseins zu wecken und zu fördern.

Qualität wird im Kopf erzeugt,
und nicht mit den Händen.

G. Unternehmensqualität - Projektmanagement

Die Unternehmensqualität wird nicht zuletzt durch die Unternehmensorganisation geprägt. Diese wird zunehmend durch steigende Anforderungen an die Organisation, Planung, Überwachung und Steuerung von besonderen Vorhaben belastet. Dies erfordert eine Organisationsform, die diese Anforderungen auf effiziente Art erfüllen kann. Hierzu dient das Führungskonzept des Projektmanagements, das auf die Lösung solcher Aufgaben ausgerichtet ist.
Im Folgenden wird ein Überblick über das Aufgabengebiet und die einzelnen Elemente des Projektmanagements dargestellt. Dabei werden die wesentlichen Einflußfaktoren auf den Projekterfolg aufgezeigt und erläutert.

1. Auswirkungen des veränderten politischen und wirtschaftlichen Umfeldes auf die Unternehmensorganisation

Der Strukturwandel in unserer Gesellschaft in den letzten zwanzig Jahren brachte es mit sich, daß das Geschehen in der Industrieproduktion immer komplexer wurde. Diese veränderte Wettbewerbssituation zeigt sich vor allem darin, daß sich technologische, wirtschaftliche und soziale Veränderungen mit immer höherer Geschwindigkeit vollziehen. Für die Unternehmen bedeutet dies, daß sie durch Entwicklungsprozesse sowohl im technischen Bereich, als auch bei organisatorischen Umstrukturierungen schnell auf diese Veränderungen reagieren müssen.

> Die Fähigkeit zur Innovation ist eine Überlebensfrage für die Unternehmen, denn wer nicht mit der Zeit geht, der geht mit der Zeit.[95]

Innovationen sind in diesem Zusammenhang sowohl auf organisatorischer Ebene, wie auch auf individueller Ebene zu sehen. Das heißt, die Unternehmen müssen offen sein für organisatorische Umstrukturierungen, wie auch der Mitarbeiter flexibel für Veränderungen und Entwicklungen in seiner Arbeitsumgebung sein muß.

Dabei ist es unerläßlich, sämtliche Entwicklungsprozesse sorgfältig zu planen, zu führen und zu überwachen. Diesen Anforderungen wird die traditionelle Linienorganisation jedoch nicht oder nur unzureichend gerecht. Da es sich aber gerade in dieser schwierigen Wirtschaftssituation kein Unternehmen mehr leisten kann, über Dauer und Kosten eines Vorhabens lediglich ungenaue Schätzungen abzugeben, bedarf es einer neuen Arbeitsweise und -methode, die diese Anforderungen erfüllt.

Aus diesem Grund wird häufig das Projektmanagement als Führungskonzept angewendet. Das Projektmanagement ist auf die Lösung von zeitlich befristeten Aufgaben ausgerichtet, die einen hohen Grad an Komplexität aufweisen. Die wichtigsten Wesensmerkmale beruhen dabei auf der Gruppenarbeit und auf der interdisziplinären Zusammenarbeit von Fachleuten aus verschiedenen Ab-

---

95 J. Hansel/G. Lomnitz: Projektleiter-Praxis, Erfolgreiche Projektabwicklung durch verbesserte Kommunikation und Kooperation, Berlin/Heidelberg/New York, 1987, S. 2

teilungen. Somit wird ein Höchstmaß an Fachkompetenz mit der Nutzung der gruppensynergetischen Effekte vereint. Das Projektmanagement erleichtert bei richtiger Anwendung die Führungsaufgabe zur Bewältigung von Projekten. Es ermöglicht, Entwicklungen überschaubarer zu machen, Problemsituationen rechtzeitig zu erkennen und frühzeitig steuernd einzugreifen.
Für die Durchführung von Projektaufgaben beinhaltet das Projektmanagement verschiedene Planungs- und Überwachungstechniken. Neben diesen Techniken spielen die Projektorganisation und die interpersonellen Beziehungen im sozialpsychologischen Bereich eine wesentliche Rolle im Projektmanagement und können ebenso für das Mißlingen eines Projektes verantwortlich sein.

Bestimmungsgrößen für den Projekterfolg

Der Erfolg von Projektarbeit wird durch folgende Größen bestimmt:

Abb. G-1: Einflußgrößen auf den Projekterfolg

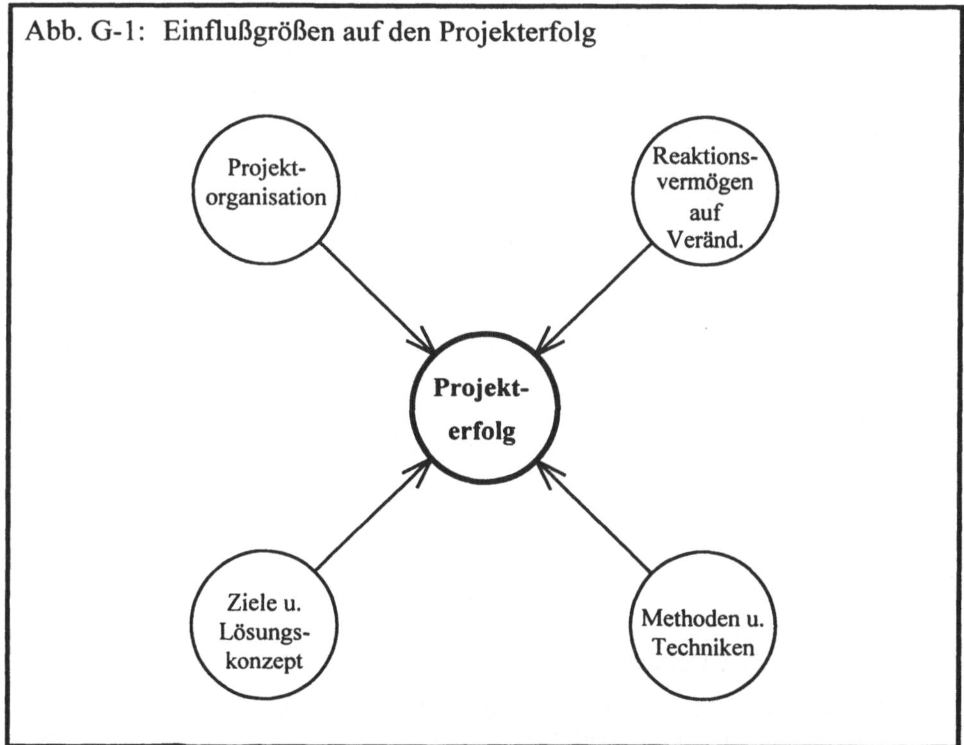

Im Folgenden werden diese Einflußgrößen genauer dargestellt.

2. Definitionen

Projekt

Für die Definition, wann eine Aufgabe oder ein Problem als Projekt anzusehen ist, existieren verschiedene Ansätze in der Literatur. Die meisten Definitionen ordnen einem Projekt folgende Wesensmerkmale zu[96]:

- einmalig, neuartig, risikoreich
- komplexe Struktur, große Bedeutung
- vorgegebener Anfangs- und Endzeitpunkt, Termindruck
- während der Abwicklung sich ändernde Bedingungen

Andere Definitionen reduzieren die Kriterien für das Vorliegen eines Projektes auf drei Punkte. Ein Projekt liegt dann vor, wenn mindestens eine der drei folgenden Bedingungen erfüllt ist[97]:

- Das Vorhaben stellt besondere Anforderungen an die zeitliche Abwicklung (Terminrisiko).
- Das Kostenvolumen ist ungewöhnlich (Kostenrisiko).
- Es handelt sich um neuartige Technik (Technisches Risiko).

Durch diese Definition sind die wesentlichsten Kriterien, die ein Projekt bestimmen, genannt.

Management

Der Begriff Management gehört zu jenen Termini, die jeder kennt und zu verstehen glaubt, bei denen aber jeder Schwierigkeiten mit einer genaueren Festlegung bekommt. Man kann Management als die Leitung von soziotechnischen Systemen mit Hilfe von professionellen Methoden umschreiben[98]. Dabei umfaßt der Begriff die Leitung, zugleich aber auch die Institution, die diese Leitung ausführt.

---

96 H.-D. Litke: Projektmanagement, München/Wien, 1991, S. 14

97 E. Wischnewski: Modernes Projektmanagement, 2., verb. Aufl., Braunschweig/Wiesbaden, 1992, S. 12

98 vgl. P. Ulrich/E. Fluri: Management: eine konzentrierte Einführung, 3., neubearb. Aufl., Bern/Stuttgart, 1984, S. 36

Projektmanagement

Projektmanagement bedeutet folglich die Leitung eines Projektes, sowie die das Projekt leitende Institution. Dabei umfaßt die Leitung hier insbesondere Planung, Überwachung und Steuerung des Projektes.

Das Projektmanagement basiert auf zwei Konzepten[99]:

Abb. G-2: Definition des Projektmanagements

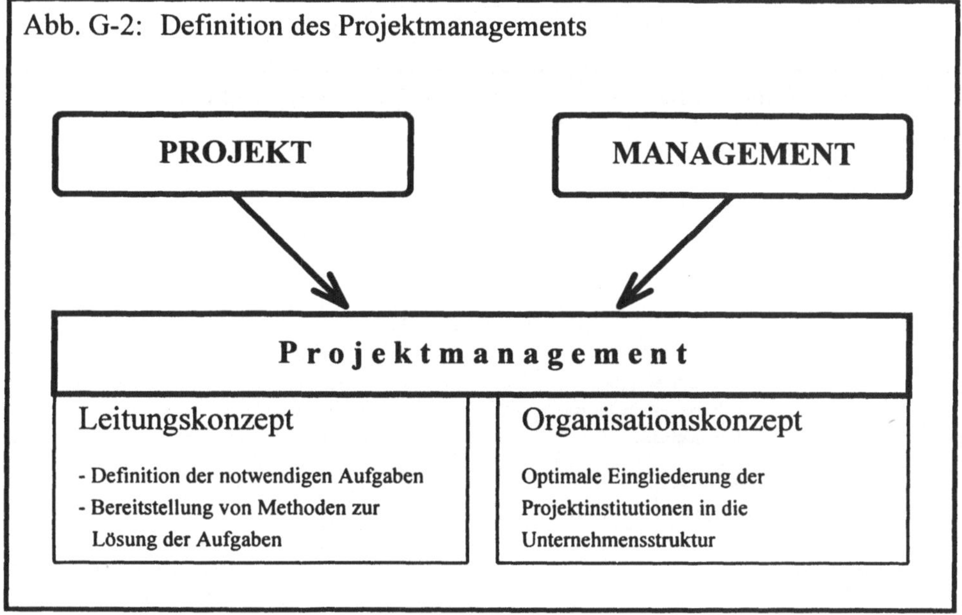

Das Projektmanagement ist demnach als ein Leitungs- und Organisationskonzept zu verstehen, das sich einfacher Hilfsmittel zur Projektleitung bedient, die die Planung, Überwachung und Steuerung von Projektvorhaben erleichtern. Zudem ist der organisatorischen Eingliederung der Projektleitung in die Unternehmensstruktur Bedeutung beizumessen, da durch einen falschen organisatorischen Aufbau Kompetenz- und Zuständigkeitskonflikte auftreten können.

99 vgl. P. Rinza: Projektmanagement, 2., neubearb. u. erw. Aufl., Düsseldorf, 1985, S. 5

3. Zielformulierung und Lösungskonzept: Problemlösungszyklus

Wesentlicher Ansatzpunkt für methodische Projektarbeit ist, die einzelnen Problembausteine schon im Ansatz zu erkennen und sie als Teilproblem zu behandeln. Allerdings dürfen dabei die Zusammenhänge, die zwischen den Bausteinen existieren, nicht außer acht gelassen werden, damit sich letzlich sämtliche Lösungsbausteine zu einem Lösungskonzept ergänzen.

Abb. G-3: Methodisches Vorgehen beim Problemlösungszyklus

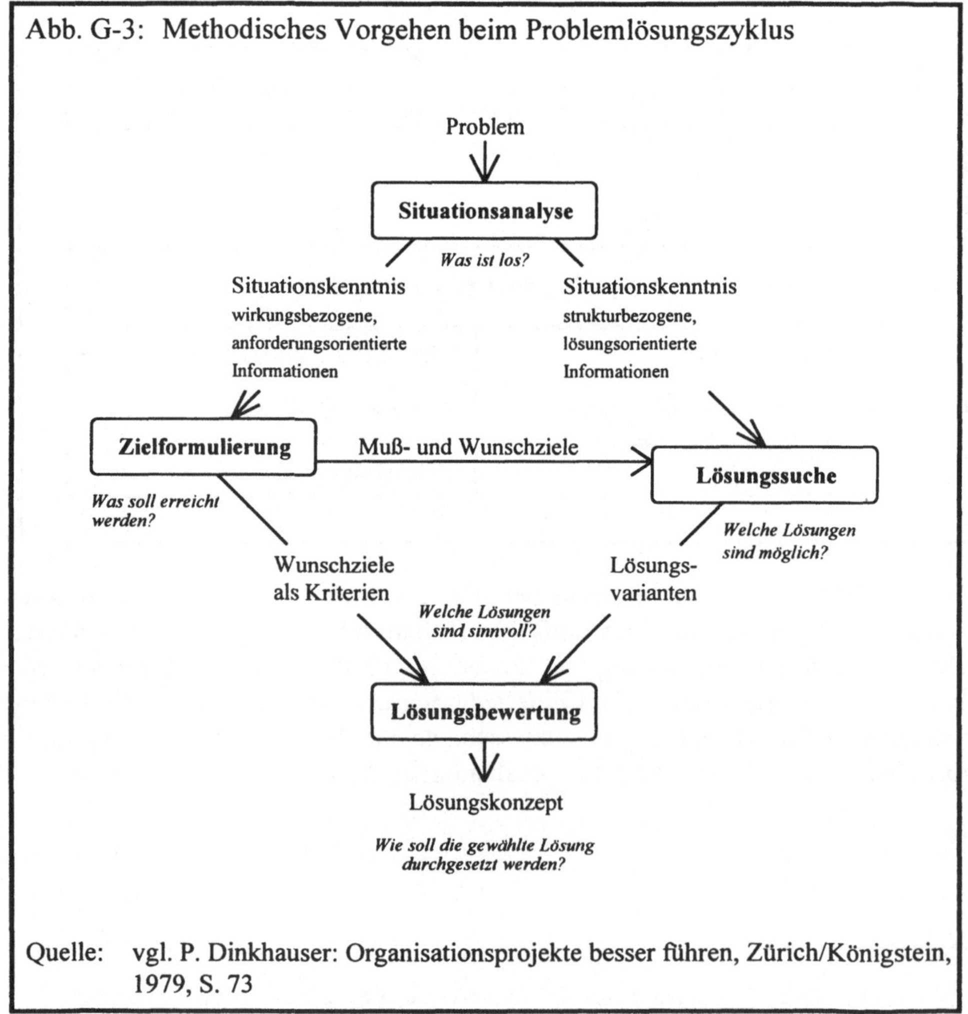

Quelle: vgl. P. Dinkhauser: Organisationsprojekte besser führen, Zürich/Königstein, 1979, S. 73

Einen methodischen Ansatz zur Erarbeitung der Lösungsbausteine stellt der Problemlösungszyklus dar, der die Problemanalyse in eine Abfolge logisch vernünftiger Lösungsschritte aufteilt. Dabei wird ein Problem in einem sich wiederholenden Zyklus während der verschiedenen Projektphasen mehrmals hinterfragt mit dem Ziel, das Problem einer Lösung zuzuführen. Der Problemlösungszyklus gliedert sich in fünf Schritte, die in Frageform formuliert werden, um die Projektmitarbeiter direkt als Betroffene in den Lösungsprozeß miteinzubinden. Der Ablauf des Problemlösungszyklus ist in Abbildung G-3 dargestellt.

3.1 Situationsanalyse

Ziel der Situationsanalyse ist es, Transparenz in den betrachteten Bereich zu bringen, um eine genaue Problemdefinition durchführen zu können. Im Wesentlichen handelt es sich dabei um Informationsbeschaffung. Dazu müssen Fakten und Ursachen gesammelt, sortiert und ausgewertet werden. Dabei nehmen Detaillierung und Umfang der Situationsanalyse mit Fortschritt des Projektes zu. Am Anfang der Projektarbeit werden die generellen Probleme erfaßt. Später werden dann z.B. Auswirkungen konkreter Lösungen untersucht.
Ein anderer Aspekt der Situationsanalyse ist, daß hierbei nicht nur das Problem, sondern auch die Möglichkeiten und Grenzen des Projektteams deutlich aufgezeigt werden. Wird dieser Punkt bei der Projektplanung übergangen, besteht die Gefahr, daß unrealistische Ziele gesteckt werden, die eine erfolgreiche Projektarbeit gefährden.

3.2 Zielformulierung

Der Bedeutung der Zielformulierung ist im Rahmen der Projektvorbereitung besonderer Stellenwert beizumessen. Mit dem genauen Festsetzen der zu erreichenden Ziele entscheidet sich schon im Anfangsstadium der Projektarbeit, wohin das Projekt führt. Zum einen werden hier die zu erledigenden Aufgaben festgeschrieben; zum anderen gilt es, die Ziele so zu formulieren, daß sie erreichbar sind und somit auch motivierend und kreativitätssteigernd wirken.

Wer seine Aufgaben nicht kennt,
kann sie auch nicht wahrnehmen!

Die Formulierung der Projektziele setzt die Kenntnis der Unternehmensziele, bzw. der Ziele der übergeordneten Instanzen, voraus. Jedes Ziel hat neben seinem primären Zweck auch die Aufgabe, der Erreichung der übergeordneten Ziele zu dienen. Dies bedeutet jedoch, daß jedes Ziel an den übergeordneten Zielen orientiert werden muß. Es läßt sich eine Zielhierarchie aufstellen, aus der hervorgeht, wie die Ziele von einer Ebene auf die nächste heruntergebrochen werden.

Abb. G-4: Zielhierarchie

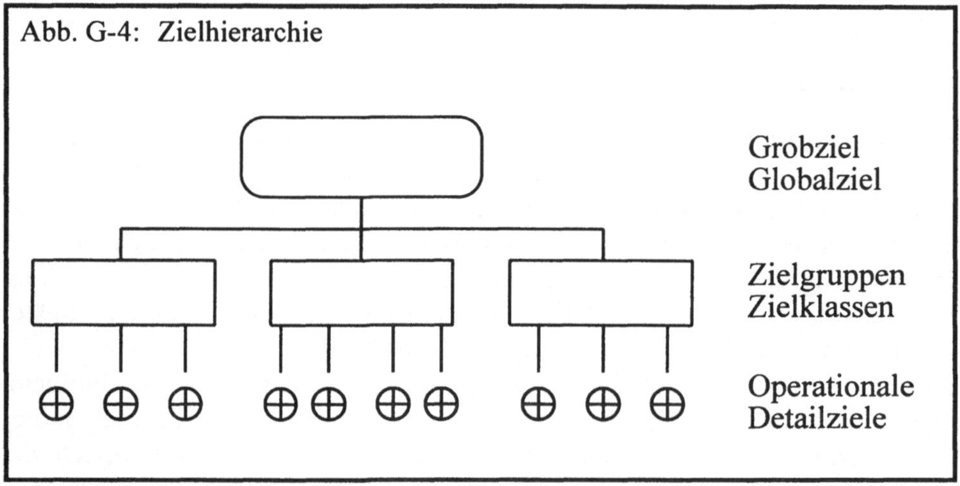

Bei der Formulierung der Ziele sollten folgende Punkte beachtet werden[100]:

- Ziele müssen lösungsneutral formuliert werden, damit bei der Lösung keine Ideen ausgeschlossen werden.
- Um eine eindeutige Aussage über die Zielerreichung treffen zu können,
  müssen die Ziele quantifizierbar sein.
- Ziele dürfen auch negative Aspekte enthalten.
- Die Ziele müssen klar und für alle Beteiligten verständlich formuliert sein.
- Ziele müssen anspruchsvoll, aber auch erreichbar sein.

Um später Lösungen für die Ziele finden zu können, ist es wichtig, die formulierten Ziele ihrer Wichtigkeit nach zu qualifizieren. Hierfür eignet sich eine

100 vgl. H.-D. Litke: Projektmanagement, a. a. O., S. 27

Einordnung in Muß- und Wunschkriterien. Muß-Ziele stellen sogenannte K.O.-Kriterien dar, deren Erreichen unbedingt erforderlich ist. Eine Lösung, die dieser Bedingung nicht genügen kann, scheidet sofort aus. Bei den Wunsch-Zielen ist das Erreichen erwünscht, aber nicht Bedingung. Es ist für die einzelnen Lösungen der Gesamtnutzen aus allen Wunsch-Zielen zu ermitteln, um eine Auswahl zu treffen.

Während der Projektarbeit sollten die Ziele regelmäßig auf ihre Gültigkeit hin untersucht werden, da Veränderungen in der Projektumgebung eine Anpassung, bzw. Ergänzung, der Ziele erfordern können.

3.3 Lösungssuche

Die Lösungssuche wird in der Projekt-Hauptphase durchgeführt. Im Wesentlichen kommt es hierbei auf die kreative Ideenfindung an. Dabei sollte Gedankensprüngen freier Lauf gelassen werden und auch unorthodoxe Ideen sollten gesammelt werden, um die Kreativität mit einem Höchstmaß an Effektivität auszuschöpfen. Die Effizienz der Lösungssuche kann durch die Anwendung von Kreativitätstechniken zusätzlich gesteigert werden. Die Vorgehensweise sollte so organisiert sein, daß sich alle Beteiligten individuell auf ein gemeinsames Treffen vorbereiten und bereits schon im Vorfeld Ideen erarbeitet haben, die dann in der Gruppe weiter diskutiert werden.

3.4 Lösungsbewertung

In der anschließenden Lösungsbewertung werden die unterschiedlichen Lösungsvorschläge vom Projektteam auf ihren Erreichungsgrad bezüglich der Projektziele hin überprüft. Die Lösungsvorschläge, die aufgrund der Bewertung am verfolgungswürdigsten sind, werden dem Management vorgelegt. Dieses muß dann die Entscheidung treffen, welche Vorschläge zur Bearbeitung freigegeben werden.

4. Projektorganisation

4.1 Organisationsformen

Der Projektorganisation kommt innerhalb des Projektmanagements eine besondere Bedeutung zu. Durch den organisatorischen Aufbau des Projektteams und die Eingliederung der Projektorganisation in die Unternehmensorganisation werden wichtige Rahmenbedingungen wie Kompetenzregelungen und Verantwortlichkeiten festgelegt. Aus diesem Grund sollte der Frage nach der angepaßten Projektorganisation besonderer Stellenwert eingeräumt werden.

4.1.1 Projektleitung innerhalb der Linienorganisation

Treten in Unternehmen mit reiner Linienorganisation Projektaufgaben auf, so bekommt häufig eine Fachabteilung, gewöhnlich die mit dem größten Fachanteil, die Verantwortung für das Projekt übertragen. Projektleiter wird entweder der Fachabteilungsleiter selbst oder er delegiert diese Funktion an einen Mitarbeiter seiner Abteilung.

Abb. G-5: Projektleitung in der Fachabteilung

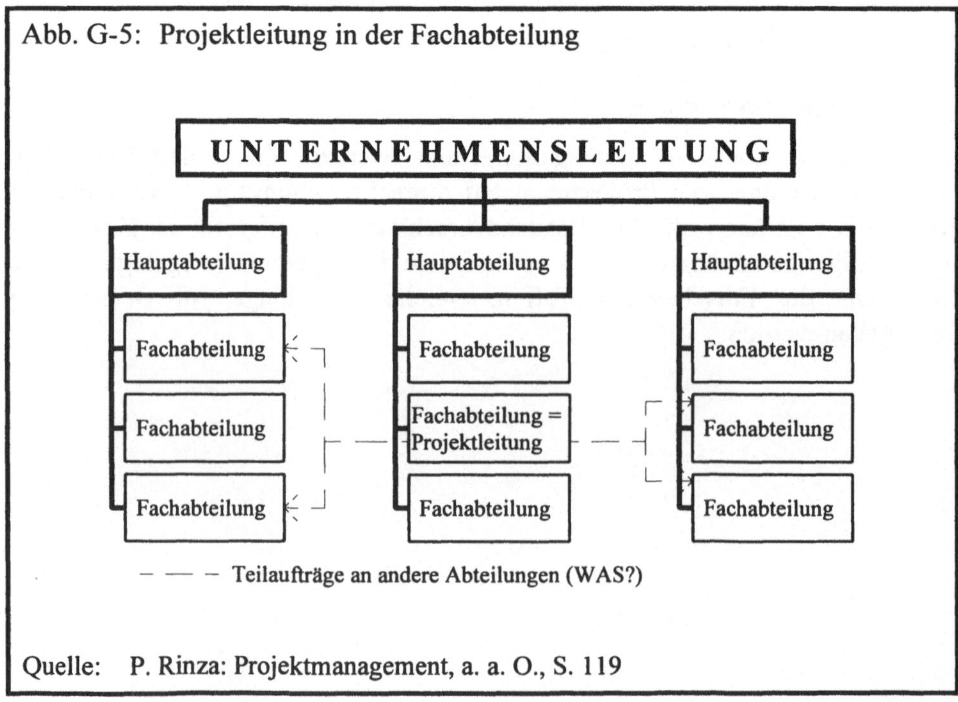

Quelle: P. Rinza: Projektmanagement, a. a. O., S. 119

Die Projektverantwortung liegt beim Projektleiter, die Arbeiten werden jedoch von den jeweiligen Fachabteilungen ausgeführt. Dies bedeutet, daß der Projektleiter, wenn er nicht mit besonderen Kompetenzen ausgestattet wird, auf das Wohlwollen der anderen Fachabteilungen angewiesen ist, wenn es darum geht, Arbeiten an diese zu übergeben. Der Fachabteilungsleiter entscheidet, wann welche Arbeiten durchgeführt werden. Er wird natürlich den Abteilungsarbeiten eine höhere Priorität einräumen als einer Projektarbeit für eine "andere" Abteilung. In dieser Situation benötigt der Projektleiter einiges an Einfühlungsvermögen, um eine konstruktive Zusammenarbeit zu erwirken.
Aus diesem Nachteil heraus läßt sich ableiten, daß sich diese Projektorganisation hauptsächlich für kleinere Projekte eignet, die überwiegend innerhalb einer Fachabteilung bearbeitet werden.
Der wesentliche Vorteil dieser Organisationsform ist jedoch, daß nur sehr gering in die bestehende Unternehmensstruktur eingegriffen wird.

4.1.2 Reine Projektorganisation

Bei der reinen Projektorganisation wird für das Projekt eine eigenständige Abteilung gebildet, die ausschließlich in der Verantwortung des Projektleiters steht. Dabei unterscheidet sich die reine Projektorganisation von einer Linienabteilung nur dadurch, daß ihre Existenz zeitlich befristet ist und sie nach Projektende aufgelöst wird. Die am Projekt beteiligten Mitarbeiter werden für die Dauer des Projektes aus ihren bisherigen Positionen abgezogen und sind ausschließlich für das Projekt tätig. Ebenso sind sie bis zum Projektende nur dem Projektleiter weisungsgebunden.
Der Vorteil dieser Organisationsform liegt darin, daß sich die Projektmitarbeiter ausschließlich auf ihre Projektaufgaben konzentrieren. Dadurch entsteht eine Identifikation mit dem Projekt, die zusätzliche Motivation freimacht. Außerdem ist eine straffe Führung des Projektteams möglich, da alle Weisungsbefugnis beim Projektleiter konzentriert ist.
Der große Nachteil dieser Projektorganisation tritt bei Beginn und Ende der Projektarbeit auf. Zum einen ist es schwierig, die geeigneten Mitarbeiter im Unternehmen auszumachen und diese dann vollständig aus ihren Abteilungen herauszulösen. Zum anderen bereitet die Wiedereingliederung der Projektmitarbeiter in die Linie nach Projektabschluß erneute Integrationsprobleme.
Aus diesen Umständen heraus ist die reine Projektorganisation nur bei Vorhaben von außerordentlichem Umfang anzuwenden, die wenig Bezug zu den im Unternehmen ablaufenden Routineaufgaben haben und über einen längerfristigen Zeitraum angesetzt werden.

Abb. G-6: Reine Projektorganisation

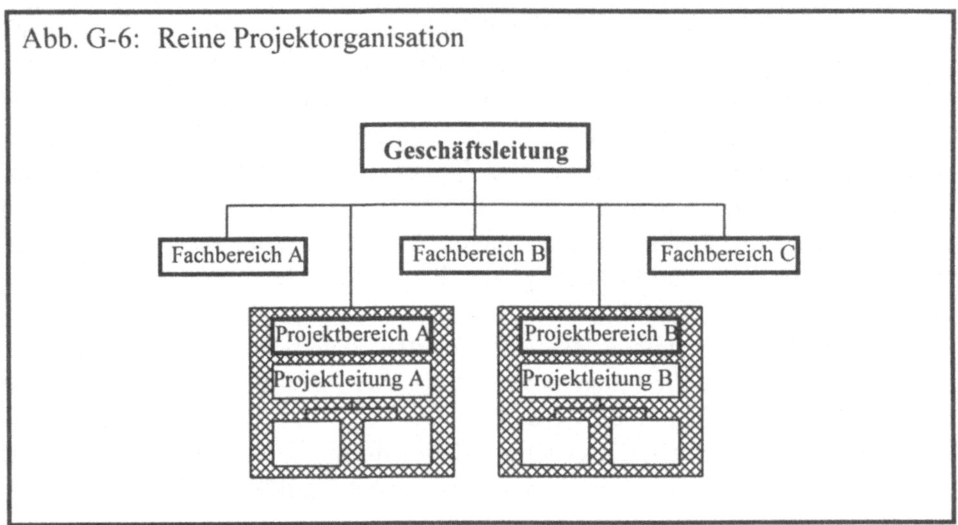

4.1.3 Einfluß-Projektorganisation

Während die reine Projektorganisation einen bedeutenden Eingriff in die Unternehmensorganisation darstellt, bleibt bei der Einfluß-Projektorganisation die funktionale Hierarchie innerhalb der Primärorganisation erhalten. Die Primärorganisation wird hierbei nur durch den Projektleiter ergänzt, der mit Stabsfunktion ausgestattet wird.

Der Projektleiter hat bei dieser Organisationsform weder Entscheidungs- noch Weisungsbefugnis gegenüber den Fachabteilungen. Er tritt lediglich in beratender und informativer Weise auf. Er ist verantwortlich für die Projektverfolgung hinsichtlich sachlichen, terminlichen und kostenmäßigen Aspekten und macht den verantwortlichen Linieninstanzen entsprechende Maßnahmenvorschläge. Dies bedeutet aber auch, daß der Projektleiter nicht die alleinige Projektverantwortung übernimmt, da diese von den einzelnen Fachabteilungen mitgetragen wird. Damit der Projektleiter seine Informations- und Beratungsfunktion entsprechend wahrnehmen kann, ist seine Stabsstelle in der Unternehmenshierarchie auf Höhe der Führungskräfte einzuordnen, die letztendlich Projektentscheidungen zu treffen haben.

Der Vorteil dieser Organisationsform liegt in erster Linie darin, daß Mitarbeiter gleichzeitig bei mehreren Projekten zum Einsatz kommen können. Dadurch ist der Austausch von Erfahrungen über verschiedene Projekte hinweg relativ einfach.

Der Nachteil liegt darin, daß sich eigentlich niemand richtig verantwortlich für das Projekt fühlt. Zudem werden Entscheidungen verzögert, da sie durch Linieninstanzen getroffen werden müssen, welche sich nicht ausschließlich mit dem Projekt beschäftigen.

Abb. G-7: Einfluß-Projektorganisation

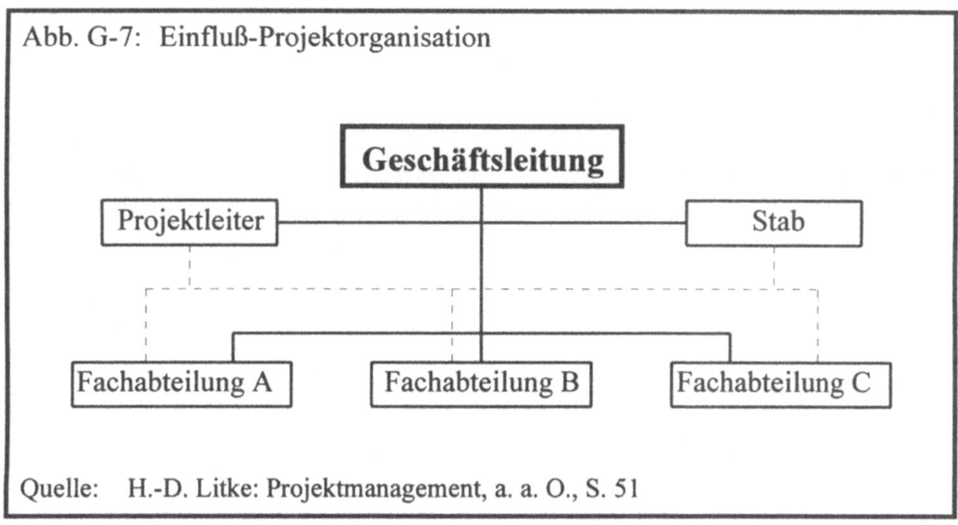

Quelle: H.-D. Litke: Projektmanagement, a. a. O., S. 51

Bei dieser Projektorganisation ist der Auswahl des Projektleiters besondere Bedeutung beizumessen, da nur ein allseits anerkannter und respektierter Projektleiter die angeführten Schwierigkeiten in den Griff bekommen kann.
Aus dem Aufbau dieser Organisationsform kann abgeleitet werden, daß sie eine schwache Möglichkeit ist, ein Projekt zu führen. Daher eignet sich diese Projektorganisation auch nur für Projekte von geringem Umfang, die die Routineaufgaben der Fachabteilungen nur gering übersteigen.

4.1.4 Matrix-Projektorganisation

Bei der Matrix-Projektorganisation werden die Kompetenzen auf ein funktionsorientiertes und ein projektorientiertes Leitungssystem aufgeteilt. Dabei wird die vertikal strukturierte Linienorganisation von einer horizontal gegliederten Projektorganisation überlagert.
Die am Projekt beteiligten Mitarbeiter haben somit zwei Vorgesetzte, den Fachabteilungsleiter und den Projektleiter, von denen sie Anweisungen entgegennehmen müssen. Dazu ist jedoch eine klare Abgrenzung der Kompetenzen zwischen Projektleiter und Fachabteilungsleiter nötig.

Da Projektleiter und Fachabteilungsleiter gemeinsam Verantwortung für das Gelingen des Projektes tragen, ist es durchaus von Bedeutung, daß diese ein gutes, sich ergänzendes Team bilden.
Die Mitglieder des Projektteams haben zwar während der Projektdauer das Projektziel im Blickfeld, bleiben aber disziplinär ihrem Linienvorgesetzten unterstellt. Der Projektleiter erhält ein fachbezogenes Weisungsrecht. Das Projektteam hat im Hinblick auf die Erreichung des Projektzieles die Planung, Steuerung und Integration aller Projektarbeiten vorzunehmen, seine Tätigkeit ist folglich planungs- und überwachungsorientiert. Die Fachabteilungen mit den entsprechenden Spezialkenntnissen konzentrieren sich auf die eigentliche Systementwicklung, sind also ausführungsorientiert.

Abb. G-8: Matrix-Projektorganisation

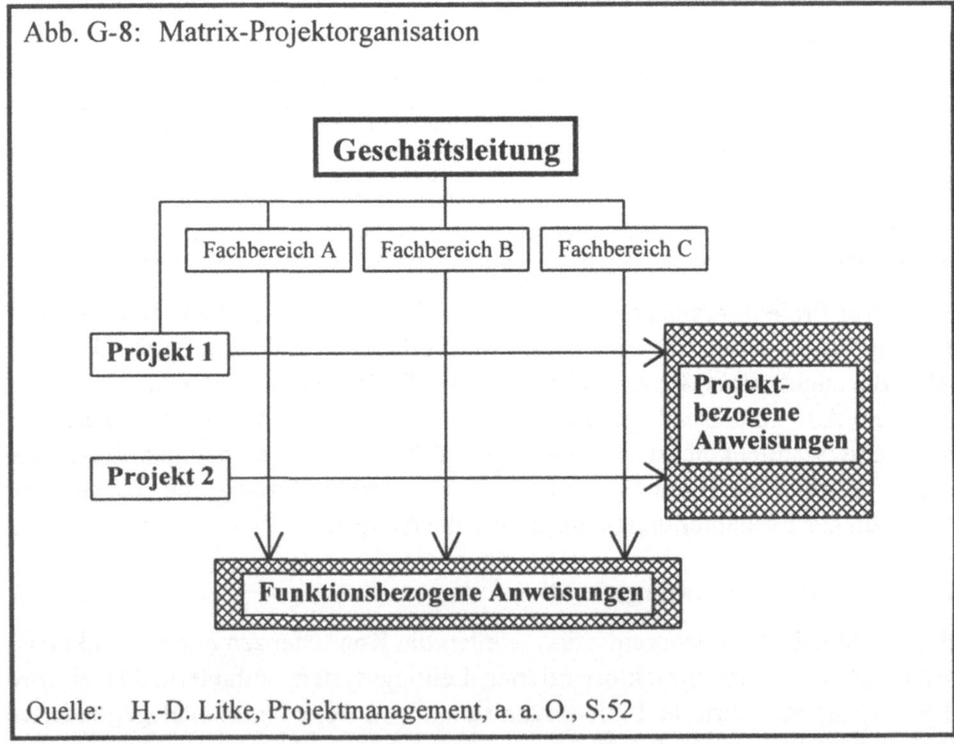

Quelle: H.-D. Litke, Projektmanagement, a. a. O., S.52

Problematisch bei dieser Organisationsform ist das Konfliktpotential, das sich zwischen den Interessen von Linie und Projekt bildet. Durch die Überlagerung der Organisationsstrukturen fühlt sich die Linienorganisation zurückgedrängt und reagiert häufig mit Widerständen. Dies erfordert vom übergeordneten

Management klare Befugniserteilungen, um Kompetenzschwierigkeiten von vornherein auszuschließen.
Die Vorteile dieser Organisationsform liegen vor allem darin, daß sich das Projektteam unmittelbar verantwortlich für das Projekt sieht und daß durch das Zusammenarbeiten von Fachleuten und Projektmitarbeitern ein schneller Informationsfluß innerhalb des Projektes garantiert wird.
Die Nachteile sind vornehmlich in der sehr aufwendigen Organisation zu sehen, die zudem noch die Gefahr beinhaltet, daß die Projektmitarbeiter zwei Vorgesetzte haben, was wiederum zu Interessenskonflikten führen kann.
Die Matrix-Projektorganisation ist zwar sehr aufwendig, ist aber auch sehr vielseitig anwendbar. Durch sie können Projekte aller Größenordnungen geleitet werden. Aus diesem Grund ist sie die Projektorganisation, die für fast alle Projekte anwendbar ist.

4.2 Auswahl der geeigneten Organisationsform

Für die Auswahl der geeigneten Organisationsform für Projektaufgaben kann keine allgemeingültige Formel festgelegt werden. Vielmehr ist jeweils im Einzelfall abzuwägen, welche Projektorganisation für das jeweilige Projekt die erfolgversprechendste ist. Zusätzlich muß noch beachtet werden, daß sich nicht jede Unternehmensstruktur für Projektmanagement eignet. Aus diesem Grund ist eine Projektorganisation zu wählen, die mit der etablierten Managementstruktur zusammenpaßt.
Es gibt für die Auswahl der geeigneten Organisationsform mehrere Kriterien[101]:

- Größe und Dauer des Projektes
- geschäftspolitische Bedeutung
- Struktur der vorhandenen Organisationsform
- Verfügbarkeit der Ressourcen
- Notwendigkeit zur interdisziplinären Zusammenarbeit zwischen verschiedenen Bereichen
- Risiko bezüglich Erreichung des Projektergebnisses, sowie Einhaltung von Terminen, Qualitäts- und Kostenvorgaben
- Zahl der Projekte, die gleichzeitig in einem Bereich abgewickelt werden
- Erfahrungen mit Projektorganisationen

---

101 J. Platz/H. Schmelzer: Projektmanagement in der industriellen Forschung und Entwicklung, Berlin/Heidelberg/New York, 1986, S. 73

Eine einmalig festgelegte Projektorganisation bedeutet allerdings nicht zwangsläufig, daß diese bis zum Ende des Projektes auch beibehalten werden muß.

> Feste Strukturen sind geeignet für feststehende Aufgabenbereiche. Wechselnde Aufgaben erfordern flexible Strukturen.

Das Wesen von Projekten wird nicht zuletzt von häufigen Veränderungen der Rahmenbedingungen geprägt, was von der Projektführung auch eine gewisse Flexibilität verlangt. Auch kann in den unterschiedlichen Phasen des Projektablaufes schon wegen personellen Veränderungen eine Anpassung der Projektorganisation nötig werden. Welche Organisationsform letztendlich angewandt wird, entscheidet der Auftraggeber. Der Projektleiter sollte allerdings als Fachmann bei dieser Frage beratend Einfluß nehmen. Schließlich muß er mit dieser Organisation dann auch arbeiten.

4.3 Einbindung des Mitarbeiters in die Projektorganisation

Für die Einbindung des Mitarbeiters in die Projektorganisation gibt es zwei Möglichkeiten:

1. Der Mitarbeiter arbeitet ausschließlich innerhalb der Projekt organisation.
2. Der Mitarbeiter arbeitet zum Teil im Projekt und zum Teil in seiner bisherigen Linienposition.

Beide Versionen bieten Vorteile, aber auch Nachteile. Arbeitet der Mitarbeiter ausschließlich an einem Projekt, kann er sich auf diese Aufgabe besser konzentrieren, als wenn er noch durch andere Aufgaben belastet wird. Zudem ist eine kontinuierliche Beschäftigung innerhalb des Projektes auch erforderlich, um zu gewährleisten, daß sich der Mitarbeiter immer auf dem aktuellen Informationsstand befindet. Ist er jedoch immer wieder vom Projekt sowohl fachlich als auch räumlich getrennt, wird es nötig sein, dem Mitarbeiter jedesmal zu berichten, welche Veränderungen im Projekt in der Zeit seiner Abwesenheit aufgetreten sind. Der Nachteil bei der reinen Projektmitarbeit ist, daß eine große Gefahr besteht, Kapazitätsressourcen zu verschwenden. Das bedeutet, daß unter Umständen Fachleute länger in der Projektorganisation gebunden werden, als vielleicht nötig wäre.

In diesem Punkt zeigt sich die Methode viel flexibler, bei der der Mitarbeiter nur zeitweilig für das Projekt arbeitet. Dadurch ist es möglich, den Mitarbeiter nur zur Hälfte (oder in einem anderen Verhältnis) am Projekt zu beteiligen. Dabei können aber andere große Schwierigkeiten auftreten. Der interne Informationsfluß wird erheblich gehemmt, da kurzfristiger Informationsaustausch nur erschwert möglich ist. Der Grund dafür liegt darin, daß nicht immer alle Projektmitarbeiter anwesend sind oder daß sie sich in ihre Arbeit außerhalb des Projektes vertieft haben. Zusätzlich wird der Mitarbeiter bei dieser Konstellation zwei Vorgesetzten verpflichtet sein. Dies bedeutet, daß er einem Interessenskonflikt ausgesetzt wird, falls er nicht alle seine Aufgaben termingerecht durchführen kann. Entweder er stellt seine Linien- oder seine Projektaufgaben in den Hintergrund. Da aber die Projektarbeit nur vorübergehend, die Linienaufgabe jedoch zeitlich unbegrenzt ist, ist die Versuchung groß, im Konfliktfall die Projektarbeit zu vernachlässigen und der Linienaufgabe höhere Priorität einzuräumen. Schließlich muß man mit dem Linienvorgesetzten "noch länger zusammenarbeiten".

Die Frage, auf welche Weise der Mitarbeiter in das Projekt eingebunden werden soll, kann nur im Einzelfall unter Berücksichtigung der Rahmenbedingungen wie Projektorganisation, Unternehmensorganisation, Umfang des Projektes usw. beantwortet werden. Aufgrund der Bedeutung, die diese Frage allerdings einnimmt, darf auf eine genaue Betrachtung nicht verzichtet werden.

5. Methoden und Techniken: Projektregelkreis

Die Hauptaufgaben des Projektmanagements sind in der Planung, Steuerung und Überwachung des Projektes mit seinen Teilprojekten zu sehen. Projektmanagement gleicht daher einem Regelkreis und kann schematisch als solcher dargestellt werden.

Abb. G-9: Projektregelkreis

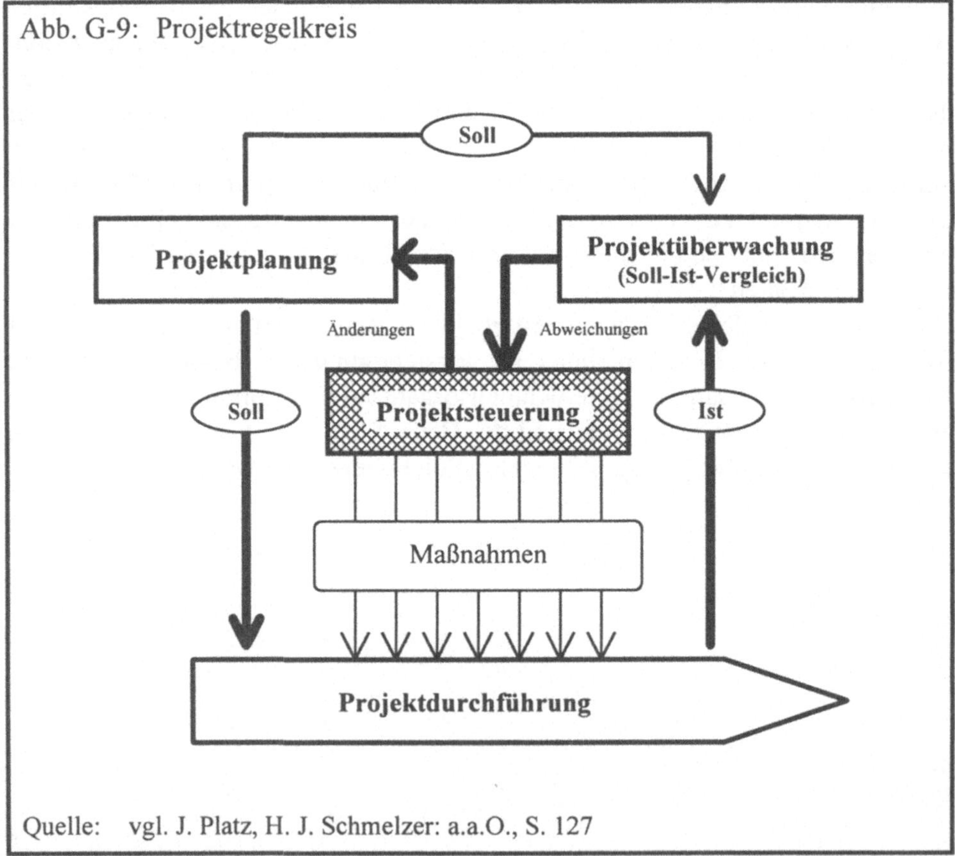

Quelle: vgl. J. Platz, H. J. Schmelzer: a.a.O., S. 127

5.1 Projektplanung

In der Projektplanung wird ein Projekt in seine Projektteile, bzw. -teilaufgaben zerlegt. Dadurch wird es überschaubar, planbar und kann als Grundlage für die Projektüberwachung benutzt werden. Dazu ist allerdings erforderlich, daß die Plandaten realistische, vollständige und prüfbare Vorgaben darstellen, da sonst keine gültige Projektverfolgung möglich ist.

Startbrief

Voraussetzung für detaillierte Planung und konsequente Verfolgung eines Projektes ist allerdings, daß sämtliche grundlegende Festlegungen zum Projekt in der Phase der Projektdefinition eindeutig definiert wurden. Um Mißverständnissen und Unklarheiten vorzubeugen, müssen diese Definitionen schriftlich fixiert und allen Projektbeteiligten mitgeteilt werden. Zu diesem Zweck ist zum Abschluß der Projektdefinition ein Projekt-Startbrief anzufertigen. Dieser sollte klare Aussagen zu Festlegungen, wie Projektaufgabe und -ziele, enthalten, aber auch die personelle Beteiligung festlegen. Insgesamt sollte der Bericht folgende Informationen enthalten:

- Projektname
- Projektziel
- detaillierte Darstellung der Projektaufgaben
- Projektleiter
- Projektbeteiligte mit Funktion
- Auftraggeber (z.B. Geschäftsleitung)
- Projektorganisation
- Kostenbudget
- geplanter Start- und Endtermin

Der Bericht sollte sowohl vom Projektleiter, als auch vom Auftraggeber unterschrieben werden und anschließend jedem Projektbeteiligten zur Kenntnis gebracht werden. Ist dieser Start-Brief angefertigt worden, so ist die Basis für die weitere Projektplanung geschaffen, in der das Projekt bis ins Detail untersucht und geplant wird.

5.1.1 Projektstrukturplan

Die Zerlegung eines Projektes in seine Teilbereiche wird im Projektstrukturplan dargestellt. Ziele des Projektstrukturplanes sind:

- Übersicht über das Projekt schaffen (Transparenz des Projektes)
- Teilprojekte bilden, die an verantwortliche Stellen delegiert werden können
- Abhängigkeiten und Nahtstellen definieren

Dabei werden verschiedene Möglichkeiten zur Projektstrukturierung unterschieden:

- objektorientiert
- funktionsorientiert
- gemischt orientiert

Der objektorientierte Projektstrukturplan bildet eine Struktur ab, die mit dem Aufbau eines materiellen Gegenstandes identisch ist. Dadurch bietet sich diese Struktur für Entwicklungsprojekte an, wie z.B. Software-Entwicklung und Anlagenbau.
Der funktionsorientierte Projektstrukturplan unterteilt das Projekt in einzelne Verrichtungen, die es durchzuführen gilt. Allgemein ist diese Struktur zu wählen, wenn das Projekt keinen materiellen Gegenstand im Mittelpunkt hat, wie z.B. Projekte zur Erschließung neuer Beschaffungsmärkte.
Im gemischt orientierten Projektstrukturplan wird das Projekt je nach Zweckmäßigkeit funktions- und objektgerecht gegliedert. Diese Form eignet sich besonders bei Projekten, die eine hohe Komplexität besitzen und beide Gliederungsformen erfordern.

Als Beispiel für die Strukturierung eines Projektes ist im Folgenden die Planung eines Messestandes aufgeführt. In der Vorbereitung einer Messe sind verschiedene Vorgänge zu erledigen. Diese erstrecken sich von der Planung, über Verwaltungsaufgaben, wie zum Beispiel das Buchen von Hotelzimmern, bis hin zu Herstellung und Aufbau des Messestandes. Die einzelnen Vorgänge lassen sich im Projektstrukturplan in einer hierarchischen Gliederung darstellen. In Abb. G-10 ist der Projektstrukturplan zu diesem kleinen Projekt dargestellt.

Abb. G-10: Projektstrukturplan für Projekt MESSESTAND

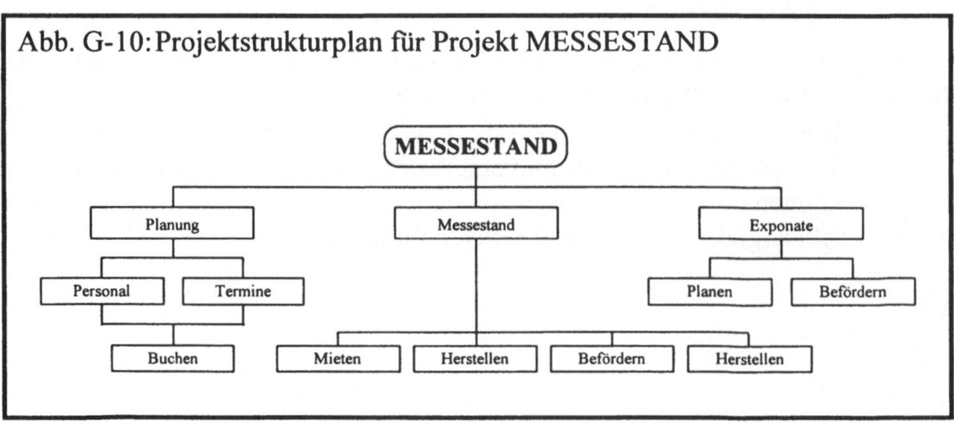

Der Projektstrukturplan ist folglich ein hierarchisches Schema, an dessen Spitze die Hauptaufgabe steht. Diese ist in Teilaufgaben gegliedert, die wiederum ebenfalls in Unteraufgaben gegliedert werden können.
Die Untergliederung wird soweit fortgeführt, bis einzelne Arbeitspakete definiert werden, die von einer kleinen organisatorischen Einheit durchgeführt werden können. Zum Schluß muß es möglich sein, jedem aus dem Projektstrukturplan hervorgegangenen Arbeitspaket eine verantwortliche Stelle im Organigramm zuzuordnen.

5.1.2 Meilensteintechnik

Ein wichtiges Mittel zur Strukturierung von Projekten und zur Orientierung des Projektleiters und des Projekt-Auftraggebers ist das Definieren von Meilensteinen. Als Meilenstein versteht man ein termingebundenes Ereignis von besonderer Bedeutung, das erst dann als erfüllt gilt, wenn das geforderte Ergebnis erreicht wurde. Dadurch wird der Meilenstein zu einer wichtigen Größe für die Projektplanung und die Projektüberwachung. Er ermöglicht dem Projektleiter, konkrete Zwischenergebnisse zu ermitteln und bei Bedarf Korrekturen im Projektablauf vorzunehmen.
Die zweite besondere Bedeutung erhält der Meilenstein dadurch, daß er das Informationsbedürfnis der oberen Arbeitsebenen des Projektes befriedigt[102]. Über Meilensteinberichte werden konkrete Ergebnisse des Projektablaufes abgefragt. Für die Anfertigung von Meilensteinberichten lassen sich vorgefertigte Berichtsformulare verwenden (siehe auch Kapitel G-5.2.3 Fortschrittsberichte).

5.1.3 TIME, QUALITY, MONEY im Projektmanagement

Die Güte eines Prozesses wird über die Größen TIME, QUALITY und MONEY gemessen (siehe Kapitel A). Daraus leitet sich ab, daß auch im Bereich des Projektmanagements diesen Größen eine zentrale Bedeutung beigemessen wird. Für die Projektplanung hat dies zur Folge, daß den Größen Termine, Kosten und Qualität ein besonderer Stellenwert eingeräumt wird. Im Projektmanagement schlägt sich dies in der Terminplanung, der Kostenplanung und der Qualitätssicherung nieder.

---

102 vgl. H. Schmitz/M.P. Windhausen: Projektplanung und Projektcontrolling, 3., neubearb. u. erw. Aufl., Düsseldorf, 1986, S. 61

5.1.4 Terminplanung

In der Terminplanung wird der Projektablauf terminiert, d.h. jedem Element des Projektes wird ein Termin zugeordnet. Dabei wird unter Termin ein bestimmter Zeitpunkt verstanden.

Zeitschätzung

Grundlage für die Festlegung von Terminen ist, daß für die einzelnen Arbeitspakete der dafür nötige Zeitaufwand bestimmt wird. Die Ermittlung der Dauer für alle Vorgänge setzt exakte Beschreibungen der jeweiligen Arbeitsumfänge und der benötigten Hilfsmittel voraus. Bei der Zeitschätzung sollten folgende Punkte beachtet werden, um möglichst realistische Ergebnisse zu erhalten[103]:

1. Die Zeitdauer ähnlicher Aktivitäten aus früheren Projekten sollte soweit wie möglich zugrunde gelegt werden.
2. Die Schätzung sollte frei von Terminvorstellungen sein.
3. Die Zuteilung sollte mit unbegrenzter Kapazität erfolgen, d.h. es sollte zunächst davon ausgegangen werden, daß genügend Kapazität zur Durchführung bereitsteht.

Dabei sollte die Zeitschätzung in Zusammenarbeit mit den die einzelnen Arbeitspakete bearbeitenden Mitarbeitern durchgeführt werden. Um eine realistische Terminplanung vornehmen zu können, darf in der Zeitschätzung kein Sicherheitszuschlag berücksichtigt werden.

Im nächsten Schritt wird festgelegt, wieviel Personen an einem Arbeitspaket beteiligt werden und wie die Abhängigkeiten unter diesen aussehen, d.h. ob paralleles Arbeiten möglich ist, oder ob manche Personen auf Zwischenergebnisse anderer angewiesen sind. Zusätzlich ist zu berücksichtigen, in welchem Umfang die Mitarbeiter für das Projekt zur Verfügung stehen.

Sind diese Punkte alle bekannt, kann die Berechnung der einzelnen Termine erfolgen. Die Berechnung vollzieht sich dabei in zwei Schritten. Zuerst wird ausgehend vom Starttermin des Projektes gemäß dem Projektstrukturplan vorwärtsgerechnet. Im zweiten Schritt wird vom geplanten Endtermin rückwärtsgerechnet. Das Ergebnis dieser Berechnung ist, daß man für jeden Vorgang den frühestmöglichen Start- und Endtermin und den spätesterlaubten Start- und Endtermin erhält. Daraus kann jetzt ermittelt werden, wann jeder Vorgang durchgeführt werden muß und wo sogenannte Pufferzeiten liegen, d.h.

103 vgl. H.-D. Litke: Projektmanagement, a. a. O., S. 75

wo Vorgänge verschoben werden können, ohne den Endtermin zu beeinträchtigen. Ist für einen Vorgang kein Puffer vorhanden, so bezeichnet man diesen Vorgang als kritisch. Die Folge der kritischen Vorgänge bildet den kritischen Weg.

Terminliste

Durch die Terminliste werden die einzelnen Aktivitäten mit den jeweils benötigten Zeiträumen in Form einer einfachen Liste dargestellt. Diese Liste ist zwar sehr einfach und mit geringem Aufwand aufzustellen, ist aber für eine Terminplanung nicht ausreichend. Sie stellt die Grundlage für feinere Planungstechniken dar.

Für das Projekt MESSESTAND wurden für jeden Vorgang der erforderliche Zeitraum und der vorhergehende Vorgang in der Terminliste zusammengetragen. Diese Zusammenstellung ist in Abb. G-11 dargestellt.

Abb. G-11: Terminliste zum Projekt MESSESTAND

Vorgang	**vorhergehender Vorgang**	**benötigter Zeitraum**
Messeplanung		4 Wochen
Stand mieten	Messeplanung	1 Woche
Personalplanung	Messeplanung	3 Wochen
Terminplanung	Messeplanung	3 Wochen
Zimmer und Flüge buchen	Personalplanung Terminplanung	1 Woche
Standplanung	Zimmer und Flüge buchen	5 Wochen
Exponate planen	Zimmer und Flüge buchen	5 Wochen
Stand herstellen	Standplanung Exponate planen	3 Wochen
Exponate befördern	Stand herstellen	1 Woche
Stand befördern	Stand herstellen	1 Woche
Stand aufbauen	Exponate befördern Stand befördern	2 Wochen
Stand einrichten	Stand aufbauen	2 Tage

Balkendiagramm

Das Balkendiagramm ist eine Methode, mit der die Daten der Terminliste in übersichtlicher Weise dargestellt werden. Jede Aktivität entspricht einem Balken im Balkendiagramm; die Länge des Balken gibt die Dauer der Aktivität an. Die Lage auf dem Zeitraster zeigt die zeitliche Relation zu anderen Balken und die terminliche Lage des Vorganges. Zur Erstellung des Balkendiagrammes müssen folglich nicht nur die jeweilige Dauer der Vorgänge bekannt sein, sondern es müssen ebenso die Abhängigkeiten der Vorgänge untereinander berücksichtigt werden, die aber im Diagramm selber nicht erkennbar sind. Der Vorteil des Balkendiagrammes liegt in der guten Lesbarkeit aufgrund des direkten Zeitbezuges.

In Abb. G-12 sind die in der Terminliste aufgeführten Vorgänge in ein Balkendiagramm übertragen worden. Dabei werden Abhängigkeiten zwischen den Vorgängen in der Form berücksichtigt, daß der Starttermin eines Vorganges frühestens am Endtermin des vorhergehenden Vorganges liegen kann.

Abb. G-12: Balkendiagramm für Projekt MESSESTAND

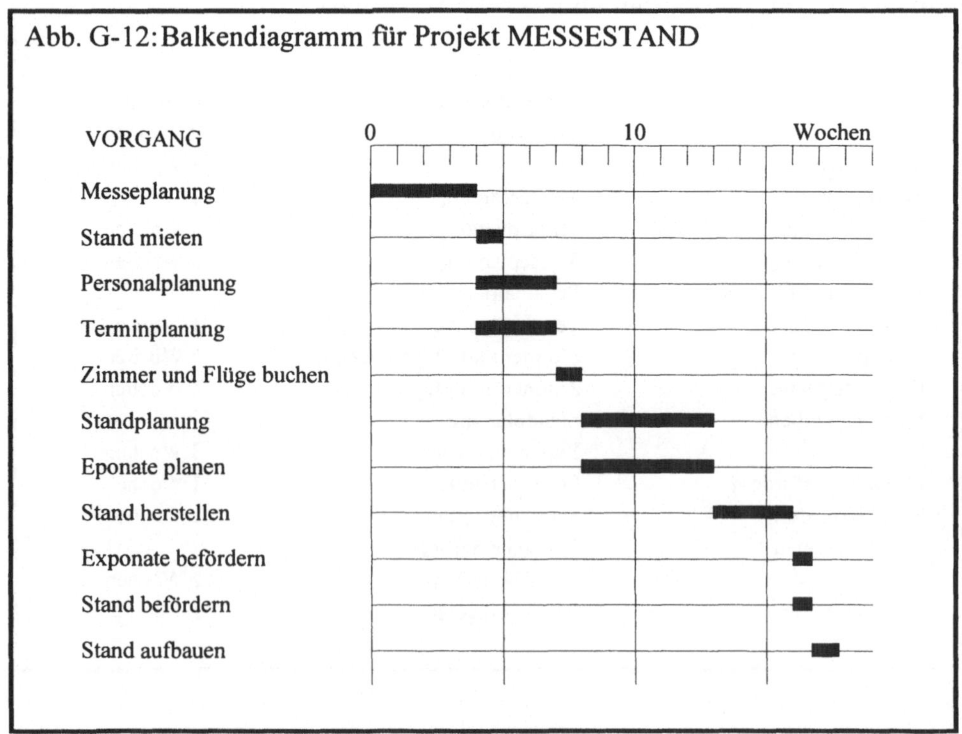

Netzplan

Der Netzplan stellt die zweckmäßigste Art zur Darstellung von Verknüpfungen zwischen Aktivitäten und zur Bestimmung von Terminen dar. Nach DIN werden die Begriffe Netzplantechnik und Netzplan wie folgt definiert:
"Die Netzplantechnik umfaßt Verfahren zur Projektplanung und -steuerung.
Der Netzplan ist die graphische Darstellung von Ablaufstrukturen, die die logische und zeitliche Aufeinanderfolge von Vorgängen veranschaulichen."

Es gibt mehrere Arten von Netzplanstrukturen, die sich in ihrer Darstellungsform unterscheiden. Für Projekte mit geringerer Komplexität bietet sich der Vorgangsknoten-Netzplan an. Die Vorgänge werden in Kästchen dargestellt und mit Pfeilen verbunden, die die Abhängigkeiten unter den Vorgängen anzeigen. Dadurch sind die logischen Beziehungen in übersichtlicher Weise dargelegt. Der Vorgangsknoten-Netzplan bietet Vorteile, wenn logische Veränderungen im Planungsablauf korrigiert werden müssen. In diesem Fall müssen nur die Pfeile geändert werden. Bei Bedarf kann der Netzplan durch die jeweiligen Start- und Endtermine erhalten der Vorgänge ergänzt werden.

Für das Projekt MESSESTAND wurde ein Netzplan erstellt, in dem die Abhängigkeiten und Verknüpfungen der einzelnen Vorgänge untereinander in übersichtlicher Form dargestellt sind. Der Netzplan ist in Abb. G-13 abgebildet.

Abb. G-13:Netzplan für Projekt MESSESTAND

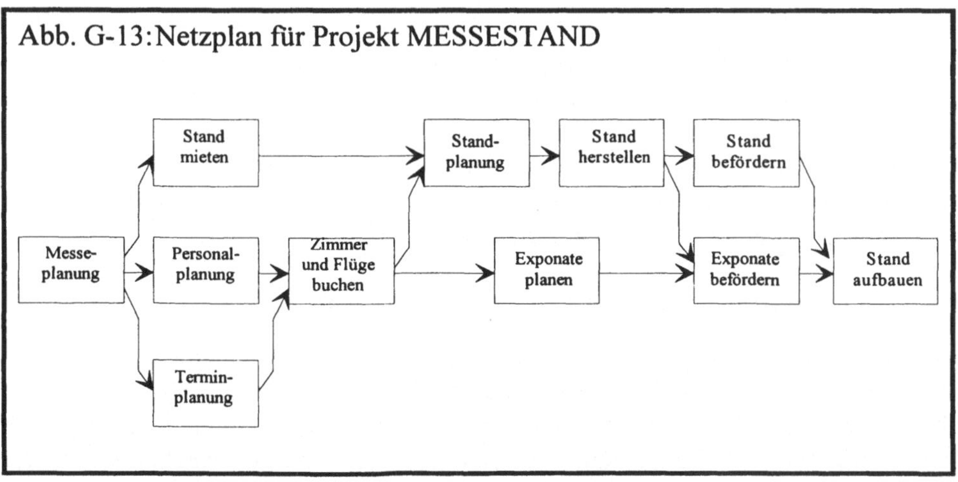

Sowohl für Netzplan, als auch für das Balkendiagramm steht auf dem Markt zahlreiche Software zur Verfügung, die ein effektiveres Arbeiten insbesondere bei Änderungen emöglicht.

5.1.5 Kostenplanung

Eine andere wesentliche Größe im Bereich des Projektmanagements stellen die Kosten dar. Um einen Überblick über die im Projekt anfallenden Kosten zu erhalten, müssen in der Kostenplanung die einzelnen Kostenverursacher abgegrenzt und die Höhe der Kosten realistisch geschätzt werden. Dadurch wird zum einen ein Ausblick auf die Summe aller anfallender Kosten gegeben, zum anderen wird durch die Vorgabe von Plankostenzahlen eine Sollgröße für die Kostenüberwachung definiert.
Die Kostenberechnung wird aufbauend auf dem Netzplan durchgeführt. Dabei werden für jeden Vorgang die anfallenden Kosten geschätzt. Die Gesamtkosten des Projektes erhält man durch Aufsummieren sämtlicher Vorgangskosten. Dieses Verfahren eignet sich bei sehr kleinen Projekten und zeichnet sich durch eine hohe Genauigkeit aus. Der Nachteil besteht jedoch darin, daß mit zunehmender Komplexität des Projektes die Anzahl der Vorgänge stark zunimmt und somit die Kostenschätzung für jeden Vorgang mit einem erheblichen Arbeitsaufwand verbunden ist.
Aus diesem Grund werden häufig die Kosten nicht für jeden Vorgang, sondern für jedes Arbeitspaket oder für jede Teilaufgabe nach dem Projektstrukturplan geschätzt.
Bei beiden Verfahren ist darauf zu achten, daß die Kosten direkt den Elementen des Projektstrukturplanes zuordenbar sind, da nur so eine spätere Überwachung möglich ist. Ebenso gehört zu einer vollständigen Kostenplanung, daß zu jedem Kostenwert die für die Durchführung verantwortliche Kostenstelle, die Kostenart (z.B. Ingenieurstunden, Materialkosten, usw.), der Beginn und das Ende des Zeitraumes, in dem die Kosten anfallen, angegeben werden.

5.1.6 Qualitätssicherung im Projektmanagement

Die Ziele hinsichtlich der Temineinhaltung und Kostenbegrenzung konkurrieren häufig mit der Qualität der Projektarbeit und des Projektergebnisses. Fehlende Qualität bringt jedoch, wenn überhaupt, nur kurzfristig einen Kostenvorteil. Langfristig werden die Kosten für Reparaturen, bzw. für Nacharbeiten, die Kosteneinsparung bei weitem übersteigen. Aus diesem Grund ist es besonders bedeutsam, daß der Projektleiter mit dem Projektteam schon zu Beginn der

Projektarbeit klare Definitionen für die Qualitätsanforderungen sowohl für das Gesamtprojekt, wie auch für einzelne Bausteine in einer Art Pflichtenheft formuliert.

Ziele der Qualitätssicherung sind:[104]

- Fehlervermeidung
- Fehler-(früh)erkennung
- Beseitigung von Fehlern und Fehlerursachen
- Vermeidung von Fehlerauswirkungen nach außen
- Risiko- und Kostenminimierung

Während der Projektarbeit sind diese Anforderungen laufend im Rahmen der Projektüberwachung auf ihre Einhaltung hin zu überprüfen.

5.2 Projektüberwachung

In der Projektüberwachung werden die Soll-Vorgaben der Projektplanung mit den im Projektablauf erreichten Ist-Werten verglichen. Ziel dieses Soll-Ist-Vergleiches ist das Feststellen von Planabweichungen. Dabei bezieht sich die Projektüberwachung sowohl auf den Projektgegenstand, als auch auf den Projektablauf.
Bezogen auf den Projektgegenstand wird überprüft, inwieweit er die Funktions-, Leistungs- und Qualitätsanforderungen erfüllt. Dies bezieht sich in der Hauptsache auf Projekte, die sich auf einen materiellen Gegenstand beziehen, wie z.B. Entwicklungsprojekte. Die Kriterien sind allerdings auf Projekte jeder Art anwendbar.
In Bezug auf den Projektablauf werden die geplanten Termine und Kosten überwacht.
Im Rahmen der Projektüberwachung ist jedoch zu beachten, daß die Größen Termine, Kosten und Qualität konkurrieren (siehe Abb. G-14). Innerhalb der Projektüberwachung müssen diese Beziehungen berücksichtigt werden. Das Ziel ist in der Erreichung des Gesamtoptimums zu sehen und nicht in der isolierten Optimierung jeder einzelnen Größe.

---

104 vgl. H.-D. Litke: Projektmanagement, a. a. O., S. 100

Abb. G-14: Konfliktquellen im Projektmanagement

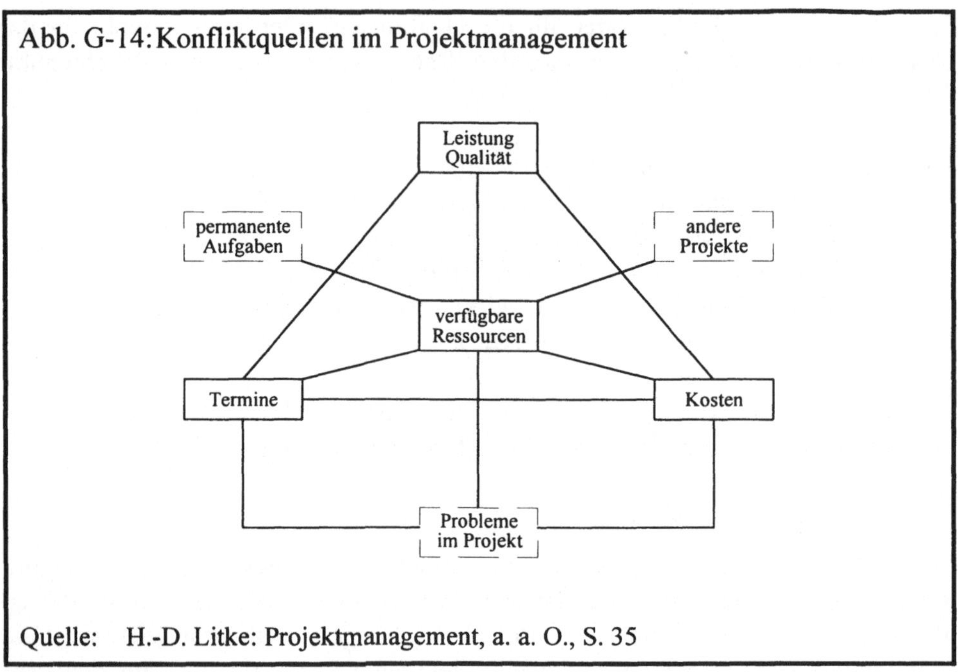

Quelle: H.-D. Litke: Projektmanagement, a. a. O., S. 35

Die Projektüberwachung vollzieht sich in drei Schritten:

1. Bereitstellung von Ist-Daten.
2. Soll-Ist-Vergleich zur Feststellung der Abweichungen zwischen SOLL und IST.
3. Feststellung der Gründe für Abweichungen zwischen SOLL und IST, sowie Entwicklung alternativer Korrekturmaßnahmen.

Voraussetzung für einen aussagekräftigen Soll-Ist-Vergleich ist, daß die ermittelten Ist-Daten die aktuelle Situation realistisch wiedergeben und inhaltlich mit den Plandaten korrespondieren.

5.2.1 Terminüberwachung

Die regelmäßige Ermittlung des terminlichen Projektstandes ist eine wichtige Maßnahme der Projektleitung zur erfolgreichen Projektüberwachung. Ausgehend von den vorliegenden Planungsdaten ist deshalb der Projektfortschritt zu messen.

Das beste Mittel zur Terminüberwachung ist der Netzplan selbst. Dies setzt jedoch voraus, daß die einzelnen Vorgänge im Netzplan ausreichend detailliert

werden, um einen Vergleich mit dem Plan in angemessenen Überwachungsintervallen zu ermöglichen. Vorgänge sind aus diesem Grund idealerweise so zu planen, daß deren Dauer etwa 40 bis 60 % des Überwachungsintervalls betragen sollte[105]. Bei Vorgängen, die länger als das Überwachungsintervall andauern, ist eine Schätzung des Fortschrittgrades erforderlich. Diese Abschätzung ist durch den Projektleiter in Zusammenarbeit mit den an der Arbeitsausführung beteiligten Personen durchzuführen. Allerdings birgt diese Abschätzung immer Unsicherheitsfaktoren in sich. Deshalb ist es ratsam, Vorgänge mit größerer Dauer in Teilaktivitäten mit bestimmten, überprüfbaren Zwischenergebnissen zu zerlegen.
Ursachen für Terminverschiebungen können beispielsweise sein[106]:

- ungenaue Schätzung für die Vorgangsdauern
- zusätzliche Arbeiten wurden notwendig
- Änderungen der Projektziele

5.2.2 Kostenüberwachung

Innerhalb der Kostenüberwachung werden die geplanten Kosten den tatsächlich angefallenen gegenübergestellt und daraus Planabweichungen abgeleitet. Die Kostenkontrolle muß dabei auf unterster Ebene des Projektstrukturplanes erfolgen, um die Ursache der Kostenabweichung aufdecken zu können. Für jedes Arbeitspaket müssen die Kosten erfaßt und fortgeschrieben werden.
Sollte das Projekt zeitlich in Verzug kommen, so müssen die Soll-Kosten des bisher erbrachten Ergebnisses mit den tatsächlichen Kosten zum Berichtszeitpunkt verglichen werden (vgl. Abb. G-15)
Ursachen für Kostenüberschreitung können sein[107]:

- unkontrollierte Änderung der Zielsetzung
- unrealistische Schätzung
- Aufholen von zeitlichen Verzögerungen mit Zusatzkosten
- ungenaue Abgrenzung des Projektes
- unvorhersehbare Schwierigkeiten

105 vgl. P. Rinza: Projektmanagement, a. a. O., S. 35

106 vgl. H.-D. Litke: Projektmanagement, a. a. O., S. 107

107 ebenda, S. 108

Abb. G-15: Überwachung der Termin- und Kostenabweichung eines Teilprojektes

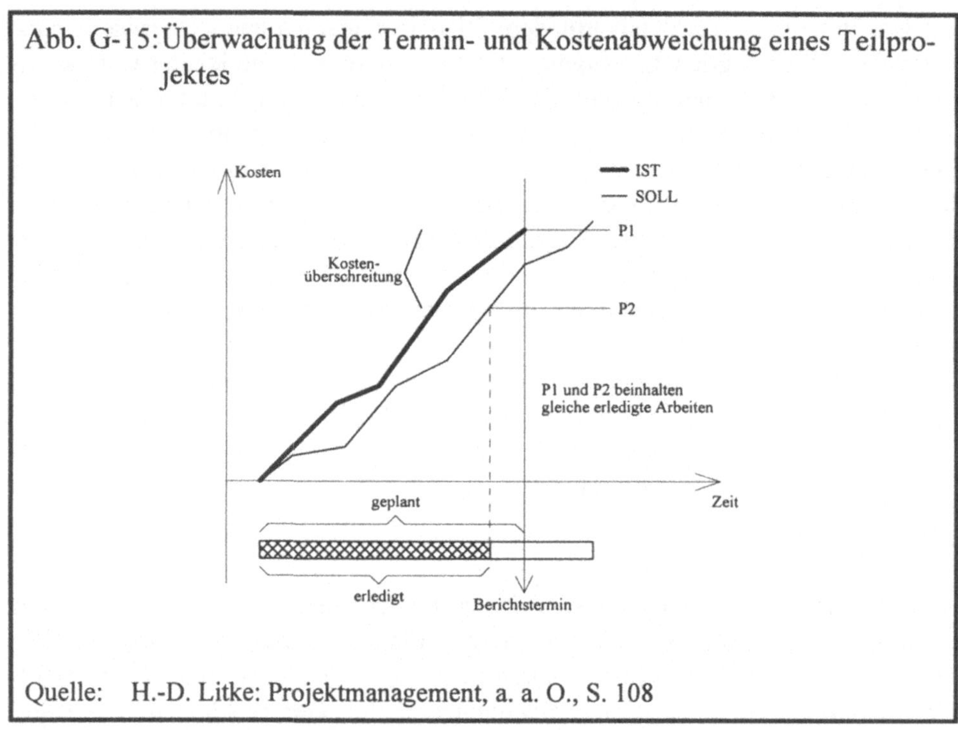

Quelle: H.-D. Litke: Projektmanagement, a. a. O., S. 108

5.2.3 Fortschrittsberichte

Im Rahmen der Projektüberwachung bietet es sich an, in regelmäßigen Abständen Berichte zu erstellen, die Aussagen über den Stand der Projektarbeit geben. Dies stellt für den Projektleiter eine wesentliche Informationsquelle dar, mit Hilfe derer er den Projektfortschritt beurteilen kann.
Dabei ist es nützlich, vorgefertigte Formulare zu verwenden und einen Berichtsleitfaden vorzugeben. Durch diese Maßnahmen werden Art und Menge der Informationen gesteuert. Diese Berichte sollten in festgeschriebenen Rhythmen abgegeben werden, so daß eine kontinuierliche Überwachung gewährleistet ist.
Die wichtigsten Projektberichte sind:

- Projektfortschrittsbericht
- Meilensteinbericht

Abb. G-16 zeigt ein Beispiel, wie diese zwei Berichte in einem Berichtsformular zusammengefaßt werden können.

Abb. G-16: Projekt-Statusbericht

Projekt-Statusbericht

Projekttitel:

Ziel:

Projektleiter:

○ **Projektfortschrittsbericht**

○ **Meilensteinbericht**

Fachlicher Stand:	**Termine:**	**Kosten:**
☐ planmäßiger Ablauf	☐ planmäßiger Ablauf	☐ planmäßiger Ablauf
☐ Schwierigkeiten erkennbar	☐ Termine müssen verschoben werden	☐ voraussichtlich Abweichungen IST zu PLAN
☐ Schwierigkeiten, aber beherrscht	☐ Endtermin gefährdet	☐ Budget kann nicht eingehalten werden
☐ Schwierigkeiten, nicht beherrscht	☐ Terminaussage nicht möglich Planrevision erforderlich	
☐ Schwierigkeiten, keine Lösung erkennbar	PLAN: ________	PLAN: ________
	IST: ________	IST: ________

Kurzbeschreibung der Ergebnisse:

Besondere Probleme:

Maßnahmen:

Datum: Verfasser:

5.3 Projektsteuerung

Da die Planung ein in die Zukunft gerichteter Prozeß ist, wird er immer theoretisch sein. Aus diesem Grund wird sich nachträglich jede Planung als fehlerhaft erweisen. Es ist folglich eine Projektsteuerung nötig, die die im Projektablauf auftretenden Fehler ausgleicht.
Projektsteuerung kann grundsätzlich mit dem Lenken eines PKW verglichen werden. Verläßt das Fahrzeug die gewünschte Richtung, wirkt der Fahrer durch Entgegenlenken einer unerwünschten Richtungsänderung entgegen. Meist erfolgt diese Richtungskorrektur zu stark, so daß das Fahrzeug in die andere Richtung von der Wunschlinie abweicht. Das Lenken eines PKW besteht folglich aus einer nicht endender Folge von Korrekturvorgängen. In der Projektsteuerung versucht der Projektleiter, das Projekt möglichst auf der gewünschten Richtung, den Planvorgaben, zu halten. Die Steuerung gliedert sich dabei in der Erkennung der Planabweichung und dem Einleiten der erforderlichen Korrekturmaßnahme.
Grundlage für das Erkennen von Abweichungen stellen umfangreiche Informationen dar, die in der Projektüberwachung ermittelt werden. Auftretende Abweichungen müssen in sämtlichen Planungshilfsmittel berücksichtigt werden.

Abb. G-17: Prinzip der Projektsteuerung

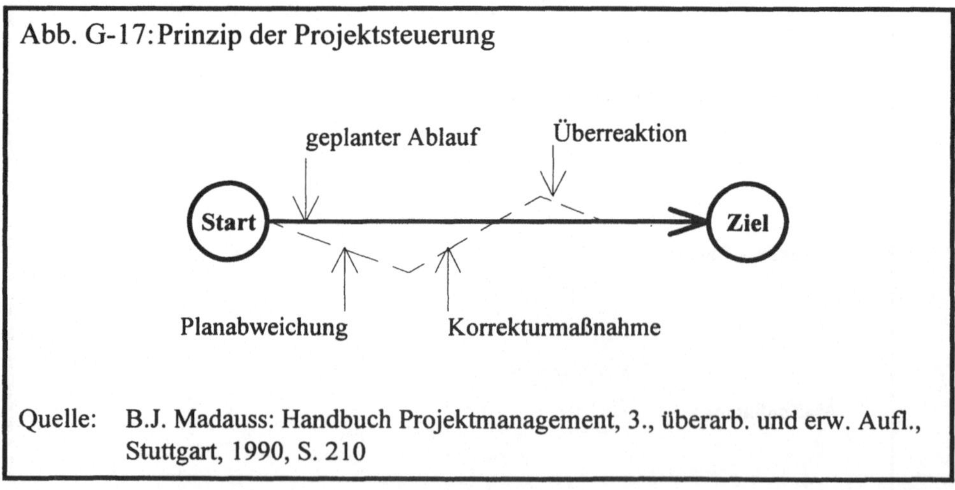

Quelle: B.J. Madauss: Handbuch Projektmanagement, 3., überarb. und erw. Aufl., Stuttgart, 1990, S. 210

Bei der Projektsteuerung greift der Projektleiter aktiv in den Projektablauf ein. Dazu gehört einerseits, daß der Projektleiter sich auch außerhalb der Berichterstattung ständig über den Gang des Projektes informiert, und andererseits, daß er sofort aktiv eingreift, wenn Abweichungen hinsichtlich der Kosten, Termine, und Qualität sich andeuten. Dazu stehen dem Projektleiter verschiedene Möglichkeiten zur Verfügung.

Er kann
- die zur Verfügung stehenden Kapazitäten anders verteilen,
- durch Verschieben von Vorgängen Pufferzeiten ausnutzen,
- Plandaten korrigieren.

Projekt-Änderungsantrag

Oftmals muß innerhalb der Projektsteuerung die Projektplanung korrigiert werden. Es bietet sich an, für solche Korrekturen ein vorgefertigtes Formular für Änderungsanträge zu verwenden. Dadurch werden der Projektleitung die wichtigsten Informationen übermittelt, die erforderlich sind, um über den Änderungsantrag zu entscheiden. Die wesentlichsten Informationen, die zur Beurteilung einer Zieländerung benötigt werden, sind Art und Begründung der Änderung und die möglichen Folgen bei Durchführung, bzw. Nichtdurchführung der Änderung. In Abb. G-18 ist ein solcher Änderungsantrag dargestellt.

Abb. G-18: Projekt-Änderungsantrag

Zielkorrekturen (Änderungsantrag)

Projekttitel:

Projektleiter:

Gewünschte Änderung und Begründung:

Datum: Verfasser/Antragsteller:

	Folgen bei Durchführung:	Folgen bei Nichtdurchführung:
Termine: Qualität: Kosten: Sonstiges:	Planrevision erforderlich: JA / NEIN	

Entscheidung durch die Geschäftsleitung:

Datum: Unterschrift GL:

6. Reaktionsvermögen auf Veränderungen: Flexible Planung

Ein Problem, mit dem jedes Management konfrontiert wird, ist die Tatsache, daß sich ein Unternehmen nicht beliebig steuern läßt. Es treten Entwicklungen und Veränderungen auf, die nicht vorherzusehen waren, nicht zu verhindern sind und auch durch das beste Management nicht beeinflußt werden können. Ein Beispiel dafür ist z.B. der in Kapitel F dargelegte Wertewandel der Gesellschaft. Diese Zusammenhänge erfordern, daß das Management flexibel ausgelegt sein muß, um auf solche Entwicklungen schnell und angemessen reagieren zu können.
Diese Problematik läßt sich in dieser Weise auch direkt auf das Projektmanagement übertragen. Es wird immer im Verlauf der Projektarbeit Einflüsse von außen geben, die den gesamten Ablauf in Frage stellen.
Das wichtigste Mittel, um gegen diese Problematik anzugehen, ist, die Projektplanung von Beginn an so auszulegen, daß Korrekturen und Anpassungen zu einem späterem Zeitpunkt noch möglich sind. Konkret bedeutet dies, daß eine längerfristigere Planung auch dementsprechend grober ausfallen sollte. Im Verlauf der Projektarbeit erfordert dies jedoch, daß permanent eine Verfeinerung der Planung erfolgen muß. Diese Vorgehensweise ermöglicht dem Projektteam, Veränderungen und Fehlentwicklungen zum Zeitpunkt des Auftretens sofort in der Planung zu berücksichtigen.
Voraussetzung für eine solche Planungsmethode ist allerdings, daß die Definition der Projektziele ausführlich und genau durchgeführt wird. Fehlt eine klare Zielformulierung, so wird dieses Versäumnis irgendwann während der Projektarbeit auftreten und zu Unstimmigkeiten führen. Dies kann sich in Akzeptanzproblemen zwischen den Projektbeteiligten, aber auch zwischen Projektteam und Projekt-Auftraggeber, oder auch in Form von Orientierungslosigkeit in der Projektarbeit äußern.
Ein weiterer wichtiger Aspekt ist das im Projektteam und im Umfeld herrschende Klima. Abb. G-19 gibt einen Überblick über die wesentlichsten Bestandteile des Projektmanagements und dessen Umfeld:

Abb. G-19: System des Projektmanagements

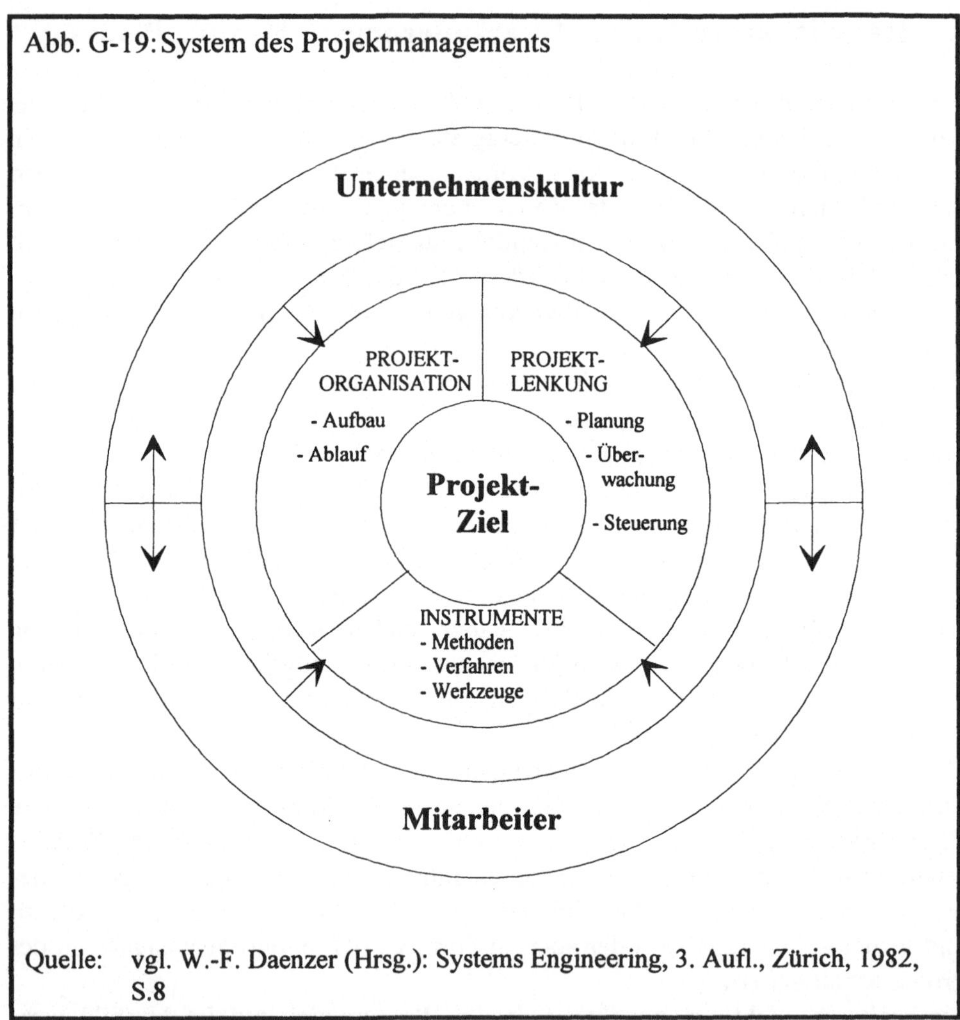

Quelle: vgl. W.-F. Daenzer (Hrsg.): Systems Engineering, 3. Aufl., Zürich, 1982, S.8

Man spricht hierbei von der sogenannten "Unternehmenskultur". Darunter sind sämtliche Wertvorstellungen, Denkhaltungen, Leitmotive und Normen in einer Organisation zu verstehen. Durch sie werden die Mitarbeiter, ihre Identifikation mit den Unternehmens- und Projektzielen, die Atmosphäre und der Führungsstil im Unternehmen beeinflußt. Dadurch bestimmt die Unternehmenskultur unter anderem, welchen Stellenwert das Projektmanagement hat, wie darüber gedacht wird und wie es angewendet wird.

7. Fazit

Es wurden Aufgabengebiet, Methoden und Techniken des Projektmanagements dargestellt. Dabei wurde bewußt in Kauf genommen, daß nicht alle Elemente des Projektmanagements mit der erforderlichen Ausführlichkeit und Tiefe behandelt werden konnten. Aus diesem Grund wird an dieser Stelle auf weiterführende Literatur verwiesen.

Das Projektmanagement ist sicherlich keine Wunderwaffe, wenn es um die Abwicklung von Innovationen geht. Es reicht nicht aus, Projektmanagement einzuführen und darauf zu vertrauen, daß alle Probleme mit der Abwicklung gelöst werden.

Erfolgreiche Projektarbeit erfordert vom Projektmanagement, alle Einflußgrößen, die auf die Projektarbeit einwirken, optimal an das Unternehmen anzupassen.

Die Projektorganisation muß optimal in die bestehende Unternehmensorganisation eingegliedert werden. Es muß ein Verfahren entwickelt werden, mit dem genaue Zielvorgaben definiert und konkrete Lösungsansätze ermittelt werden können. Die Methoden und Techniken müssen unternehmensspezifisch angepaßt sein. Sie müssen von allen Beteiligten akzeptiert, beherrscht und konsequent angewandt werden. Das Projektmanagement muß so flexibel ausgelegt sein, um auf kurzfristige Einflüsse und Veränderungen von außen schnell reagieren zu können.

Es ist allerdings zu beachten, daß auch das Projektmanagement in Zukunft einem ständigen Verbesserungsprozeß ausgesetzt wird, da die zukünftigen Anforderungen des Marktes noch wirkungsvollere Methoden im Management erfordern werden. Dabei ist das Augenmerk auf die Weiterentwicklung der Methoden, Techniken und Verhaltensweisen zu legen, um das Potential der Gruppenarbeit bestmöglichst zu nutzen.

Projektmanagement muß die Botschaft glaubhaft machen, "nur miteinander geht es!"

H. Schlußbetrachtung

Dieses Kapitel soll dem interessierten Leser einen Überblick über die Ergebnisse vermitteln, die im Rahmen unserer Untersuchungen erarbeitet wurden.

H. Schlußbetrachtung

Das Ergebnis dieser Arbeit ist ein Konzept zur langfristigen Erfolgssicherung. Grundlage dieses Konzeptes ist die inhaltliche Neudefinition des Qualitätsbegriffes. Diese Neudefinition beinhaltet die Unterscheidung der Unternehmensqualität in die nach innen gerichtete Systemeffizienz und in das Unternehmensimage auf der nach außen gerichteten Seite.

Die Erfolgsfaktoren, welche das Unternehmensimage bestimmen, werden dabei durch alle, das Unternehmen umgebenden Märkte, festgelegt. Dabei wird deutlich, daß die ausschließliche Ausrichtung auf den Absatzmarkt nicht ausreicht.

Abb. H-1: Unternehmensimage und Systemeffizienz

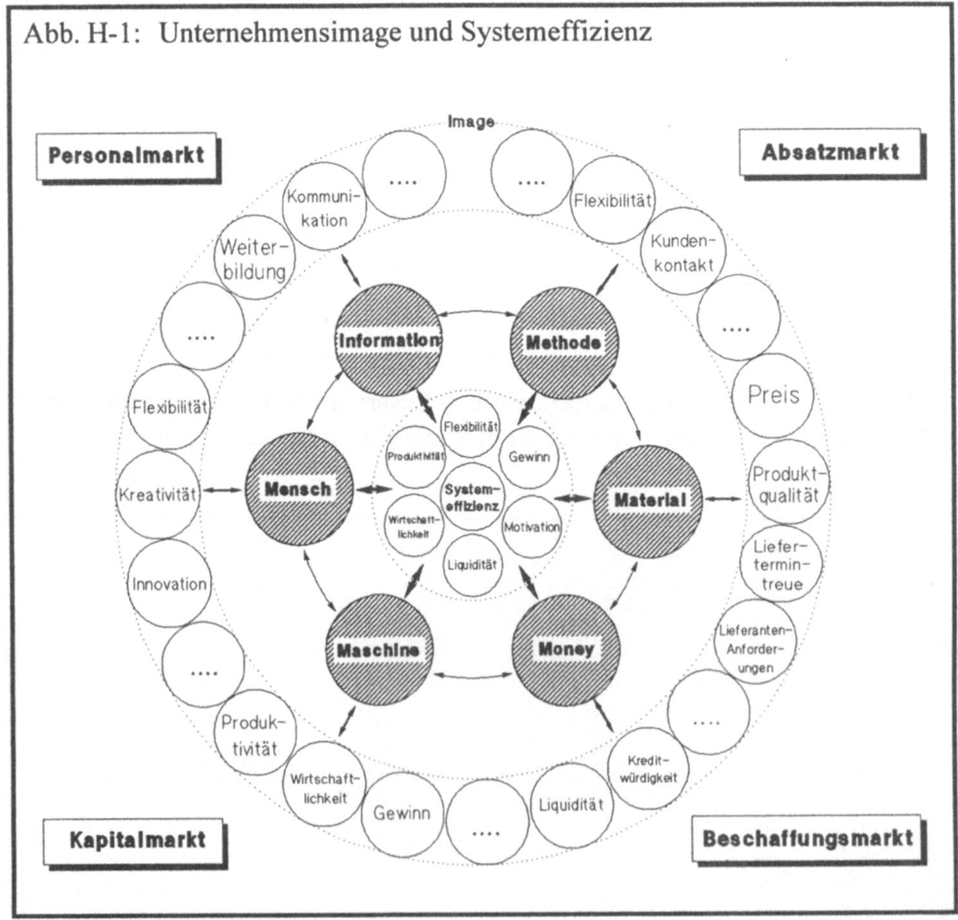

Vielmehr hat auch die Ausrichtung auf den Personalmarkt, den Beschaffungsmarkt und den Kapitalmarkt entscheidende Auswirkungen auf die Unternehmensqualität und somit auf den langfristigen Erfolg der Unternehmung.
Hat sich ein Unternehmen entschlossen diesen erfolgversprechenden Weg der umfassenden Marktorientierung und der höchstmöglichen Optimierung der Systemeffizienz zu gehen, so bedingt dies eine ganzheitliche Betrachtung aller Unternehmensbereiche. Dabei bestimmt jedoch derjenige Unternehmensbereich die Güte der Unternehmensqualität, welcher den niedrigsten Entwicklungsstand aufweist. Am Beispiel des sogenannten Liebig'schen Eimers läßt sich dieser Zusammenhang sehr gut veranschaulichen.

Abb. H-2: Der Engpaß bestimmt die Unternehmensqualität

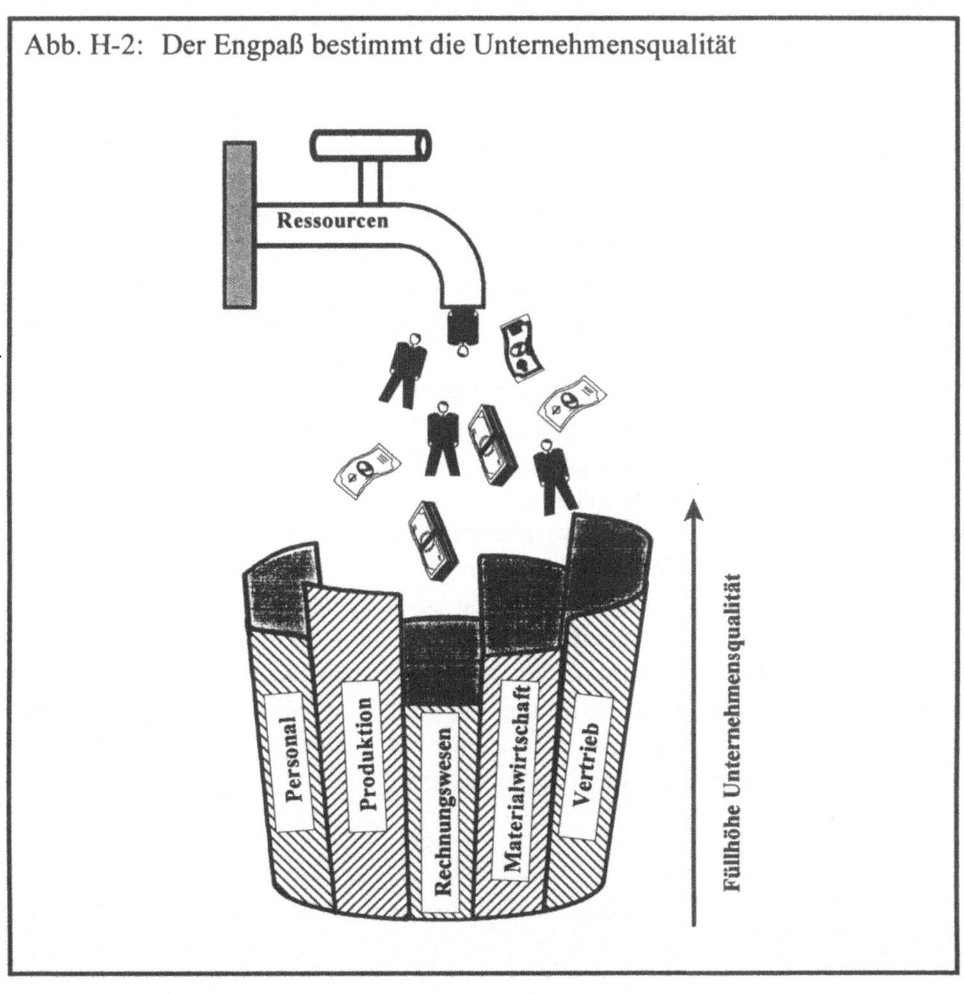

In krisenhaften Zeiten neigen Manager dazu, auf erprobte und bewährte Methoden zurückzugreifen. Wenn die Umwelt sich verändert und die Krise, oder die Möglichkeit einer Krise, zu einem dauerhaften Lebenseinfluß wird, ist diese Praxis zum Scheitern verurteilt. Die moderne Evolutionstheorie betrachtet die Unumkehrbarkeit von Entwicklungsprozessen als eine ihrer Grundmerkmale. Dies bedeutet aber, daß nichts mehr in der gleichen Art funktionieren wird, welches sich früher als eine brauchbare Handlungsweise erwiesen hat. Neue Bedingungen verlangen neue Praktiken, und diese erfordern, daß alte Handlungsweisen in die Vergangenheit verbannt werden müssen.

Im Laufe des Evolutionsprozesses entstanden in unserer Gesellschaft aus Phasen der Instabilität immer komplexere Organisationsformen, die es möglich machten die aufgetretenen Probleme zu meistern. So bildeten sich über die Jahre hinweg ausgehend vom Individuum, Familien, Städte, Staatengemeinschaften und schließlich in verschiedenen Bereichen, wie Finanzen, Sicherheit und Ökologie, bereits globale Vereinigungen. Diese Entwicklung zeigt deutlich, daß die Verbesserung der Lebensqualität und die Lösung immer komplexerer Probleme immer globaler werdende Betrachtungsweisen notwendig macht.

Diese Entwicklung läßt sich lückenlos auf sozio-ökonomische Systeme, wie es die Unternehmung darstellt, übertragen. So wuchsen einfache Handwerksbetriebe zu komplexen Unternehmungen und schließlich zu weltweit agierenden Konzernen heran.

Damit reagierten sie auf die sich ständig wandelnden Marktanforderungen und sicherten sich auf diese Weise ihren langfristigen Fortbestand. Führte die Wachstumsstrategie in vergangener Zeit verläßlich zum Erfolg, so sehen sich in diesen Tagen auch solche mächtigen Organisationen aufgrund des zunehmenden Wettbewerbsdruckes wachsenden Schwierigkeiten gegenüber. Die Forderung nach tiefgreifenden Veränderungen ist die Folge dieser Entwicklung. Im Zuge dieser Entwicklung entfachte die Diskussion über einen Bewußtseinswandel und neue Denkweisen aufs Neue.

Mit der abschließenden Graphik wollen wir diesen Zusammenhang nochmals umfassend darstellen, in der Hoffnung, das Management unserer Tage zu einer umfassenderen, globaleren Betrachtungsweise anzuregen um so den langfristigen Erfolg ihrer Unternehmung zu sichern.

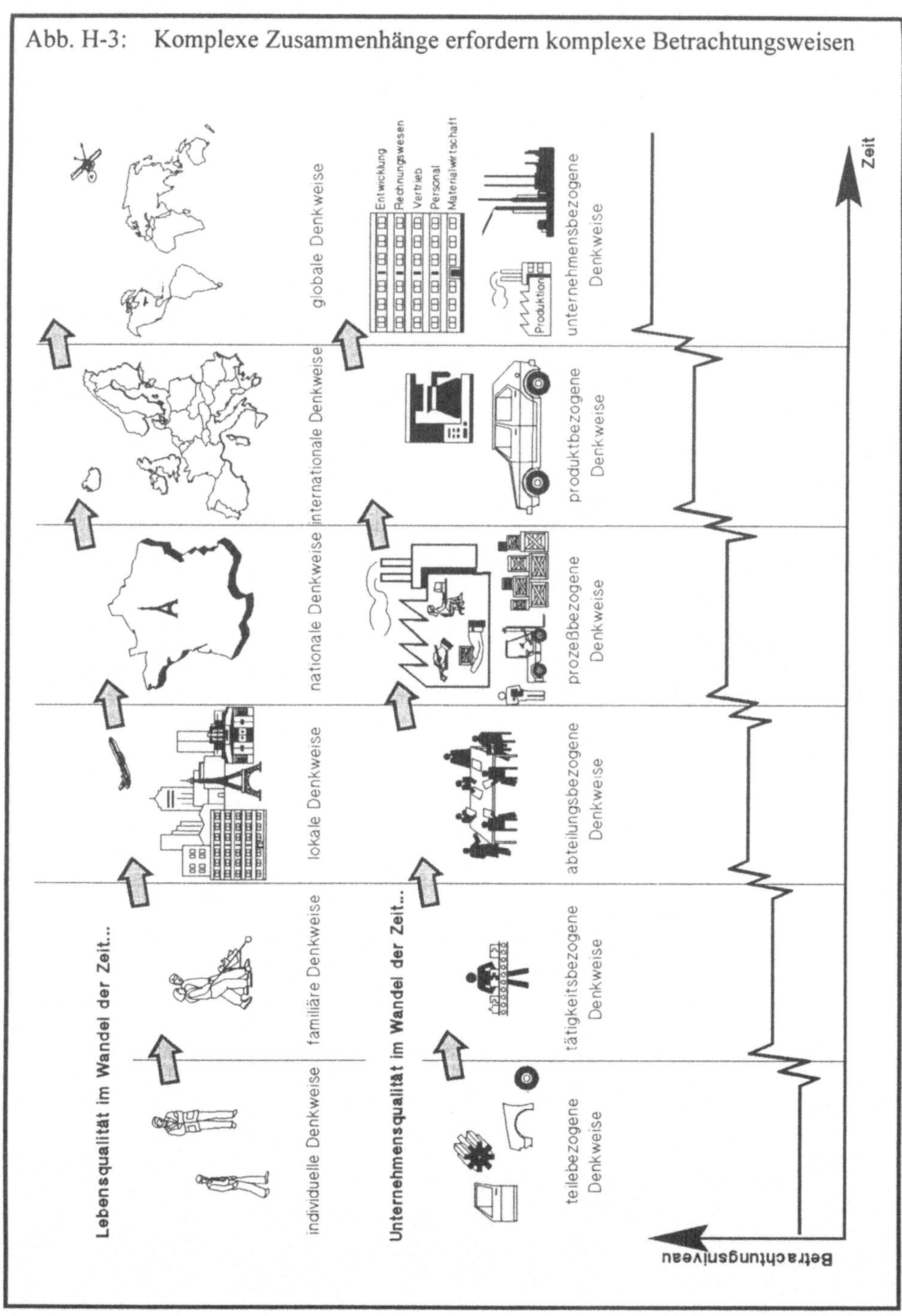

Abb. H-3: Komplexe Zusammenhänge erfordern komplexe Betrachtungsweisen

Literaturverzeichnis

Absatzwirtschaft: Ausgaben 2/92 - 8/92

Altmann, Hans Christian: Positives Denken: Schlüssel zur Verkäufermotivation, 6. Aufl.,Frankfurt a.M., 1990

Baden Württemberg in Wort und Zahl: Ausgabe 2/92 - 8/92

Bayerische Hypotheken- und Wechselbank AG: Handel und Nationen, Informatonsdienst für Export- und Importwirtschaft, Nr. 3/91 - 4/91

Becker, Jochen: Marketing-Konzeption:Grundlagen des strategischen Marketing-Managements, 3., verbesserte und ergänzte Auflage, München, 1990

Becker, Jörg: CIM-Integrationsmodell: Die EDV-gestützte Verbindung betrieblicher Bereiche, Heidelberg, 1991

Beraterkreis der Landesregierung zu EG-Fragen: Baden-Württemberg im Europäischen Binnenmarkt 1992, Stuttgart, 1990

Berlant, D./Browning, R./Foster, G.: Künftige Kostenrechnung ist greifbar, Auftragsarbeit für CAM-I, Arlington (Texas), 1988

Beschaffung aktuell: Ausgaben 4-7, 1992

Bieber, Klaus: Vorlesungsscriptum Lean-Management, Fachhochschule für Technik Esslingen, 1992

Biel, A.: Einführung in die Prozeßkostenrechnung. o. O. 1980

Birkigt, Klaus: Corporate Identity: Grundlagen - Funktionen - Fallbeispiele, 3. aktuelle Auflage, Landsberg am Lech, 1986

Bono, Edward de: Laterales Denken: Der Kurs zur Erschließung Ihrer Kreativitätsreserven. Aus dem Englischen: Lateral thinking übersetzt von Margret Carroux und Wolfgang Eisermann, Lizenzausgabe, Düsseldorf/Wien, 1992

Bruhn, Manfred: Dienstleistungsqualität: Konzepte - Methoden - Erfahrungen. Wiesbaden, 1991

Bruhn, Manfred: Handbuch des Marketing, München, 1989

Bruhn, Manfred: Marketing, Wiesbaden, 1990

Coenenberg, Adolf G.: Jahresabschluß und Jahresabschlußanalyse: Betriebswirtschaftliche, handelsrechtliche- steuerrechtliche Grundlagen, 10., durchgesehene Aufl., München, 1987

Coennenberg, Adolf/Fischer Thomas M.: Prozeßkostenrechnung - Strategische Neuorientierung in der Kostenrechnung, in: Die Betriebswirtschaft, Heft 1, 1991, S. 21-38

Coennenberg, Adolf: Kostenrechnung und Analyse, Landsberg am Lech, 1992

Cooper, Robin/Kaplan, Robert S.: Measure Costs Right: Make the Right Decisions, in: Harvard Business Review, Heft Sept./Okt., 1988, S. 96-103

Cooper, Robin/Kaplan, Robert: How Costs accounting Distorts Product Costs, in: Management Accounting, Heft 4, 1988, S. 20-27

Cooper, Robin: Activity-Based Costing - Einführung von Systemen des Activity-Based Costing, in: Kostenrechnungspraxis, Heft 6, 1990, S. 345-351

Cooper, Robin: Activity-Based Costing - Wann Brauche ich ein Activity-Based Cost-System und welche Kostentreiber sind notwendig, in: Kostenrechnungspraxis, Heft 5, 1990, S. 271-279

Cooper, Robin: Activity-Based Costing - Was ist ein Activity-Based Cost-System, in: Kostenrechnungspraxis, Heft 4, 1990, S. 210-220

Daenzer, W.-F. (Hrsg.): Systems Engineering: ein Leitfaden zur methodischen Durchführung umfangreicher Planungsvorhaben, 3. Aufl., Zürich, 1982

Dallmer, Heinz: Einführung in das Marketing, Wiesbaden, 1991

Deutsch, Christian: Die Zeitbombe: Teamarbeit vermeidet Liegezeiten, in: Wirtschaftswoche Nr. 7, Düsseldorf, 1992

Deutsche Bundesbank: Geschäftsbericht der Deutschen Bundesbank für das Jahr 1991

Deyhle, Albrecht: Activity-Based Cost (ABC) - Prozeßkostenrechnung, in: Controller Magazin, Heft 4, 1992, S. 177-183

DG Bank: Außenhandelsdienst 1/92 - 8/92

Dinkhauser, Peter: Organisationsprojekte besser führen: Leitfaden zur Effizienzsteigerung bei umfangreichen Organisationsvorhaben, Zürich/Königstein, 1979

Eckardstein, Dudo von/Schnellinger, Franz: Betriebliche Personalpolitik, 3., überarb. u. erg. Aufl., München, 1978

End, Walter: Softwareentwicklung, München, 1979

Engel, Peter: Japanische Organisationsprinzipien: Verbesserung der Produktivität durch Qualitätszirkel, Zürich, 1981

Geml, Richard: Grundlagen der Marketing-Praxis, Ehningen b. Böblingen, 1988

Golle, Heinz: So optimieren Sie ihre Materialwirtschaft: Leitfaden für Praktiker, Köln, 1991

Grochla, Erwin/Fieten, Robert/Puhlmann, Manfred: Aktive Materialwirtschaft in mittelständischen Unternehmen: Ein Leitfaden zur Verbesserung des Unternehmensergebnisses, Köln, 1984

Groh, Helmut/Gutsch, Roland W. (Hrsg.): Netzplantechnik, 3.,neubearb. Aufl., Düsseldorf, 1982

Grotheer, Manfred/Kaplan, Robert S.: Prozeßkostenrechnung - Activity Based Cost, in: Controller Magazin, Heft 3, 1992, S. 138-141

Haberkorn, Kurt: Praxis der Mitarbeiterführung: Grundriss mit zahlreichen Checklisten zur Verbesserung des Führungsverhaltens, 4., erweiterte Aufl., Ehningen, 1992

Hahn, Dietger: Strategische Unternehmensplanung, 5. neu bearbeitete und erweiterte Auflage, Heidelberg, 1990

Haist, Fritz: Qualität im Unternehmen: Prinzipien - Methoden - Techniken, München, Wien 1989

Handelsblatt: Nr. 164 - 183, 1992

Hansel, Jürgen/Lomnitz, Gero: Projektleiter-Praxis: Erfolgreiche Projektabwicklung durch verbesserte Kommunikation und Kooperation, Berlin/Heidelberg/New York, 1987

Harlander, Horst: Beschaffungsmarketing und Materialwirtschaft: Einkaufsmärkte erforschen und gestalten, 2. Aufl., Stuttgart, 1982

Hartmann, Horst: Materialwirtschaft: Organisation, Planung, Durchführung und Kontrolle, 5., überarbeitete Aufl., Gernsbach, 1990

Hasselhorn, Martin: Wirkungsvoller lernen und arbeiten, Quelle & Meyer, Heidelberg, 1973, S. 59

Heiner; Heinz-August: Praxis-Handbuch Kostenrechnung, Köln, 1990

Heinzmann, Wolfgang: Instruktions-Seminar 'Konsequentes Qualitätsmanagement', Zürich, 1992

Hess, Walter/Tschirky: Make or buy: Neue Dimension der strategischen Führung, Zürich, 1989

Hiromoto, Toshiro: Das Rechnungswesen als Innovationsmotor, in: Harvard Manager, Heft 1, 1989, S. 129-133

Horváth, Péter(Hrsg.): Prozesskostenmanagement, München, 1991

Horváth, Peter/Mayer, Reinhold: Prozeßkostenrechnung, in: Controlling, Heft 4, 1989, S. 214-219

Horváth, Peter/Urban, Georg (Hrsg.): Qualitätscontrolling, Stuttgart, 1990

Horváth, Peter: Qualitäts-Controlling, Stuttgart, 1990

Hüttel, Klaus: Produktpolitik, Ludwigshafen (Rhein), 1988

IFUA Horváth & Partner GmbH (Hrsg.): Prozeßkostenmanagement, München, 1991

Imai, Masaaki: Kaizen: der Schlüssel zum Erfolg der Japaner im Wettbewerb. Aus dem Englischen: Kaizen (1. Aufl. 1986) übersetzt von Franz Nitsch. 3. Auflage, München, 1992

Jetter, Otto: Einkaufsmanagement: Qualitätsprodukte kostengünstig einkaufen in Europa und weltweit, Landsberg/Lech, 1990

Juran, Joseph M.: Handbuch der Qualitätsplanung, 2. überarbeitete Auflage, Landsberg am Lech, 1990

Kaplan, Robert S.: Ein einziges Kostenrechnungssystem ist zuwenig, in: Harvard Manager, Heft 3, 1988, S. 98-104

Kern, Ferdinand: Einkaufsmarketing: Der Aufstieg zum Einkaufsmanagement, Freiburg im Breisgau, 1991

Kern, Horst/Schumann, Michael: Das Ende der Arbeitsteilung?: Rationalisierung in der industriellen Produktion: Bestandsaufnahme, Trendbestimmung, 4., um ein Nachwort erw. Aufl., München, 1990

Knopf, Helge Siegbert: Projektmanagement: Das Umfeld muß stimmen, In: Zeitschrift Führung + Organisation, Heft 8/1985, Baden-Baden, 1985, S. 431 - 437

Kotler, Philip: Marketing-Management, 7., vollständig neu bearbeitete und für den deutschen Sprachraum erweiterte Auflage, Stuttgart, 1992

Laszlo, Ervin: Evolutionäres Management: Globale Handlungskonzepte. Aus dem Englischen: Management by evolution übersetzt von Wolfgang Becker und Claus-Peter Leonhardt. Fulda, 1992

Lisson, Alfred: Qualität, die Herausforderung, New York Tokyo Heidelberg Berlin Köln, 1987

Litke, Hans-Dieter: Projektmanagement: Methoden, Techniken, Verhaltensweisen, München/Wien, 1991

Madauss, Bernd-J.: Projektmanagement: ein Handbuch für Industriebetriebe, Unternehmensberater, und Behörden, 3., neubearb. und erw. Aufl., Stuttgart, 1990

Marketing-Journal: Ausgaben 1/92 - 2/92

Marr, Rainer/Stitzel, Michael: Personalwirtschaft: ein konfliktorientierter Ansatz, München, 1979

Masing, Walter (Hrsg.): Handbuch der Qualitätssicherung, 2., völlig neubearb. Aufl., München/Wien, 1988

Masing, Walter: IIR Tagungsbericht der Qualitätskosten-Tagung 21.Mai 1992, Frankfurt 1992

Mayer, Reinhold/Glaser, Horst: Die Prozeßkostenrechnung als Controllinginstrument - Pro und Contra, in: Controlling, Heft 6, 1991, S. 296-303

Mayer, Reinhold: Prozeßkostenrechnung, in: Kostenrechnungspraxis, Heft 5, 1990, S. 307-312

Meffert, Heribert: Marketing:Grundlagen der Absatzpolitik, 7., überarbeitete und erweiterte Auflage, Wiesbaden, 1991

Milber, Joachim: Flexible Automatisierung ergänzt organisatorische Strategien, VDI-Nachrichten Ausgabe 38, Düsseldorf, 1992

Miller, Jeffrey G./Vollmann, Thomas E.: Die verborgene Fabrik, in: Harvard Manager, Heft 1, 1986, S. 84-89

Mellerowicz, K.: Betriebswirtschaftslehre der Industrie, Band 2, Freiburg, 1981

Müller, Armin: Gemeinkostenmanagement, Wiesbaden, 1992

Oeldorf, Gerhard/Olfert, Klaus: Materialwirtschaft, 5., durchgesehene und verbesserte Aufl., Ludwigshafen (Rhein), 1987

Olfert, Klaus: Kostenrechnung, 7., durchges. Aufl., Ludwigshafen, 1987

Pfohl, Hans-Christian: Logistiksysteme, 2. völlig neu bearbeitete und erweiterte Auflage, Berlin/Heidelberg/New York/Tokyo, 1985

Platz, Jochen/Schmelzer, Hermann J.: Projektmanagement in der industriellen Forschung und Entwicklung, Berlin, 1986

Porter, Micheal E.: Wettbewerbsstrategie, Frankfurt a.M., 1988

Rayner B.: Accounting for change in the electronics industry, in: Electronic Business v. 15.10.1987, S. 118

Reichling, Peter/Köberle Gisela: Zwischen Markt und Hierarchie: Prozeßkostenrechnung, in: Controller Magazin, Heft 1, 1992, S. 22-26

Reindl, Elmar J./Petermann, Wolfgang/Both, Harald: Zielorientiert: Einflußfaktoren auf den Erfolg bei der Einführung neuer Techniken in: Maschinenmarkt Ausgabe 8, Würzburg, 1992

Renner, Andreas: Kostenorientierte Produktionssteuerung, München, 1991

Rinza, Peter: Projektmanagement: Planung, Überwachung und Steuerung von technischen und nichttechnischen Vorhaben, 2., neubearb. u. erw. Aufl., Düsseldorf, 1985

Romano, P. L.: Activity Accounting, in: Management Accounting, Heft 5, 1989, S. 73

Scheer, August-Wilhelm: Fertigungssteuerung, München Wien Oldenburg 1991

Schellbach, Oskar: Mein Erfolgssystem, 19. Auflage, Baden-Baden, 1963

Schmitz, Heiner/Windhausen, Michael P.: Projektplanung und Projektcontrolling: Planung und Überwachung von besonderen Vorhaben, 3., neubearb. u. erw. Aufl., Düsseldorf, 1986

Schnepper, Hans-Werner: Erfolgsfaktor Unternehmensorganisation: Kostenreduzierung, Leistungssteigerung, Erfolgssicherung, Köln, 1991

Schonberger, Richard J.: Produktion auf Weltniveau, Deutsche Übersetzung von Sascha Mentschaff, Frankfurt a.M./New York, 1988

Schröder, Harry: Marketing erfolgreich planen und praktizieren, Planegg/München, 1990

Schulte, Christof: Prozeßorientierte Kostenrechnung - Strategie zur Variantenreduktion, in: Controlling, Heft 1, 1991, S. 18-23

Schweitzer, Macell/Küpper, Hans-Ulrich: Systeme der Kostenrechnung, 4. überarb. u. erw. Aufl., Landsberg, 1975

Siegwart, Hans: CIM-orientiertes Rechnungswesen: Bausteine zu einem System-Controlling, Düsseldorf 1992

Siemens (Hrsg.): PROKASTA: Prozeßorientiertes Kalkulationssystem für Staffelkosten

Simon, Walter: Handbuch Qualitätszirkel: Hilfsmittel zur Produktion von Qualität, Köln 1989

Sprenger, Reinhard K.: Mythos Motivation: Wege aus einer Sackgasse, 3. Aufl., Frankfurt a.M./New York, 1992

Stauss, Bernd: Erfolg durch Service-Qualität, gfmt Tagungsbericht der Service & Qualitäts-Tagung 7. - 8. Oktober 1991 in Bad Homburg

Steinbuch, Pitter A./Olfert, Klaus: Fertigungswirtschaft, 4., überarb. u. erw. Aufl., Ludwigshafen, 1989

Stopp, Udo: Betriebliche Personalwirtschaft, 12., durchgesehene Aufl., Sindelfingen, 1986

Strecker, Andreas: Prozeßkostenrechnung in Forschung und Entwicklung, München, 1991

Stuttgarter Zeitung: Nr. 160 - 224, 1992

Theuer, Gottfried: Beschaffung: Ein Schwerpunkt der Unternehmensführung, Landsberg/Lech, 1986

Truckenmüller, Dr: Internationalisierungsstrategien für den Mittelstand, Seminarunterlagen Kienbaum Unternehmensberatung GmbH, 1992

Ulrich, Peter/Fluri, Edgar: Management: eine konzentrierte Einführung, 3., neubearb. Aufl., Bern/Stuttgart, 1984

VDI-Nachrichten: Nr. 31 - 41, Düsseldorf, 1992

VDI-Zeitung: Nr. 6 - 9, 1992

VDMA: Kennzahlenkompaß: Informationen für das Management, Frankfurt, 1988

Wahls, Jürgen: Prozeßkostenmanagement, in: Wirtschaft im Südwesten, Heft 7, 1992, S. 16-18

Wäscher, Dieter: CIM als Basis für ein prozeßorientiertes Gemeinkostenmanagement, in: Controlling, Heft 2, 1991, S. 68-75

Weis, Hans Christian: Marketing, 6., erweiterte Auflage, Ludwigshafen (Rhein), 1987

Wiendahl, Hans-Peter: Belastungsorientierte Fertigungssteuerung: Grundlagen, Verfahrensaufbau, Realisierung, Wien, 1987

Wildemann, Horst: Lean Management, gfmt Tagungsbericht der Lean Management Tagung 17.-18. März 1992 in München

Wildemann, Horst: Lean Management: Der Weg zur schlanken Fabrik, München, 1992

Wirtschaftswoche: Nr. 27 - 40, 1992

Wischnewski, Erik: Modernes Projektmanagement: eine Anleitung zur effektiven Unterstützung der Planung, Durchführung und Steuerung von Projekten, 2., verb. Aufl., Braunschweig/Wiesbaden, 1992

Witt, Frank-Jürgen: Allheilmittel gegen Gemeinkosten ?, in: Beschaffung Aktuell, Heft 4, 1992, S. 36-47

Womack, James P./ Jones, Daniel T./ Roos, Daniel: Die zweite Revolution in der Autoindustrie: Konsequenzen aus der weltweiten Studie aus dem MIT. Aus dem Englischen: The machine that changed the world (1. Aufl. 1990) übersetzt von Wilfried Hof, 6. Aufl., Frankfurt a.M./New York, 1992

Wotzka, Christian F.: Mensch, Maschine und Material sind die Schlüsselressourcen, VDI-Nachrichten Ausgabe 31, Düsseldorf, 1992